LEITUNG DER WISSENSCHAFT

AUTORENKOLLEKTIV

Leitung der Wissenschaft

WISSENSCHAFTLICHE REDAKTION
PROF. G. M. DOBROV, KIEV

AKADEMIE-VERLAG · BERLIN
1974

Originaltitel:
Управління наукою, Наукова Думка, Київ 1971

Die Arbeitsübersetzung wurde vorgenommen von
Dipl.-Ing. oec. Max Kühn, Berlin.
Wissenschaftliche Bearbeitung und Redaktion der deutschen Ausgabe:
Dr. habil. C. Grau, Berlin.

Erschienen im Akademie-Verlag, 108 Berlin, Leipziger Str. 3–4

Lizenznummer: 202 · 100/46/73
Gesamtherstellung: IV/2/14 VEB Druckerei »Gottfried Wilhelm Leibniz«
445 Gräfenhainichen/DDR · 4059
Einbandgestaltung: Rolf Kunze
Bestellnummer: 752 190 3 (6010) · LSV 0325
Printed in GDR
EVP 17,50

Inhalt

Vorwort

Durch die gegenwärtige wissenschaftlich-technische Revolution ist die Rolle der Wissenschaft und ihres Einflusses auf alle Seiten der gesellschaftlichen Entwicklung und der praktischen Tätigkeit gewaltig gewachsen. In der sozialistischen Planwirtschaft und bei der Verwirklichung der Politik der Wirtschaftsintegration durch die Länder der sozialistischen Gemeinschaft erlangen diese Wesenszüge der Wissenschaft eine besondere Bedeutung.

Der XXIV. Parteitag der KPdSU, der als Parteitag der Wissenschaft und der wissenschaftlichen Leitung in die Geschichte der Sowjetunion eingegangen ist, hat mit seinen Festlegungen und Direktiven neue günstige Bedingungen dafür geschaffen, die Effektivität der Leitung aller Tätigkeitsbereiche zu erhöhen. Dabei wurde der Wissenschaft und dem wissenschaftlich-technischen Fortschritt bei der Lösung der von der Partei festgelegten Aufgaben eine außerordentlich wichtige Rolle zugewiesen. In den Beschlüssen des Parteitages wurden erstmalig in detaillierter Form für die Praxis und die Theorie der Wissenschaftsleitung – die Wissenschaftswissenschaft – wichtige Aufgaben gestellt: „Die Effektivität der Arbeit der wissenschaftlichen Einrichtungen ist entschieden zu erhöhen; die wissenschaftlichen Kräfte, die materiellen und finanziellen Ressourcen sind vor allem auf die Entwicklungsschwerpunkte der Wissenschaft und die Lösung der wichtigsten wissenschaftlich-technischen Probleme zu konzentrieren; die Experimental-, Versuchs- und Produktionsbasis der Forschung ist weiter zu verstärken; bei der Organisation der Forschung sind die Methoden der wirtschaftlichen Rechnungsführung anzuwenden. Die Planung der Forschungs-, Versuchs- und Entwicklungsarbeiten ist dadurch zu verbessern, daß in den Plänen alle Etappen dieser Arbeiten bis zur Einführung ihrer Ergebnisse in die Produktion erfaßt werden; die Kontrolle über die Ausführung der Pläne ist zu verstärken. Die Verbindung der Wissenschaft mit der Produktion muß gefestigt werden. Es ist ein System organisatorischer und ökonomischer Maßnahmen zur Meisterung und Einführung der neuen Technik, zur Realisierung der Erfindungen und Entdeckungen in kürzesten Fristen zu schaffen."[1]

Der volkswirtschaftliche Effekt der Wissenschaft äußert sich in der Erhöhung der Produktivität der gesellschaftlichen Arbeit, in der Vergrößerung des Nationaleinkommens, im Wachstum des Gesamtumfanges der Industrieproduktion und in der Erhöhung des Lebensstandards der Bevölkerung. Fragen der Wissenschaftsleitung müssen also vom Standpunkt der Reproduktion und des beschleunigten Wachstums der Produktivkräfte aufgeworfen und gelöst werden. Darüber hinaus sind die systemtheoretische Untersuchung und die theoretische Verallgemeinerung der Erfahrungen beim Funktionieren der Wissenschaft notwendig, um die wissenschaftlich-technische Politik zu prognostizieren, das Wissenschaftspotential zu verstärken und die Effektivität des wissenschaftlichen Prozesses insgesamt mit Hilfe organisatorischer und sozialer Mittel zu erhöhen.

Die Monographie, die wir dem Leser vorlegen, ist gerade dieser wichtigen Problematik gewidmet, die den Hauptinhalt der Wissenschaftswissenschaft ausmacht – der Wissenschaft von der Leitung der wissenschaftlichen Tätigkeit –, einer der jüngsten Disziplinen in der Familie der Wissenschaften von der Leitung. Die Monographie wurde von einem Kollektiv von Wissenschaftswissenschaftlern der Akademie der Wissenschaften der Ukrainischen SSR geschrieben. Sie ließen sich von dem Ziel leiten, dazu beizutragen, die Kenntnisse auf dem Gebiet der Leitung von Forschungsarbeiten zu erweitern, eine Reihe theoretischer Angaben aus dem Gebiet der Wissenschaftsmetrik und der informationellen Analyse der Wissenschaft sowie verschiedene Methoden für die Lösung der wahrscheinlichsten Leitungsaufgaben darzulegen und die Schwierigkeiten wissenschaftlich zu analysieren, die bei der Leitung von Forschungsarbeiten anzutreffen sind.

Es werden Probleme der Leitung von Forschungsarbeiten im Rahmen einer Gruppe, eines Laboratoriums und der Abteilung eines Instituts sowie der Volkswirtschaft insgesamt behandelt; wesentliche Leitungsmethoden, das Niveau der Organisation und der Kooperation der wissenschaftlichen Arbeit werden analysiert; dargestellt wird

[1] Direktiven des XXIV. Parteitages der KPdSU zum Fünfjahrplan für die Entwicklung der Volkswirtschaft der UDSSR in den Jahren 1971 bis 1975, in: XXIV. Parteitag der KPdSU, 30. März – 9. April 1971, Schlußworte, Direktiven, Resolutionen, Moskau/Berlin 1972, S. 53.

die Anwendung von Methoden der Operationsforschung bei der Aufstellung der thematischen Pläne von Forschungsinstituten; es werden Maßstäbe für die Ergebnisse der wissenschaftlichen Arbeit sowie die Hauptprinzipien für eine regionale Politik in der Wissenschaft angeführt.

In der Monographie werden die Erfahrungen sowjetischer und ausländischer Wissenschaftswissenschaftler verallgemeinert und eine Reihe von Originalmaterialien über das Studium der Wissenschaft als eines spezifischen Systems zur Sammlung, Analyse und Erzeugung von Informationen dargelegt. Von dem engen Zusammenhang der Wissenschaft mit der Praxis der Wissenschaftsleitung ausgehend, stehen nicht nur Informationen, die das Ergebnis von Untersuchungen auf dem Gebiet der Naturwissenschaft, der technischen oder der Gesellschaftswissenschaften sind, im Blickfeld der Autoren, sondern auch Informationen, die die Prozesse der Organisation, der Planung und der ökonomischen Sicherstellung des wissenschaftlichen Prozesses als einer fachlichen Tätigkeitsart der in der Sphäre der Wissenschaft Arbeitenden widerspiegeln.

Gerade von diesen Positionen aus analysieren die Autoren des Buches das Problem der informationellen Grundlagen der Wissenschaftswissenschaft. Unter diesem Gesichtswinkel werden die Erfahrungen verallgemeinert, die bei der Anwendung spezifischer mathematischer und wissenschaftsmetrischer Methoden für die Untersuchung der verschiedenartigen Informationen über das Funktionieren der Wissenschaft sowohl als eines Systems von Kenntnissen als auch als einer organisatorischen Tätigkeit für deren Gewinnung gesammelt wurden.

Die Autoren vertreten den Standpunkt, daß die Wissenschaftsleitung bei einer guten informationellen Versorgung in unterschiedlichem Grade erfolgreich sein kann. Wenn diese aber fehlt, dann ist sie stets uneffektiv. Die wissenschaftliche Erkenntnis und die Optimierung der informationellen Seiten der wissenschaftlichen Tätigkeit sind somit die, wenn auch nicht einzige, jedoch unerläßliche Bedingung dafür, die Effektivität der Wissenschaftsleitung zu erhöhen.

Die von den Autoren angeführten einzelnen Leitungsmethoden können der Organisation der Forschungsarbeiten zugrunde gelegt und in der praktischen Tätigkeit ausgenutzt werden. Natürlich tragen einzelne Abschnitte der Monographie Diskussionscharakter, nach Meinung der Autoren werden sie jedoch die weitere Erörterung der gestellten aktuellen Probleme fördern.

Das Buch entstand – und wird von unseren ausländischen Kollegen gelesen werden – in den Jahren in denen sich die Herausbildung der

Wissenschaftswissenschaft als Wissenschaft vollzieht und aktiv Erfahrungen für eine wissenschaftlich begründete Wissenschaftsleitung gesammelt werden. Deshalb sind wir für Bemerkungen und Wünsche besonders dankbar, die die vorgelegte Arbeit betreffen.

Kiev, Februar 1972 Die Autoren

KAPITEL I

Allgemeine Prinzipien der Wissenschaftsleitung

1. Das Wesen der Wissenschaftsleitung

Die Wissenschaft als System und Prozeß der Gewinnung von Kenntnissen reicht mit ihren Wurzeln in die ferne Vergangenheit zurück. Erst seit wenig mehr als zwei Jahrhunderten kann man jedoch die Beschäftigung mit der Wissenschaft als eine besondere Art der Berufstätigkeit betrachten. Den Terminus „Wissenschaftler" begann man erst seit der Mitte des 19. Jahrhunderts zur Kennzeichnung der Personen zu gebrauchen, die sich beruflich mit der Wissenschaft beschäftigen.[1]

Die theoretischen Prinzipien für die staatliche Leitung der Wissenschaft wurden am Ende des zweiten Jahrzehnts des 20. Jahrhunderts formuliert. Die Sowjetunion wurde zum Bahnbrecher bei der planmäßigen Realisierung der wissenschaftlichen Politik.[2] Erst im Jahre 1927 tauchte der Terminus „wissenschaftliche Politik" im Wortschatz westlicher Länder[3] auf, und im Jahre 1939 sagte J. D. Bernal voraus, daß der Übergang zu einer wissenschaftlich begründeten Planung und Organisation der Forschungstätigkeit in der ganzen Welt nach dem Beispiel der UdSSR unvermeidlich ist.[4]

Die letzten beiden Jahrzehnte haben diese Prognose bestätigt. Die moderne Wissenschaft kann mit vollem Recht als eine organisierte und bewußt geleitete Form der Berufstätigkeit definiert werden, deren Ergebnis das System der Kenntnisse über die Gesetze der objektiven Welt und über die Wege zur Umgestaltung der letzteren ist.[5]

[1] Vgl. Nauka i naučnoe tvorčestvo. Sammelband, Rostov am Don 1970.

[2] Vgl. Ju. S. Melestschenko, S.W. Schuchardin, Lenin und der wissenschaftlich-technische Fortschritt (Lenin i naučno-techničeskij progress [dt.]), Leipzig 1972.

[3] Vgl. K. Griewank, Staat und Wissenschaft im Deutschen Reich, Freiburg/B. 1927.

[4] Vgl. J. D. Bernal, The Social Function of Science, London 1939.

[5] Vgl. G. M. Dobrov, Wissenschaftswissenschaft (Nauka o nauke [dt]), Berlin [1]1969, [2]1970.

Um die potentiellen Kräfte der Wissenschaft in gesellschaftlich nützliche Ergebnisse umzuwandeln, sind entsprechende soziale Bedingungen, ein vollkommener Organisationsmechanismus der Wissenschaft und deren wirksame Leitung notwendig. Bei einer solchen Aufgabenstellung ist das Problem der effektiven Leitung der Wissenschaft organisch mit der modernen wissenschaftlich-technischen Revolution verbunden. Deren Inhalt besteht in der Umwandlung der Wissenschaft in eine unmittelbare Produktivkraft und eine soziale Kraft der Gesellschaft.

Es gibt auch einige für die wissenschaftliche Produktion wichtige innere Charakteristika, die es unmöglich machen, in der Epoche der modernen wissenschaftlich-technischen Revolution die alten organisatorischen Normen und Methoden der Wissenschaftsleitung beizubehalten.

Karl Marx hat einmal die Beschäftigung mit der Wissenschaft mit dem Ersteigen steiler Pfade verglichen. Dieses Bild ist heute noch richtig, jedoch sind auch neue charakteristische Faktoren aufgetaucht: das sich kolossal beschleunigende Tempo des Fortschritts; eine bisher unbekannte, immer komplizierter werdende Organisationsstruktur der wissenschaftlichen Arbeit; die gewachsenen quantitativen Charakteristika aller Bestandteile des wissenschaftlichen Potentials, die den Einsatz des Systems wissenschaftlicher Kräfte immer schwieriger machen.

Die steilen Pfade der Wissenschaft sind nicht gerader und glatter geworden, sie werden stets zum ersten Mal erstiegen, um Neues und Unerforschtes zu gewinnen. Wie soll der auf Erfolg rechnen, der diese Bewegung leitet? Der Leiter braucht prognostische Informationen und Karten über die „Straßenverhältnisse", um rechtzeitig ein Manöver durchführen zu können. Es sind auch objektive Informationen über den Zustand und die Möglichkeiten des zu leitenden Systems notwendig als Grundlage für richtige Entscheidungen. Ebenso wichtig sind Kenntnisse darüber, wie diese Entscheidungen zu treffen sind, und Fertigkeiten, um diese Entscheidungen in die Wirklichkeit umzusetzen. Es geht um das Vermögen, die Leitung komplizierter und sich dynamisch entwickelnder Systeme zu realisieren.

Hervorgehoben werden muß, daß die moderne Wissenschaft in eine qualitativ neue Etappe ihrer Entwicklung eingetreten ist – in die Periode des Übergangs von extensiven zu intensiven Organisationsformen der wissenschaftlichen Tätigkeit.

Früher wurde ein beschleunigtes Wachstum der Effektivität der Wissenschaft durch ein exponentielles Anwachsen der Zahl der Wissenschaftler, der Höhe der Zuwendungen, der technischen Ausstattung, des Informationsumfanges, der Größe der Forscherkollektive usw.

erreicht. Heute dagegen hat die Leitung die Aufgabe, das weitere beschleunigte Wachstum der Effektivität wissenschaftlicher Systeme zu gewährleisten, während sich das Wachstumstempo des Umfanges der eingesetzten Kräfte relativ verlangsamt. Mit anderen Worten, *die generelle Aufgabe der Organisation der modernen Wissenschaft und ihrer Leitung ist die Sicherung eines schnelleren Wachstumstempos der Effektivität des wissenschaftlichen Prozesses im Vergleich zum absoluten Wachstumstempo der organisatorischen Parameter wissenschaftlicher Systeme.*

Theoretische Grundlagen und einen Komplex konkreter Maßnahmen für die Lösung dieser Aufgabe schafft die moderne Wissenschaftswissenschaft. Sie berücksichtigt in größtmöglicher Weise die Spezifik wissenschaftlicher Systeme als Objekte der Leitung und besitzt die gleiche methodologische Ausgangsbasis wie andere marxistische Untersuchungen über Probleme der sozialen Leitung.[1]

Bekanntlich ist die Leitung als Prozeß der zielgerichteten menschlichen Tätigkeit organisch mit den Prozessen der gesellschaftlichen Arbeitsteilung, mit der Kombination und Rationalisierung der Arbeit verbunden. Unter den wichtigsten Aufgaben für den Aufbau der neuen Gesellschaft wies V. I. Lenin der Organisation der Leitung einen besonderen Platz zu: „Wir *haben* Rußland den Reichen, den Ausbeutern *abgerungen* zugunsten der Armen, der Werktätigen. Wir müssen jetzt Rußland *verwalten* ... Das ist die schwierigste Aufgabe, denn es handelt sich um die Organisierung der tiefsten, der ökonomischen Grundlagen des Lebens von Millionen und aber Millionen Menschen

[1] Vgl. G. N. Volkov, Soziologie der Wissenschaft (Sociologija nauki [dt.]), Berlin 1970; G. M. Dobrov, Potential der Wissenschaft (Potencial nauki [dt.]), Berlin 1971; G. M. Dobrov, V. N. Klimenjuk, V. M. Odrin, A. A. Savel'ev, Wissenschaftsorganisation und Effektivität (Organizacija nauki [dt.]), Berlin 1971; A. S. Konson, V. S. Sominskij, Ekonomika naučnych razrabotok, Moskau 1968; V. V. Nalimov, Z. M. Mul'čenko, Naukometrija, Moskau 1969; M. L. Bašin, Planirovanie naučno-issledovatel'skich i opytno-konstruktorskich rabot, Moskau 1969; G. Ch. Popov, Problemy teorii upravlenija, Moskau 1970; A. Tuszko, S. Chaskielewicz, Badania naukowe. Organizowanie i kierowanie, Warzsawa 1968; N. Stefanov, Nauka, norma, upravlenie, Sofia 1969; N. Stefanov, N. Jachiel, S. Kačaunov, Upravlenie, modelirane, prognozirane, Sofia 1970; Očerki istorii i teorii razvitija nauki. Sammelband, Moskau 1969; Naucnoe tvorčestvo, Sammelband, Moskau 1969; Naukovedenie, prognozirovanie, informatika, Sammelband, Kiev 1970; Problemy dejatel'nosti učenogo i naučnych kollektivov, Sammelband, Moskau 1968.

auf neue Art. Und das ist die dankbarste Aufgabe, denn erst *nach* ihrer Lösung (in den Haupt- und Grundzügen) wird man sagen können, daß Rußland nicht nur eine Sowjetrepublik, sondern auch eine sozialistische Republik *geworden* ist."[1]

Bei der konsequenten Vervollkommnung der sozialen Leitung läßt sich die Sowjetunion von den durch V. I. Lenin und den kollektiven Erfahrungen der Kommunistischen Partei ausgearbeiteten grundlegenden Prinzipien leiten[2], zu welchen gehören:

– der demokratische Zentralismus, durch den die Ausrichtung der Leitungsziele auf allen Organisationsebenen und in allen Tätigkeitsbereichen auf die Erreichung der gemeinsamen und für das Land einheitlichen höchsten sozialen Ziele gesichert ist;

– die tiefe wissenschaftliche Begründung der Leitung, die die richtige Auswahl der konkreten Ziele, die Festlegung der zu ihrer Verwirklichung notwendigen Wege und die Schaffung der notwendigen Bedingungen für ihre effektivste Realisierung gewährleistet;

– die Erhöhung der Verantwortlichkeit einer jeden Leitungsebene gegenüber dem Volk; dieses Ziel wird durch eine exakte Aufteilung der Funktionen und der Kompetenz- und Verantwortungsbereiche erreicht, durch ein entwickeltes System von Rückkopplungen (Kontrolle der Durchführung) gesichert und durch einen Komplex moralischer und materieller Stimuli gefestigt.

Eine wichtige Entwicklungsetappe der Leitungstheorie und -praxis war das Oktoberplenum (1969) des ZK der KPdSU, das die vorrangige Entwicklung der ökonomischen Leitungsformen und -hebel gegenüber den administrativen Formen begründet und beschlossen hat; letztere bleiben zugleich eines der unerläßlichen und spezifischen Elemente aller beliebigen Leitungssysteme.

Der XXIV. Parteitag der KPdSU wird in die Geschichte der Sowjetmacht als Parteitag der Wissenschaft und der wissenschaftlichen Leitung eingehen. Die Direktiven des XXIV. Parteitages schaffen neue günstige Bedingungen, für die Erhöhung der Effektivität der Leitung in allen Tätigkeitsbereichen der Sowjetgesellschaft. Der Wissenschaft und dem wissenschaftlich-technischen Fortschritt wird bei der

[1] V. I. Lenin, Die nächsten Aufgaben der Sowjetmacht, in: Werke, Bd. 27, Berlin 1960, S. 232–233.

[2] Vgl. G. M. Dobrov, T. I. Ščedrina, in: Materialy po naukovedeniju, Heft 5, Kiev 1970. Weiterhin: V. G. Afanas'ev, Naučnoe upravlenie obščestvom, Moskau 1968; Organisation und Leitung (Organizacija i upravlenie [dt.]), Sammelband, Berlin 1969; A. M. Rumjancev, in: Kommunist, Jg. 1966, Heft 1.

Lösung der durch die Partei festgelegten programmatischen Aufgaben eine außerordentlich wichtige Rolle zugewiesen: „Der Aufbau des Kommunismus erfolgt auf wissenschaftlicher Grundlage. Im Zusammenhang mit dem Wachstum und der zunehmenden Kompliziertheit der Wirtschaft, der Entwicklung der wissenschaftlich-technischen Revolution, der Vervollkommnung der gesellschaftlichen Beziehungen und dem kulturellen Aufschwung werden die Leitungsaufgaben immer schwieriger und vielfältiger."[1]

Es gibt mehrere grundlegende Möglichkeiten, die Effektivität der Forschungsarbeiten zu erhöhen:

1. In der Sphäre der unmittelbaren schöpferischen Tätigkeit der Forscher bestehen sie darin, das methodologische Niveau der wissenschaftlichen Arbeit zu erhöhen, neue tiefere Ideen zu produzieren und sich aussichtsreiche Forschungsmethoden anzueignen;

2. in der Sphäre der Leitung des wissenschaftlichen Prozesses bestehen sie darin, die Organisationsformen der wissenschaftlichen Arbeit zu optimieren und die günstigsten Bedingungen für eine fruchtbare Arbeit aller Wissenschaftler zu schaffen;

3. bestehen sie in der Vervollkommnung des sozialen und vor allem ökonomischen Mechanismus zur schnellsten Aneignung der wissenschaftlichen Ergebnisse.

Jede dieser Möglichkeiten, die Effektivität der Wissenschaft zu erhöhen, verdient eine spezielle Untersuchung. Sie alle zusammengenommen müssen im Prozeß der Leitung und der praktischen Tätigkeit ausgenutzt werden.

Das Wesen der Wissenschaftsleitung besteht somit in der zielgerichteten und effektiven Einwirkung auf die politischen, ökonomischen, organisatorischen, informationellen, rechtlichen und moralisch-ethischen Beziehungen, die sich im Prozeß der wissenschaftlichen Arbeit herausbilden. Diese Verhältnisse und Beziehungen spiegeln auf ihre Weise das sozialökonomische Wesen der Gesellschaft und das erreichte Entwicklungsniveau der Wissenschaft wider.

Die Theoretiker der allgemeinen Leitungswissenschaft betrachten ihren Wissenszweig als ein Kind des 20. Jahrhunderts; die theoretischen Grundlagen für die Leitung der Wissenschaft wurden jedoch erst in den letzten Jahrzehnten gelegt. Allerdings ist die Notwendigkeit der Wissenschaftsleitung durchaus nicht neu. Die Entstehung spezifischer Formen für die Regelung der Beziehungen und Verhältnisse der Wissen-

[1] 50 Jahre Große Sozialistische Oktoberrevolution. Thesen des Zentralkomitees der KPdSU, Berlin 1967, S. 28.

schaftler reicht bis in die Anfänge der Wissenschaft zurück. Im Altertum konnte sich die Wissenschaft mit den moralisch-didaktischen Formen der Beziehungen zwischen „Lehrer" und „Schülern" zufriedengeben. Mit dem wachsenden Umfang der Kenntnisse und mit der fortschreitenden Spezialisierung der Forscher erlangte die Regelung der informationellen Beziehungen eine immer größere Bedeutung. Mit der Entwicklung professioneller Formen der wissenschaftlichen Arbeit, der steigenden Zahl wissenschaftlicher Kollektive und der Arbeitsteilung im einheitlichen wissenschaftlichen Prozeß entstand die dringende Notwendigkeit, die organisatorischen und administrativrechtlichen Beziehungen in der Wissenschaft zu regeln. In dem Maße, wie sich die Wissenschaft in eine unmittelbare Produktivkraft der Gesellschaft verwandelte und ihre potentielle Effektivität wuchs, wurden auch die Aufgabe, die ökonomischen Beziehungen und die Wissenschaft zu leiten, aktuell und immer wichtiger.

In der heutigen Zeit, in der sich die Wissenschaft offensichtlich in ein großes und kompliziertes, sich dynamisch entwickelndes System verwandelt hat und in der sie die Aufgabe hat, von den extensiven zu intensiven Entwicklungsformen überzugehen, beginnt für *die Leitung der Wissenschaft die Periode der systemgerechten Einwirkung auf die Gesamtheit der Beziehungen und Verhältnisse, die im Prozeß der Forschungsarbeit entstehen.* Worin besteht das spezifische Wesen der Wissenschaftsleitung? Um das Problem zunächst zu umreißen, wollen wir eine Definition von D. M. Gvišiani anführen: „Wissenschaftlichkeit der Leitung bedeutet vor allem den Verzicht auf Subjektivismus bei der Einschätzung der Produktionsaufgaben und der erreichten Ergebnisse, den entschlossenen Übergang zu allseitig begründeten Einschätzungen der vorhandenen Ressourcen und der realen Möglichkeiten für deren optimale Ausnutzung. Wissenschaftlichkeit der Leitung besteht darin, daß sie sich auf die modernen Methoden der Quantifizierung, der statistisch-mathematischen Analyse und der mathematischen Modellierung der zu steuernden Prozesse und produktionsökonomischen Komplexe stützt. Ein modernes Leitungssystem ist undenkbar ohne die komplexe Mechanisierung und Automatisierung der Leitungstätigkeit."[1]

[1] D. M. Gvišiani, in: Izvestija, 17. Oktober 1970.

2. *Der Mechanismus der Wissenschaftsleitung*

Wir wollen die Organisation einer wissenschaftlich begründeten Leitung ausführlicher betrachten und dafür die schematische Darstellung in Abbildung 1 benutzen. Vor allem möchten wir unterstreichen, daß die Leitung für die zu leitenden Systeme nicht irgend etwas Äußeres oder gar Fremdartiges ist. Sie ist deren untrennbares und organisatorisches Attribut, eine der wichtigsten Bedingungen der Lebenstätigkeit. Die praktische Tätigkeit zur Realisierung der Steuerungseinwirkungen, die *am Ende* der Leitung steht, bildet gleichzeitig – in Form der gesammelten Erfahrungen sowie zusammen mit den früher gemachten Erfahrungen und den Vorstellungen über die Bedürfnisse und Möglichkeiten – den Ausgangspunkt der Leitung. Hieraus ergibt sich das erste Prinzip für die Organisation einer wissenschaftlich begründeten Leitung der Wissenschaft – *die Leitung muß als organischer Bestandteil des einheitlichen Systems der wissenschaftlichen Tätigkeit, als dessen spezifisches Teilsystem betrachtet werden.*

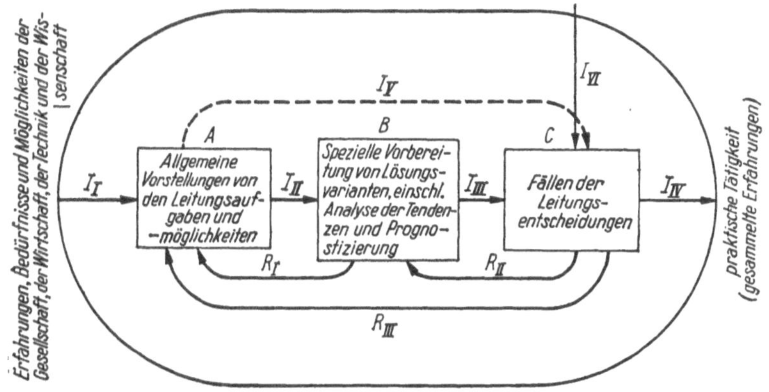

Abb. 1. Schematische Darstellung der Organisation einer wissenschaftlich begründeten Leitung der Wissenschaft

Die am Ausgangspunkt des Teilsystems der Leitung ankommenden Informationen I_I werden in der Gruppe der Arbeiten A akkumuliert, wo die allgemeinen Vorstellungen über die Aufgaben und die Möglichkeiten der Leitung gebildet werden. Damit ist ein solches Organisationsprinzip für die wissenschaftlich begründete Leitung der Wissenschaft verbunden wie das *obligatorische Vorhandensein einer speziellen in-*

formationellen Versorgung, einer Ausgangsbasis vergleichbarer Daten und zuverlässiger Fakten, die die Erfahrungen, Bedürfnisse und Möglichkeiten der Wissenschaftsentwicklung widerspiegeln. Allein auf Grund dieser Vorstellungen kann man jedoch die Zielrichtung der praktischen Handlungen noch nicht direkt verändern. Die Informationen I_{II} müssen nach speziellen Verfahren und Methoden in der Gruppe der Arbeiten B verarbeitet werden.

Hierbei werden umfassend die speziellen Methoden der wissenschaftswissenschaftlichen Forschungen angewandt, für die wiederum Ideen der Mathematik (besonders der Operationsforschung), der Informatik, der Ökonomie, der Soziologie und anderer Wissenschaften ausgenutzt werden. Diese Arbeiten, die die Analyse der Tendenzen und die Prognose einschließen, haben das Endziel, Lösungsvarianten und konkrete Empfehlungen für die Leitung (Informationen I_{III}) auszuarbeiten. Das Vorrecht der Entscheidungsfällung gehört aber ausschließlich denen, die die in der Gruppe C vereinigten Arbeiten ausführen. Wir möchten bemerken, daß darin das folgende Organisationsprinzip einer wissenschaftlich begründeten Leitung der Wissenschaft seine Widerspiegelung findet: *die Teilung der Kompetenz im Teilsystem der Leitung und das Vorhandensein des sogenannten Stabslinienschemas der Handlungen*, bei dem jede Instanz der Entscheidungsfällung die Möglichkeit hat, sich auf die Ergebnisse einer speziell für sie durchgeführten wissenschaftlichen Vorbereitung von Entscheidungsvarianten zu stützen.

Während der Funktion des Stabslinienschemas, das die Gruppen der Arbeiten A, B und C umfaßt, ergeben sich zwischen ihnen die Rückkopplungen R_I, R_{II} und R_{III}, die es erlauben, die Arbeit jeder Gruppe zielstrebig zu vervollkommnen und das wissenschaftliche Niveau der ausgehenden Informationen zu erhöhen. Die Wissenschaftswissenschaft (Block der Arbeiten B, ein Teil der Arbeiten im Block A und die Unterstützung bei der Entscheidungsfällung im Block C) formt im Verlaufe spezieller Forschungen, ihrer experimentellen Überprüfung und der Verallgemeinerung von Erfahrungen anderer wissenschaftlicher Systeme die *theoretischen Grundlagen für die Erhöhung der Effektivität* der Leitung wissenschaftlicher Systeme. *Das vom System bestimmte komplexe Herangehen an die Aufgaben der Leitung, ihre theoretische Begründung und die Berücksichtigung der realen Spezifik der Leitung der Systeme* sind noch ein weiteres wichtiges Prinzip für die Organisation der wissenschaftlichen Leitung.

Die Entscheidungsfällung ist eine in ihrer Kompliziertheit spezifische und besonders verantwortliche Arbeit im Teilsystem der Leitung.

Die Instanz, die die Entscheidung fällt, bedient sich zu diesem Zweck nicht nur der Informationen I_{III}. Gewöhnlich werden auch umfassend die Informationen I_V aus dem Block A herangezogen. Die für die Entscheidungsfällung spezifisch wichtigen Informationen I_{VI} gelangen von den entsprechend der Leitungshierarchie übergeordneten Instanzen zum Block C. Auf der Grundlage dieser Daten sowie der Erfahrungen und der Vorstellungen, über die die zur Entscheidungsfällung befugten Leiter verfügen, lösen sie die Aufgaben der Auswahl und der Synthese von Leitungsentscheidungen. Wir werden weiter unten ausführlicher die Probleme der Auswahl und der Entscheidungsfällung erörtern. Hier ist wichtig, den Inhalt dieser Prozesse (Informationen I_{IV}) darzulegen. In Übereinstimmung mit der Definition des Wesens der Wissenschaftsleitung verändern, bestimmen und korrigieren die Entscheidungen, die durch das die wissenschaftliche Tätigkeit leitende Teilsystem gefällt werden, den Komplex der Verbindungen und Beziehungen, die der Forschungsarbeit eigen sind. Diese Beziehungen können einen äußerst vielgestaltigen konkreten Charakter haben, die Verbindungen dagegen, in denen sie sich verallgemeinert verkörpern, können auf drei Hauptgruppen reduziert werden:

1. informationelle Verbindungen (die den Einfluß der konkreten wissenschaftlichen Ideen einschließen);
2. organisatorische Verbindungen (die die dienstlich-rechtlichen und die moralisch-ethischen Beziehungen im Kollektiv einschließen);
3. ökonomische Verbindungen (die die entsprechenden Stimuli und Formen der Verantwortlichkeit einschließen).

In den anschließenden Kapiteln der vorliegenden Monographie werden Erfahrungen und Möglichkeiten der Leitung dieses Komplexes von Verbindungen analysiert. Hier muß betont werden, daß gerade sie die nicht koordinierten Elemente und Akte der wissenschaftlichen Tätigkeit zu einem einheitlichen System vereinigen. Je vollständiger der Komplex dieser Verbindungen ist und je wirksamer sie funktionieren, um so lebensfähiger ist ein wissenschaftliches System, und um so höher ist die Effektivität seiner Arbeit. Daraus ergibt sich das folgende Prinzip für die Organisation einer wissenschaftlich begründeten Wissenschaftsleitung: *das Prinzip der Sicherung der Einheit der informationellen, organisatorischen und ökonomischen Verbindungen im Prozeß der wissenschaftlichen Tätigkeit.*

Natürlich sind der Charakter und der Sinn der gefällten Entscheidungen, auf welchen Bereich der wissenschaftlichen Tätigkeit sie sich auch beziehen mögen, unendlich verschiedenartig. Wir können jedoch mit aller Bestimmtheit konstatieren, daß sie unabhängig vom konkreten Inhalt der gefällten Entscheidungen drei Hauptkomponenten besitzen können, die die Ziele, die Wege (Methoden) zu ihrer Erreichung und die entsprechende Verteilung der Ressourcen angemessen bestimmen oder korrigieren. Wenn man alle Leitungsentscheidungen, die nicht ausgeführt werden oder die nicht zu den gewünschten Ergebnissen geführt haben, als Einheit betrachtet, kann man außer vielen verschiedenen konkreten Ursachen, die dafür verantwortlich sind, auch eine für die absolute Mehrheit von ihnen gemeinsame Ursache feststellen: Bei diesen Entscheidungen fehlten in der Regel ein bis zwei der obengenannten Grundsätze entweder ganz, oder ihr konkreter Inhalt war nicht koordiniert. Hieraus folgt eine der wichtigsten allgemeinen Forderungen an die Qualität der zu fällenden Leitungsentscheidungen – *die Einheit und die Stichhaltigkeit bei der Wahl der Ziele, bei der Festlegung der Arbeitsprogramme und bei der Ressourcenverteilung.*

Wir möchten auf einige typische Mängel hinweisen, die bei der Entscheidungsfällung zu beobachten sind:

– In vielen Instituten und leider besonders in allen neu gebildeten wissenschaftlichen Zentren gibt es keine ausgearbeitete und bewußt angewandte Zielkonzeption; prognostische Forschungen und Entwicklungen, die die Lösung dieser Aufgaben fördern sollen, werden sehr langsam und auf einem ungenügenden wissenschaftlichen Niveau durchgeführt; jene, die die Arbeitspläne aufstellen, sind häufig schlecht über die Ziele der Organisation orientiert, und die Verteilung der Ressourcen erfolgt überhaupt sehr häufig losgelöst vom konkreten Inhalt der Ziele und Arbeitsprogramme;

– viele Leitungsentscheidungen werden verspätet gefällt – das gilt insbesondere für notwendige Korrekturen –, und zwar wegen des schlecht funktionierenden Systems für die Kontrolle und die Einschätzung von Zwischenergebnissen.

Man könnte dem noch hinzufügen, daß Entscheidungen oftmals immer noch ohne die gebührende analytische Durcharbeitung ihrer möglichen Varianten gefällt und daß die Erfahrungen aus Erfolgen und Mißerfolgen in der Praxis der verschiedenen Entscheidungsfällungen selten analysiert werden. Hier liegt eine Ursache für die ungenügend aktive Ausnutzung der der Leitung zur Verfügung stehenden riesigen organisatorischen Reserven für die Erhöhung der Effektivität der wissenschaftlichen Tätigkeit. Nach Angaben ausländischer Wissenschaftswissenschaftler[1] liegen bei 81 Prozent der untersuchten wissen-

[1] Vgl. Organisation und Leitung (Organizacija i upravlenie [dt.]), Sammelband, Berlin 1969.

schaftlichen Systeme (Forschungseinrichtungen im Rahmen von Industrieunternehmen) die Ursachen für ökonomische Schwierigkeiten in Mängeln bei der Leitung der Forschungstätigkeit. Es stellte sich dabei heraus, daß in 26 Prozent der Fälle klar formulierte Forschungs- und Entwicklungsziele fehlten, in 35 Prozent der Fälle das aufgestellte Arbeitsprogramm als unbefriedigend angesehen wurde und in 26 Prozent der Fälle die Verteilung der Ressourcen nicht begründet und die ökonomische Analyse unbefriedigend war.

Bisher haben wir von der wissenschaftlich begründeten Leitung der wissenschaftlichen Tätigkeit insgesamt gesprochen. Die Leitung dieser Tätigkeit vollzieht sich jedoch auf verschiedenen Ebenen: vom Staatlichen Komitee für Wissenschaft und Technik beim Ministerrat der UdSSR und dem Präsidium der Akademie der Wissenschaften der UdSSR bis hin zu dem für ein einzelnes Thema Verantwortlichen, der die Forschungsarbeit von drei bis vier Mitarbeitern leitet. Natürlich unterscheiden sich sowohl die auf den verschiedenen Leitungsebenen gefällten Entscheidungen als auch der konkrete Inhalt der Leitungsaufgaben wesentlich. Indessen besitzt ihr funktionaler Inhalt auch eine bedeutende Gemeinsamkeit.

Wir wollen zur Erörterung dieser Frage das funktionale Schema der Leitungsaufgaben bei der Forschungstätigkeit in Abbildung 2 benutzen. Hierbei ist zu bemerken, daß die erste und allgemeinste Funktion der Leitung (einer Instanz oder des Menschen, der die Leitung der wissenschaftlichen Tätigkeit ausübt) die Entscheidungsfällung ist. Gesichert sein muß außerdem ein Komplex wirksamer informationeller, organisatorischer und ökonomischer Verbindungen mit den höheren Leitungsebenen der wissenschaftlichen Tätigkeit und mit den anderen zu leitenden Systemen, vor allem mit dem System Wissenschaft–Technik–Produktion.

Diese sehr vielfältigen Probleme und Aufgaben der Leitung wissenschaftlicher Systeme (sei es ein Laboratorium, ein Institut, eine Akademie oder die Wissenschaft des Landes insgesamt) können zu drei Klassen zentraler Probleme zusammengefaßt werden:

1. *die bestmögliche Ausnutzung der vorhandenen Material- und Arbeitskräfteressourcen, der Möglichkeiten und Ergebnisse der Wissenschaft*;

2. *das intensive Anwachsen des wissenschaftlichen Potentials, das in der Lage ist, die Lösung der bevorstehenden Forschungsaufgaben zu gewährleisten*;

3. *die Wahl und Festlegung der aussichtsreichsten Gebiete und Richtungen der wissenschaftlichen Forschungsarbeit.*

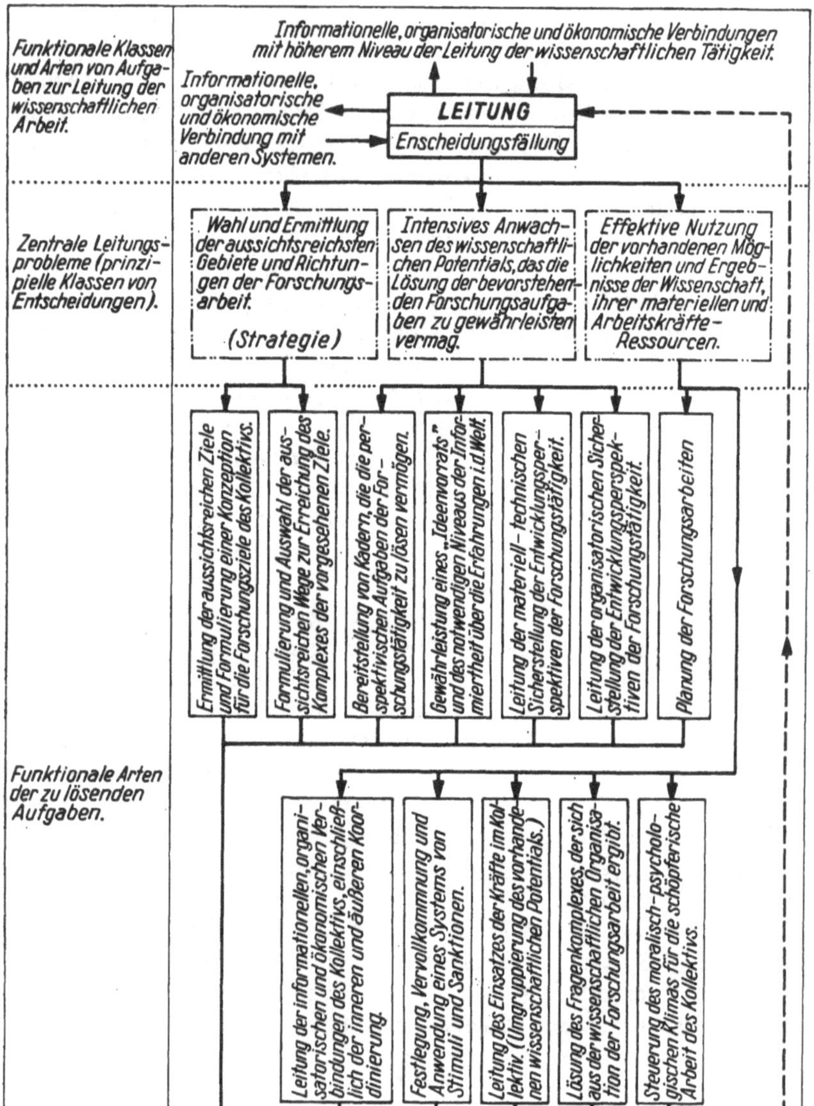

Abb. 2. Funktionales Schema der Aufgaben der Forschungsleitung

Die Kunst der effektiven Leitung eines beliebigen wissenschaftlichen Kollektivs besteht darin, die systemgerechte Lösung aller genannten Aufgaben konkret vorzubereiten und zu sichern. Wenn auch nur eines der oben erwähnten Probleme unterschätzt wird, so führt das früher oder später unweigerlich zu einem starken Leistungsabfall des wissenschaftlichen Prozesses.

In jedem zu leitenden System gibt es spezifische konkrete Aufgaben, deren außerordentliche Wichtigkeit durch ihren Zusammenhang mit der Gesamtheit der zentralen Leitungsprobleme bedingt ist. In wissenschaftlichen Einrichtungen gehört beispielsweise die Komplexität der Forschungsarbeiten zu den Problemen dieser Art. Die Erfahrungen besagen, daß die Möglichkeiten der modernen Wissenschaft dann am vollständigsten und schnellsten ausgenutzt werden und daß die Wissenschaftler dann aus den Ideen und Methoden anderer Wissenschaften Gewinn ziehen, wenn die Forschungsarbeiten komplex angelegt sind. Das wiederum stimuliert das Wachstum der potentiellen Kräfte der Wissenschaft. Komplexe Forschungen fördern in der Regel die Orientierung des Forschungsprozesses auf die Bearbeitung der aussichtsreichsten Problematik und die Ausnutzung hocheffektiver moderner Methoden.

Das Ergebnis des Funktionierens eines wissenschaftlichen Systems wie beispielsweise der Akademie der Wissenschaften ist nicht die einfache arithmetische Summe der Tätigkeitsergebnisse ihrer einzelnen Abteilungen, die als autonome Glieder betrachtet werden. Jedes strukturelle Glied des Systems muß zu den anderen Abteilungen in Wechselwirkung treten, was zu einer erfolgreichen Verwirklichung der Ziele des gesamten Systems beiträgt. Je fester und aktiver die wissenschaftlichen Verbindungen zwischen den Gliedern sind, um so effektiver funktioniert das gesamte System. Durchgeführte Untersuchungen haben ergeben, daß die Komplexität der wissenschaftlichen Arbeit auf allen Ebenen der Organisationsstruktur – sowohl zwischen den Instituten als auch zwischen den Abteilungen innerhalb der Institute – völlig unzureichend ist. Nach einer vorläufigen und optimistischen Einschätzung werden bisher höchstens 10 Prozent der vorhandenen Möglichkeiten für eine planmäßige komplexe Forschungsarbeit genutzt.

Ein anderes ebenso typisches und wichtiges organisatorisches Problem der Wissenschaftsleitung besteht darin, dafür zu sorgen, daß sich der Kreis der Arbeiten von der Grundlagenforschung bis zur technischen Realisierung und zur Überleitung der neuen wissenschaftlichen Ergebnisse in die Volkswirtschaft schließt. Diese Aufgabe, die

Struktur der wissenschaftlichen Abteilungen und die Organisation des wissenschaftlichen Prozesses zu vervollkommnen, orientiert ebenfalls darauf, alle zentralen Probleme der Wissenschaftsleitung zu beachten.

Man kann gerade diese funktionale Klasse zentraler Leitungsprobleme auch für die Ebene des Staatlichen Komitees für Wissenschaft und Technik beim Ministerrat der UdSSR konkreter fassen. Die Rechte und Pflichten des Komitees sind bekannt.[1] Innerhalb des Leitungssystems der Volkswirtschaft stellt dieses Komitee ein gesamtstaatliches Organ dar, das die wichtigsten Entwicklungsrichtungen von Wissenschaft und Technik festlegt und die Ausarbeitung der wichtigsten wissenschaftlich-technischen Probleme organisiert. Im Komitee werden gemeinsam mit den Ministerien und Behörden der UdSSR und den Ministerräten der Unionsrepubliken die Hauptrichtungen für die Entwicklung von Wissenschaft und Technik im Perspektivzeitraum ausgearbeitet, werden wissenschaftlich-technische Prognosen für die wichtigsten volkswirtschaftlichen Probleme gegeben und werden die Planentwürfe der Forschungs-, Versuchs- und Konstruktionsarbeiten für die wichtigsten wissenschaftlich-technischen Probleme vorbereitet.

Das Komitee organisiert die Bearbeitung der wichtigsten gesamtstaatlichen wissenschaftlich-technischen Probleme und bestätigt die Koordinierungspläne, die den gesamten Komplex der Arbeiten umfassen, angefangen von der Grundlagenforschung bis zur praktischen Lösung der gestellten Aufgabe und zur Übergabe der Ergebnisse zwecks Nutzung in der Volkswirtschaft. Das System der Koordinierungspläne bietet die Möglichkeit, die Lösung der wichtigsten Probleme der Entwicklung von Wissenschaft und Technik entsprechend ihrer Wechselbeziehung mit den Aufgaben des ökonomischen Aufbaus effektiver zu organisieren. Eine derartige Organisation der Arbeiten erlaubt es, die wissenschaftlichen Kräfte und die materiellen Ressourcen auf die Hauptrichtungen des technischen Fortschritts zu konzentrieren.

Das Komitee wählt gemeinsam mit der Akademie der Wissenschaften der UdSSR, den Ministerien und den Behörden die aussichtsreichsten von den wissenschaftlichen Einrichtungen und den Hochschulen durchgeführten Grundlagenforschungen aus, um deren Weiterbearbeitung in den Instituten und Konstruktionsbüros zu organisieren. Es legt die Anwendungsgebiete dieser Forschungsergebnisse fest und

[1] Vgl. D. M. Gvišiani, in: Upravlenie, planîrovanie i organizacija naučnych i techničeskich issledovanij, Bd. 1, Moskau 1970.

organisiert ihre Überleitung in die Volkswirtschaft. Auf diese Weise wird die erforderliche Wechselwirkung zwischen der Akademie der Wissenschaften der UdSSR, den Akademien der Wissenschaften der Unionsrepubliken und den Hochschulen einerseits und den Volkswirtschaftszweigen andererseits gewährleistet. Außerdem ermittelt das Staatliche Komitee für Wissenschaft und Technik gemeinsam mit der Akademie der Wissenschaften der UdSSR und dem Komitee für Erfindungswesen und Entdeckungen beim Ministerrat der UdSSR die wichtigsten Entdeckungen, Erfindungen und Forschungsergebnisse. Es organisiert gemeinsam mit den Ministerien und Behörden die Ausarbeitung der notwendigen Maßnahmen, um die Ausnutzung dieser Entdeckungen und Forschungsergebnisse in der Zukunft sicherzustellen.

Das Komitee für Wissenschaft und Technik arbeitet die Planentwürfe für die Finanzierung der wissenschaftlichen Forschungsarbeiten aus, die mit dem Staatlichen Plankomitee der UdSSR und dem Ministerium der Finanzen der UdSSR abgestimmt werden; es wirkt mit bei der Beratung der Vorschläge der Akademie der Wissenschaften, der Ministerien und der Behörden über den Umfang der Investitionen für die Entwicklung der materiellen Basis der Wissenschaft. Das Komitee ist das wichtigste staatliche Organ bei der Festlegung der Kaderpolitik der sowjetischen Wissenschaft.

Wenn man jetzt die allgemeinen Funktionen der Leitung der wissenschaftlichen Tätigkeit nach *den Arten der zu lösenden Aufgaben* weiter unterteilt, kann man 12 typische funktionale Aufgaben unterscheiden (siehe Abbildung 2). Diese Aufgaben können zu drei zentralen Leitungsproblemen zusammengefaßt werden: Strategie, wissenschaftliches Potential und Effektivität.

Die *Strategie* der Wissenschaftsleitung wird auf der Grundlage der für die Forschungstätigkeit festgelegten Ziele und der Auswahl der aussichtsreichsten Wege für die Erreichung dieser Ziele ausgearbeitet. Das *wissenschaftliche Potential* wird auf der Grundlage der Leitung des Wachstumsprozesses seiner wichtigsten Komponenten festgelegt.[1] Es sind dies:

– die Versorgung mit Kadern, die fähig sind, die perspektivischen Aufgaben zu lösen;

– die Sicherstellung eines „Vorrats" an wissenschaftlichen Ideen sowie des erforderlichen Informationsniveaus über die Erfahrungen, die in allen Ländern gemacht werden;

[1] Vgl. G. M. Dobrov, V. N. Klimenjuk, L. N. Smirnov, A. A. Savel'ev, Potential der Wissenschaft (Potencial nauki [dt.]), Berlin 1971.

– die materiell-technische Sicherstellung der Entwicklungsperspektiven der Forschungstätigkeit;

– die organisatorische Sicherstellung der Entwicklung der Forschungsarbeiten, einschließlich der rechtzeitigen Bildung neuer Kollektive.

Die *Effektivität* der Tätigkeit eines wissenschaftlichen Kollektivs wird auf der Grundlage der operativen Lösung der Aufgaben während des Leitungsprozesses erreicht. Zu diesen Aufgaben gehören:

– die Planung der wissenschaftlichen Forschungsarbeiten;

– die Leitung der informationellen, organisatorischen und ökonomischen Beziehungen des Kollektivs, einschließlich der Fragen der inneren und äußeren Koordinierung;

– die Festlegung, Vervollkommnung und Ausnutzung eines Systems der Stimuli und Sanktionen;

– die Leitung des Einsatzes der Kräfte im Kollektiv (Umgruppierung des vorhandenen wissenschaftlichen Potentials);

– die Lösung des Fragenkomplexes, der sich aus der wissenschaftlichen Organisation der Forschungsarbeit ergibt;

– die Steuerung des moralisch-psychologischen Klimas für die schöpferische Arbeit des Kollektivs.

Auf jeder beliebigen Leitungsebene stoßen wir auf Aufgaben dieser Art, obwohl sich deren relative Bedeutung und deren Anteil wesentlich verändern können. Am vollständigsten ist diese typische Gruppe von Aufgabenarten auf der Leitungsebene einer selbständigen Forschungseinrichtung vertreten.

Die nächste funktionale Art von Aufgaben dient als Fortsetzung und logischer Abschluß der oben betrachteten. Diese Aufgaben betreffen die Kontrolle der Lösungsfristen und des Verlaufs ihrer Realisierung sowie die Gestaltung entsprechender Korrektureinwirkungen auf dieser Grundlage, das heißt die Rückkopplung bei der Steuerung des Systems der wissenschaftlichen Tätigkeit.

3. *Die Funktionsweise der Wissenschaftsleitung*

Nachdem das Wesen und der Mechanismus der Leitung der wissenschaftlichen Tätigkeit dargelegt worden sind, sind jetzt die Dynamik und die Funktionsweise dieses Mechanismus zu betrachten. Hierbei darf man nicht die Augen davor verschließen, daß unter Wissenschaftlern (und sogar unter jenen, die selbst große Forscher und hervorragende Leiter wissenschaftlicher Arbeiten sind) ein gewisses Vorurteil gegenüber der Betrachtung der Wissenschaft als eines steuerbaren Systems vorhanden zu sein pflegt.

Natürlich brauchte D. I. Mendeleev keine Koordinierung seiner Tätigkeit, wenn er mit einigen Dutzend Kollegen erfolgreich persönlichen und schriftlichen Kontakt unterhielt. Wenn jedoch der große Organisator der Wissenschaft ein großes Kollektiv von professionellen Chemikern geleitet und gewußt hätte, daß viele Tausende Kollegen im In- und Ausland die ihnen vorschwebenden Ziele verfolgten, hätte er zweifellos für sich selbst irgendwelche neuen Verfahren für die Leitung der informationellen, organisatorischen und ökonomischen Verbindungen gesucht.

Bereits in den fünfziger Jahren bestand in England die Vereinigung einer Gruppe von Wissenschaftlern „Für die Freiheit der Wissenschaft“, die sich den Kampf gegen die in jenen Jahren sich herausbildende Tendenz zur Planung der Forschungsarbeiten und gegen die Einführung von Elementen der staatlichen Leitung der Wissenschaftsangelegenheiten als Hauptziel gestellt hatte. Die Zeit zeigte jedoch die völlige Unhaltbarkeit einer derartigen Strömung.

Wenn man heute noch von einzelnen Wissenschaftlern skeptische Bemerkungen über die Leitung der Wissenschaft hören kann, dann darf man dies lediglich als Kritik am jetzigen Zustand des Problems ansehen. Die Antwort der Wissenschaftswissenschaft ist eindeutig und klar: Die Wissenschaft muß unweigerlich geleitet werden; die Forschungstätigkeit leitet man auch bereits überall; die Aufgabe besteht nur darin, die Effektivität der Leitung zu erhöhen und dabei die schöpferische Eigenart und die fachliche Spezifik der Wissenschaft als Objekt der wissenschaftlichen Leitung maximal zu berücksichtigen.

Wie sollen nun unserer Ansicht nach die Dynamik und die Funktionsweise der Leitung der wissenschaftlichen Tätigkeit aussehen? Wenn man die Dinge realistisch betrachtet, muß man zugeben, daß bisher viele Kollektive und viele Bereiche der wissenschaftlichen Tätigkeit im Stile alter Traditionen geleitet werden, wobei man sich auf die automatische organisierende Wirkung wissenschaftlicher Ideen und die moralische Autorität des Leiters verläßt oder, was noch bedeutend schlechter ist, sich fast ausschließlich auf administrative Leitungsmethoden stützt. Das erste ist ganz offensichtlich unzureichend und das zweite in der Regel nicht effektiv.

Die wissenschaftliche Tätigkeit zu leiten bedeutet im heutigen Sinne des Wortes, das konsequent systemtheoretische Herangehen an die Festlegung der Ziele und Wege sowie an die Verteilung der Ressourcen für die wissenschaftliche Arbeit zu gewährleisten, bedeutet, die Gesamtheit der Verbindungen und Beziehungen, die im Prozeß der Forschungsarbeit entstehen, komplex zu regeln. Allein das wissenschaftliche Herangehen an die Leitung kann diese zu einem organischen Bestandteil eines einheitlichen Systems moderner wissenschaftlicher Tätigkeit machen. Das allgemeine Kriterium für die Effektivität einer Leitung solcher Art ist, daß die Gesamtheit der Ziele erreicht wird, die dem wissenschaftlichen System gestellt sind, und zwar in kürzester Zeit, mit maximalen Ergebnissen und bei einem optimalen Niveau hinsichtlich der Verwendung vorhandener Ressourcen.

Wenn man die erforderliche Dynamik der Leitung der modernen wissenschaftlichen Tätigkeit charakterisieren will, ist es sehr wichtig, die neue Rolle des Zeitfaktors zu verstehen. Das Prinzip „Lieber später als niemals" ist nahezu überall in der Wissenschaft durch die Forderung „Entweder rechtzeitig – oder es hat keinen Zweck" ersetzt worden. Nicht rechtzeitig gewonnene Forschungsergebnisse und nicht rechtzeitig realisierte Möglichkeiten findet man sehr wahrscheinlich nach fünf bis sechs Jahren in den wissenschaftlichen Informationen anderer Länder. Es kann sich als zweckmäßiger erweisen, sie in Form von Lizenzen für neue Ausrüstungen und Technologien zu kaufen.

Leiten bedeutet heute, rechtzeitig Entscheidungen zu fällen und zu realisieren, sie operativ entsprechend dem Ablauf des Prozesses und den sich verändernden Forderungen an diesen zu korrigieren. Ein und dieselbe, jedoch mit Verspätung eingeleitete Handlung führt zu einer ständig korrekturbedürftigen Leitung, was angesichts des Beharrungsvermögens der Wissenschaft als eines steuerbaren Systems das Effektivitätsniveau ihres Funktionierens stark und häufig hoffnungslos senkt.

Eine Analyse der Struktur des Zeitaufwandes für die Durchführung von Forschungsarbeiten (bei einer Reihe von Themen der Sibirischen Abteilung der Akademie der Wissenschaften der UdSSR) hat gezeigt, daß Entscheidungsverzögerungen übergeordneter Leitungsinstanzen 25 Prozent der für die Ausführung der Arbeiten kritischen Zeit verschlucken. Auf Unterbrechungen in der materiell-technischen Versorgung entfallen noch einmal etwa 10 Prozent. In diesem Falle ist die unzulängliche Dynamik der Leitung klar erkennbar, die ihren Ausdruck in der sogenannten kompensatorischen Funktionsweise findet.[1]

[1] Vgl. G. A. Lachtin, Taktika nauki, Novosibirsk 1970; V. V. Kosolapov, Informacionnoe obespečenie i prognozirovanie nauki, Kiev 1970.

Eine effektivere und durchaus erreichbare Funktionsweise für die Leitung der modernen Wissenschaft ist die vorauseilende Steuerung. Der entscheidende Faktor für ihre Verwirklichung besteht darin, alle Mittel und methodischen Verfahren für eine prognostische Orientierung der Leitungsdienste auszunutzen. Wir möchten betonen, daß eine auf die Anwendung in der Praxis der Wissenschaftsleitung zielende prognostische Orientierung nicht episodisch sein darf. Sie muß im Gegenteil den erreichten Stand auf dem jeweiligen Forschungsgebiet und das Niveau bei der Bearbeitung des Problems permanent verfolgen, um anschließend die Einschätzungen und die Struktur der prognostizierten Möglichkeiten konsequent zu präzisieren. Gerade die prognostische Orientierung dieser Art war ein entscheidender Faktor für die erfolgreiche Leitung bei der Realisierung des sehr komplizierten Komplexes von Forschungs-, Projektierungs-, Konstruktions- und experimentellen Arbeiten, die zum Appollo-Programm gehörten.[1]

Von den wichtigsten spezifischen Merkmalen der Wissenschaft als eines steuerbaren Systems sind folgende zu nennen:

– der hohe Unbestimmtheitsgrad in der Zusammensetzung und in der Struktur möglicher Arbeiten;

– der Charakter der wichtigsten Parameter der voraussichtlichen (oder geplanten) wissenschaftlichen Ergebnisse, der nur annähernd bestimmt werden kann;

– die besondere Schwierigkeit bei der objektiven Einschätzung der vorgesehenen Arbeitsvarianten und bei der Kontrolle ihrer Zwischenergebnisse oder -zustände;

– das Vorhandensein mehr oder weniger entwickelter Elemente der Selbstorganisation und Selbstregelung im System.

Auf den verschiedenen Leitungsebenen und in Abhängigkeit vom Charakter der wissenschaftlichen Tätigkeit (Forschung, Entwicklung der festgestellten Möglichkeiten, deren angewandte Realisierung) sind diese Eigenschaften in unterschiedlichem Maße ausgeprägt und erscheinen in verschiedener Form. Die Berücksichtigung ihrer Eigenart ist eine unerläßliche Forderung an eine wissenschaftlich begründete Leitung der wissenschaftlichen Tätigkeit.

Wir wollen den Einfluß dieser Eigenschaften am Beispiel der am weitesten verbreiteten Entscheidungsgruppen im Prozeß der Wissenschaftsleitung illustrieren. Fast in allen Sphären und Situationen der

[1] Vgl. E. A. Aleksandrov, V. P. Bogolepov, in: Organisation und Leitung (Organizacija i upravlenie [dt.]), Sammelband, Berlin 1969.

Wissenschaftsleitung stößt man auf organisatorische Leitungsaufgaben, deren Lösung in der Auswahl einer optimalen oder mehrerer bester unter vielen möglichen Varianten besteht. Solche Aufgaben nennt man üblicherweise Aufgaben der Auswahl.[1]

Die allgemeine Aufgabenstellung kann in den Termini der mathematischen Programmierung folgendermaßen formuliert werden: Es wird verlangt, die Werte der n Variablen $x_1, x_2, \ldots, x_n$ zu finden, die den m Gleichungen oder Ungleichungen

$$g_i(x_1, x_2, \ldots, x_n)\{\leqslant, =, \geqslant\}\, b_i$$
$$i = 1, 2, \ldots, m$$

genügen und die Zielfunktion

$$z = f(x_1, x_2, \ldots, x_n)$$

maximieren (oder minimieren).

Es wird angenommen, daß die Funktion $g_i(x_1, x_2, \ldots, x_n)$ bekannt und b_i vorgegebene Konstanten sind und in jeder der Beschränkungen nur eines der Zeichen $\leqslant, =, \geqslant$ beibehalten wird. Die Größen m und n hängen untereinander nicht zusammen, so daß m größer, kleiner oder gleich n sein kann. Gewöhnlich genügen die Variablen

$$x_i (i = 1, 2, \ldots, m)$$

der Bedingung der Nichtnegativität; häufig wird ihnen auch die Bedingung der Ganzzahligkeit auferlegt.

Die wissenschaftswissenschaftlichen Situationen, die sich auf die Lösung der Aufgaben der Auswahl erstrecken, kann man in mehrere Hauptklassen unterteilen:

– die Wahl einer optimalen Wissenschaftspolitik;

– die Einschätzung der verschiedenen Strategien für die Erreichung eines Zieles;

– die Situation der wissenschaftlichen Arbeitsorganisation;

– die Ordnung der Objekte nach ihrer relativen Wichtigkeit;

– die Analyse und Gestaltung der Pläne der laufenden wissenschaftlichen Tätigkeit;

– die systematische Einschätzung des Ablaufs der durchgeführten Forschungen (die Neubewertung des voraussichtlichen Effekts);

[1] Vgl. G. M. Dobrov, T. I. Ščedrina, in: Materialy po naukovedeniju, Heft 5, Kiev 1970; G. M. Dobrov, in: Voprosy filosofii, Jg. 1969, Heft 3; B. V. Dean, Evaluation, Selection and Control of R & D Projects. American Management Association, 1968.

– die Sammlung, Speicherung und Ermittlung wissenschaftlicher Informationen, die Wahl der Form und die Methoden der Speicherung;

– die Festlegung der Ordnung und der Termine für die Veränderung der Systemelemente;

– die optimale Verteilung der Ressourcen.

Es sind Unterklassen von Situationen möglich, die bei der Lösung von Aufgaben der Hauptklassen entstehen. Die genannten Situationen werden durch das für die Perspektivplanung besonders wichtige Vorgehen zu einem einheitlichen Ganzen zusammengefügt; es reicht von der Trial-and-Error-Methode bis zu den apriorischen Einschätzungen und zur optimalen Auswahl. Wir wollen die Spezifik der genannten Klassen von Aufgaben der Auswahl kurz charakterisieren.

Die Festlegung der Politik auf dem Gebiet der Wissenschaft ist in erster Linie ein Problem der gesamtstaatlichen Leitungsebene. Die Gesamtheit der Entscheidungen, die sich aus der Notwendigkeit ergeben, das System der Ziele, der Auswahl der aussichtsreichsten Wege zu ihrer Erreichung, der Verteilung der wissenschaftlichen Kader auf die Wissenschaftszweige und der Versorgung dieser Zweige mit den verschiedenen Ressourcenarten zu regulieren, bestimmt die wissenschaftliche Politik des Landes, einer Republik oder eines Gebietes. Die Schwierigkeit bei der Festlegung einer wissenschaftlichen Politik besteht in der Notwendigkeit, scheinbar nicht vergleichbare Bereiche der Wissenschaft zu bewerten, die eine gemeinsame Finanzierungsquelle haben. Die Formulierung der Auswahlkriterien ist in diesem Falle ebenfalls ein kompliziertes theoretisches Problem.

Bei der Erarbeitung von Kriterien für die relative Einschätzung der verschiedenen Wissenschaftsgebiete müssen, um eine optimale wissenschaftliche Politik formulieren zu können, folgende drei Gruppen wichtiger Faktoren berücksichtigt werden:

1. Der wissenschaftliche Wert, der das Verhältnis des eingeschätzten Wissenschaftsbereichs zu anderen Bereichen der Wissenschaft widerspiegelt. Die Ermittlung quantitativer Charakteristika für einen derartigen Faktor ist keineswegs leicht, weil eine Auswahl ergänzender, ebenfalls schwer veränderlicher Kriterien verlangt wird. Hierbei ist eine Strukturanalyse des Organismus der Wissenschaft notwendig.

2. Der sozialökonomische Wert, für den die wichtigsten spezifischen Probleme und charakteristischen Besonderheiten der Wirtschaft und der Politik des betreffenden Landes berücksichtigt werden müssen. Ein wichtiges Moment dieses Faktors ist die wissenschaftliche Zusammenarbeit.

3. Der kulturelle Wert, der mit der unausweichlichen Entwicklung jener Wissensgebiete zusammenhängt, die bei der Entwicklung der Gesellschaft eine sehr wichtige Rolle spielen.

Bei der Formulierung der konkreten Auswahlkriterien werden die obengenannten Faktoren mit Gewichtskoeffizienten berücksichtigt, die die relative Bedeutung der Faktoren als Elemente in dem einheitlichen Auswahlkriterium widerspiegeln.[1] Die Wertigkeit dieser Faktoren wird nicht nur für verschiedene Länder, sondern auch für unterschiedliche Situationen in ein und demselben Lande verschieden sein.

Am weitesten verbreitet ist in der Praxis der Wissenschaftsleitung die Situation, die sich auf das Ordnen einer Menge von Objekten (Rangeinteilung) nach dem Grade der relativen Wichtigkeit eines oder mehrerer Merkmale erstreckt. Als Objekte einer solchen Untersuchung können insbesondere Forscherkollektive dienen, bei denen die Tätigkeitsergebnisse im Verlaufe eines bestimmten Zeitraumes bewertet werden. Die ermittelten Bewertungen können sowohl für Planungsentscheidungen als auch für Entscheidungen über die Ausnutzung des vorhandenen Systems der Stimuli und Sanktionen benutzt werden, was die Aufgabe besonders verantwortlich macht.

Nicht selten entsteht die Notwendigkeit, eine begründete Klassifizierung für eine Menge von Objekten festzulegen. In diesem Falle besteht die Aufgabe darin, die Menge der Objekte in Klassen aufzuteilen, wobei zu jeder Klasse Objekte gehören müssen, die hinsichtlich eines oder mehrerer Merkmale gleichartig sind. Ein Sonderfall der Klassifizierungsaufgabe ist die Analyse von Informationsflüssen. Die Aussonderung und Systematisierung der notwendigen Informationen aus dem Gesamtfluß der eingehenden Information ist eine erstrangige Aufgabe in den automatisierten Leitungssystemen sowie bei der Organisierung einer effektiven Tätigkeit der Informationsdienste für die Leitung der Wissenschaft.

Bei der Strukturanalyse des Organismus der Wissenschaft kommt man offensichtlich auch nicht ohne Situationen aus, die sich aus der Notwendigkeit ergeben, die Objekte nach einer Gesamtheit von Merkmalen zu klassifizieren. Besonders wichtig ist die Situation, die mit dem Einordnen wissenschaftlicher Richtungen entsprechend ihrer Wertigkeit verbunden ist. Das ist dadurch bedingt, daß die Effektivität eines Forschungsprogramms in bedeutendem Maße

[1] Vgl. L. A. Rastrigin, Slučajnyj poisk v zadačach optimizacii mnogoparametričeskich sistem, Riga 1965.

von den in Hinblick auf die Auswahl der Forschungsrichtungen gefällten Entscheidungen abhängt. Welcher Forschungsrichtung kommt die Priorität zu? Welches sind die aussichtsreichsten Methoden für die Auswahl der wissenschaftlichen Forschungsthematik? Wie sind die verschiedenen zu planenden und zu entwickelnden Richtungen der Forschungs-, Versuchs- und Konstruktionsarbeiten zu vergleichen? Derartige Fragen tauchen in der genannten Situation auf und erfordern eine begründete Entscheidung.[1]

Bei der Planung der Arbeit von Forschungskollektiven entsteht vor allem die Situation der Ressourcenverteilung, die eine ganze Klasse von Aufgaben vereint. Als Beispiel kann die Aufgabe dienen, für einen maximalen Beschäftigungsgrad eines Kollektivs im Verlaufe des Planungszeitraumes unter der Bedingung zu sorgen, daß eine „Leistung" gewährleistet wird, die nicht unter der vorgegebenen Höhe liegt. Als anderes Beispiel für Aufgaben dieser Klasse ist die maximale Erfüllung einer vorgesehenen Thematik, und zwar unter der Bedingung, daß die Ressourcen in einer Höhe in Anspruch genommen werden, die eine vorgegebene Größe nicht übersteigt.

Verbreitet ist die Situation, die mit der Verteilung einer vorgegebenen Menge von Themen auf die Ausführenden oder von Ausführenden auf die Themen verbunden ist. Als Ausgangsinformation für die Lösung der Aufgaben können in dieser Situation das Vermögen eines jeden Kollektivs bzw. Ausführenden zur Erfüllung der Themen und die relative Wichtigkeit der Themen quantitativ vorgegeben sein.

Interessant ist die Situation, die bei der Verteilung der Anstrengungen (oder Ressourcen) auf Teilthemen entsteht, deren Durchführung für die Lösung des Problems notwendig ist. Hierbei können die relative Wichtigkeit der Teilthemen für das Problem und deren „Ergebnis" bei unterschiedlicher Höhe der bereitgestellten Ressourcen verschieden sein. Die optimale Verteilung der Ressourcen besteht für diese Situation in der Maximierung des summarischen „Ergebnisses".

Es kann eine (ziemlich typische) Situation bestehen, für die die Abhängigkeit des „Ergebnisses" von der Höhe der bereitgestellten Ressourcen fehlt oder mindestens unbekannt ist. Hierbei können die vorgegebene Wichtigkeit der Themen und der benötigte Umfang der Ressourcen als Ausgangsinformationen dienen. Die optimale Ver-

[1] Zahlreiche Beispiele für eine optimierte Aufgabenstellung und Methoden für die Lösung solcher Aufgaben kann man in den Arbeiten von B. V. Dean, a. a. O., und G. A. Lachtin, a. a. O., finden.

teilung des vorgegebenen Umfangs der Ressourcen besteht in der Maximierung der summarischen Wichtigkeit des Themas.

Man trifft auch Situationen an, die der Steuerung von Vorräten entsprechen, das heißt von nichtgenutzten Ressourcen (Menschen, vorhandenen Methoden, Versuchsanlagen, Materialien, Maschinen, Geldmitteln), die mit Kosten verbunden sind.[1] Die Aufgabe besteht in der Reduzierung der Gesamtkosten auf ein Minimum.

In dieser Situation entsteht eine ganze Klasse von Aufgaben: – die optimale Ausbildung von Kadern oder die Nachfrage nach Spezialisten verschiedenster Fachrichtungen in optimaler Anzahl; – der Kauf und die Inbetriebnahme neuer Ausrüstungen; – die optimale Struktur des Netzes wissenschaftlicher Einrichtungen, die Analyse, ob es zweckmäßig ist, neue Forschungszentren (Institute) zu organisieren bzw. bestehende zu schließen.

Die verschiedenen Strategien zur Erreichung des Zieles müssen gewöhnlich dann gewertet werden, wenn eine Menge möglicher Strategien vorhanden ist und aus ihnen die optimale Strategie ausgewählt werden muß. Um zu vorläufigen Schlußfolgerungen zu kommen, lassen sich verschiedene Modelle benutzen. Ein Beispiel für Modelle, die bei Aufgaben der genannten Klasse verwendet werden, sind die Netzwerkpläne für die Durchführung komplizierter Arbeitsprogramme.

Um objektive Bewertungen für die relative Wichtigkeit der einzelnen Forschungsetappen zu erhalten, können „Bäume" der relativen Wichtigkeit, die sogenannten Entscheidungsbäume, benutzt werden. Das erlaubt es, die wichtigsten Probleme schärfer herauszustellen, ohne indessen die zweitrangigen zu vernachlässigen. Die Anwendung spieltheoretischer Methoden für die Auswahl einer optimalen Strategie ist ein wichtiges und aussichtsreiches, jedoch noch wenig ausgearbeitetes Verfahren. Die Frage, die in einer Situation dieser Klasse gestellt werden kann, besteht in der Ermittlung des zweckmäßigen Umfanges der Forschungs- und Entwicklungsarbeiten, um eine vorgegebene Qualität auf ein bestimmtes Niveau zu heben. Spieltheoretische Modelle können benutzt werden, um die Möglichkeiten von Aufwendungen für Forschungs- und Entwicklungsarbeiten einzuschätzen, wenn es gelingt, die Abhängigkeit der Ergebnisse vom Aufwand zu modellieren.

[1] Wir möchten bemerken, daß im Falle der Leitung der Wissenschaft die Höhe dieser Kosten durch den möglichen, nicht aber den tatsächlich erzielten Nutzeffekt aus dem Einsatz des gegebenen Umfangs an wissenschaftlichem Potential bestimmt wird.

Die Situation kann auch in der Wahl einer bestimmten Strecke bestehen, die alle vorgegebenen Punkte nur ein einziges Mal durchläuft und eine minimale Länge (entweder minimalen Zeitaufwand oder minimale Kosten) aufweist. Mit dieser Klasse der sogenannten Transportaufgaben hängen insbesondere die Aufgaben der Umrüstung und der Erneuerung von Ausrüstungen zusammen, die bei Forschungsarbeiten benutzt werden. Um die verschiedenen Strategien zur Erreichung des Zieles zu bewerten, können hierbei moderne Methoden der Experteneinschätzungen angewandt werden.

Die moderne Methodik der Ausnutzung von Experteneinschätzungen für die Lösung wissenschaftswissenschaftlicher Aufgaben ist bereits dargestellt worden[1], sie wird auch in der vorliegenden Monographie behandelt. Obwohl die Methoden der Experteneinschätzungen ein neues und immer vollkommener werdendes Instrument für eine wissenschaftlich begründete Wissenschaftsleitung sind, sind sie an sich im Prinzip als Instrument der Entscheidungsfällung so alt wie die Praxis der Leitung von Wissenschaftsangelegenheiten. Alle Entscheidungen, die von Spezialisten auf der Grundlage ihrer Erfahrungen, ihrer erworbenen Kenntnisse und ihrer schöpferischen Intuition gefällt werden, sind faktisch Experteneinschätzungen. Die Berechtigung, auf die Erfahrungen, die Kenntnisse und die Intuition der Spezialisten zurückzugreifen, ist begründet, weil gerade diese Elemente in Verbindung mit den anderen Charakteristika der Wissenschaft als eines komplizierten dynamischen Systems die in ihr vorhandenen Eigenschaften der Selbstorganisation und der Selbstregelung garantieren. Die beste der möglichen Funktionsweisen für die Leitung der Wissenschaft ist eine Leitung, die beim Vorhandensein von Selbstreglern einen Vorsprung hat.

Die Wissenschaft als kompliziertes dynamisches System wird durch Wesenszüge wie die folgenden charakterisiert:

– durch eine große Anzahl aktiv wirkender Elemente, die durch ein entwickeltes System verschiedenartiger Verbindungen vereinigt sind;

– durch das Vorhandensein eines einheitlichen hierarchischen Teilsystems der Steuerung, das ein organischer Bestandteil der notwendigen Tätigkeit ist;

– durch das Vermögen zur Ausführung komplizierter und verschiedenartiger Funktionen unter der Bedingung, daß viele wesentliche

[1] Vgl. G. M. Dobrov, Prognostik in Wissenschaft und Technik (Prognozirovanie nauki i techniki [dt.]), Berlin 1971.

Prozesse des Funktionierens Wahrscheinlichkeitscharakter besitzen;

– durch das Vermögen, den Aufbau der relativ abgesonderten Teile des einheitlichen Systems entsprechend der gesamten Rangordnung der Ziele und Wertkriterien festzustellen, ihn zu integrieren und ihn zu verändern;

– durch das Vermögen zu einem aktiven Informationsaustausch nicht nur innerhalb des Systems der wissenschaftlichen Tätigkeit, sondern auch, was besonders wichtig ist, mit den anderen umfassenderen Systemen Wissenschaft – Technik – Produktion – Gesellschaft;

– durch das Vermögen einiger Teile des Systems, im Regime der Selbstabstimmung und Selbstregelung zu arbeiten.

Wenn man E. A. Aleksandrov und V. P. Bogolepov[1] folgt, die von Ideen G. Försters[2] ausgegangen sind, kann man die organisatorischen Kriterien für die Qualität des Funktionierens derartiger Systeme wie folgt darstellen.

Angenommen, H_{max} sei die maximale Entropie eines Systems und $H(t)$ seine Entropie im Zeitpunkt t.

Dann kann das erste Kriterium für die Ordnung innerhalb des Systems ein relatives Kriterium solchen Typs sein:

$$R_1(t) = \frac{H_{max} - H(t)}{H_{max}}.$$

Während das System funktioniert, kann sich seine Entropie verringern, wachsen oder unverändert bleiben. Hieraus folgt das zweite Kriterium, das sich aus der Geschwindigkeit und der Richtung ergibt, mit der bzw. in der sich die Ordnung innerhalb des Systems verändert:

$$R_2(t) = \frac{dH}{dt}.$$

Bei $R_2(t) < 0$ bezeichnet man das System üblicherweise als ein sich selbstorganisierendes, bei $R_2(t) = 0$ als ein System des mechanischen Typs und bei $R_2(t) > 0$ als ein System vom thermodynamischen Typ.

Auch das dritte Kriterium, das das Niveau der absoluten Organisation des Systems charakterisiert, besitzt einen realen Sinn:

$$R_3(t) = H_{max} - H(t)$$

[1] Vgl. Organisation und Leitung (Organizacija i upravlenie [dt.]), Sammelband, Berlin 1969.

[2] Vgl. G. Förster, Samoorganizujuščiesja sistemy, Moskau 1964.

oder, wenn man die Beziehung (1) berücksichtigt,

$$R_3(t) = H_{\max} R_1(t).$$

Wenn es zwei Teilsysteme gibt, die durch die Zustände

$$x(x = 1, 2, \ldots, m)$$

und

$$y(y = 1, 2, \ldots, n)$$

charakterisiert werden, dann ist bewiesen, daß sich das Kriterium für ihre gemeinsame absolute Organisation R_3xy der Abhängigkeit

$$R_3xy \geqq R_3x(t) + R_3y(t)$$

unterwirft.

Diese gemeinsame Eigenschaft läßt sich wie folgt formulieren: Die absolute Organisation eines Systems ist größer als die algebraische Summe der absoluten Organisation seiner Bestandteile.

Hieraus ergibt sich die wichtige Schlußfolgerung, daß es bei der Steuerung eines komplizierten Systems notwendig ist, dafür zu sorgen, daß die Eigenschaften der Selbstorganisation in seinen Teilen und seinen Elementen maximal entwickelt sind. Das wird unter Einhaltung folgender Bedingungen erreicht:

1. Für die Teilsysteme ist das Vermögen zu einer zweckmäßigen Aktivität charakteristisch, und sie lassen sich hierbei nach entsprechenden Zweckmäßigkeitskriterien bewerten.

2. Bei zufälligen Einwirkungen besitzen die Teilsysteme die Möglichkeit, nach neuen eigenen Strukturen und Varianten zu suchen, die den optimalen nahekommen. Diese Bedingungen gehören zu den notwendigen, jedoch nicht ausreichenden Bedingungen, um die Teilsysteme, denen sie zugehören, in vollem Sinne dieses Wortes als selbstorganisierende anzusehen.[1]

Wir führen diese Bedingungen an, um zu unterstreichen, wie wichtig es ist, bei der konkreten Leitung des Systems der wissenschaftlichen Tätigkeit die Eigenschaften der genannten Art in den Teilen und Elementen des Systems zu entwickeln. Dabei müssen diese Teilsysteme unbedingt ausgestattet werden mit entsprechenden Zielkriterien, mit Vorstellungen über die Wege, die zur Optimierung des Funktionierens und der Organisation führen, sowie mit Fertigkeiten für die Entscheidungsfällung und die Durchführung praktischer

[1] Vgl. L. A. Rastrigin, a. a. O.; Principy samoorganizacii. Sammelband, Moskau 1966.

Handlungen, die auf die Realisierung dieser Möglichkeiten gerichtet sind.

Mit anderen Worten, bei der Leitung der Wissenschaft darf man durchaus nicht alle Fragen durch Direktiven, starre Normative oder Entscheidungen „von oben" lösen. Sehr große Bedeutung für den Erfolg der Leitung besitzen auch das Vorhandensein einer (im Rahmen des Systems) allgemein angewandten Zielkonzeption und entsprechender Wertkriterien, ferner die Erweiterung der Rechte, die Erhöhung des Niveaus der Kenntnisse und das Können, die wissenschaftliche Tätigkeit auf allen Ebenen des Systems zu leiten.

Diese Besonderheiten in der Funktionsweise der Leitung schaffen außerordentlich wichtige Voraussetzungen dafür, daß ein stabiles und sich systematisch verbesserndes Funktionieren des gesteuerten Systems gewährleistet ist, was sich letzten Endes in einer Erhöhung seiner Effektivität ausdrückt.

KAPITEL II

Der Leiter im Forschungskollektiv

1. *Der fachliche Charakter der Leitung*

In jedem wissenschaftlichen Forschungskollektiv arbeiten Spezialisten, die fachlich für die Lösung vielseitiger Aufgaben ausgebildet wurden. Deshalb sind hier gewöhnlich 10 bis 12 und nicht selten noch mehr verschiedene Berufe vertreten. Jedoch die am weitesten verbreitete und repräsentativste unter den speziellen Funktionen des wissenschaftlichen Prozesses ist die Leitungsfunktion.

Nimmt man ein typisches wissenschaftliches Forschungsinstitut mit einer Gesamtzahl von etwa 500 Beschäftigten (17 bis 20 Strukturabteilungen zu je 25 bis 30 Mitarbeitern), dann kann man darin deutlich vier Leitungsebenen unterscheiden. Es sind dies: der Direktor, die Stellvertreter des Direktors und der wissenschaftliche Sekretär, die Leiter der Strukturabteilungen sowie die Leiter der nichtstrukturierten Laboratorien und Arbeitsgruppen. Wenn die Durchschnittszahl der Personen, die der direkten Leitung einer Person unterstehen, $S = 5$ beträgt (in Wirklichkeit sind es auf manchen Ebenen $S > 5$, selten $S < 3$) und die Gesamtzahl der Ebenen $n = 4$, so wird die Anzahl der Personen, die Leitungsfunktionen ausüben, durch folgende Formel bestimmt:

$$N = 1 + S + S^2 + \cdots + S^{n-1} = \frac{S^n - 1}{S - 1} = 161.$$ [1]

Hierzu müssen noch etwa 10 Personen hinzugezählt werden, die die verschiedenen Funktionalorgane des gesamten Instituts leiten (Kaderabteilung, Rechenstation, Buchhaltung, Sekretariate, Abteilung für wissenschaftlich-technische Information, Bibliothek usw.).

Somit sind in modernen Forschungsinstituten in der Regel etwa 30 Prozent des Personals im Teilsystem der Leitung tätig. Hinzu kommt, daß ungefähr 10 bis 12 Prozent des gesamten wissenschaftlichen Personals besonders verantwortliche Funktionen als Leiter wissenschaftlicher Forschungsthemen ausüben. Nach Angaben des

[1] Vgl. G. A. Lachtin, Taktika nauki, Novosibirsk 1970.

Ukrainischen Forschungsinstituts für wissenschaftlich-technische Information sind beispielsweise in der Ukrainischen SSR etwa 15 Prozent der Wissenschaftler Leiter von im Plan enthaltenen Forschungs- und Entwicklungsthemen.[1]

Die erwähnten Relationen sind zeitlich ziemlich stabil. Sie verändern sich nur in Richtung einer Vergrößerung von S. Das ist häufig unvermeidlich, führt jedoch zu einer bedeutenden Erhöhung der Anforderungen, die an die Qualität des Teilsystems Leitung und die Effektivität der Durchführung der den Leitern übertragenen Funktionen gestellt werden. Nach den in aller Welt gemachten Leitungserfahrungen liegen die oberen Grenzen eines vernünftigerweise zulässigen Anwachsens der genannten Parameter im allgemeinen bei $S \leqq 7$ und $n \leqq 5$.

Unter den typischen Bedingungen der extensiven Entwicklung wissenschaftlicher Systeme vergrößert sich die Gesamtgröße der zu leitenden Kollektive (Institute) alle sieben bis zehn Jahre auf das Doppelte. Dabei wachsen Umfang und Kompliziertheit der Leitungsaufgaben (die Anzahl der Verbindungen und Beziehungen zwischen den geleiteten Elementen) proportional zum Quadrat ihrer zahlenmäßigen Stärke, das heißt annähernd auf das Vierfache, und die Zahl der Personen, die kompetent sind, Leitungsaufgaben zu lösen, vergrößert sich auf nicht mehr als das Zweifache. Hinzu kommt noch die immer spürbarer werdende negative Wirkung, die sich aus dem sinkenden allgemeinen Qualifikationsniveau der Leitenden ergibt, da die in diesem Falle notwendige Kombination der Eigenschaften eines Wissenschaftlers und eines Organisators entschieden seltener anzutreffen ist als die Eigenschaft eines besonderen Organisators oder eines guten Forschers.

K. Marx hat einmal gesagt: „Ein einzelner Violinspieler dirigiert sich selbst, ein Orchester bedarf des Musikdirektors."[2] Diesen Bedarf an qualifizierten „Musikdirektoren" verspürt die heutige Wissenschaft so stark wie nie zuvor. Wer soll der Dirigent sein – ein Wissenschaftler oder ein Organisator? Der Dialog zu diesem Thema wird immer häufiger sowohl in Wissenschaftlerkreisen als auch in der Presse geführt. Die Probleme, die im ersten Kapitel behandelt wurden, und die soeben beigebrachten Angaben erlauben folgende Antwort auf diese Frage.

[1] Vgl. V. V. Kosolapov, Informacionnoe obespečenie i prognozirovanie nauki, Kiev 1970.

[2] K. Marx, Das Kapital, I. Bd., in: K. Marx, F. Engels, Werke (im folgenden: MEW), Bd. 23, Berlin 1968, S. 350

Die Hauptfigur im Prozeß der Leitung der wissenschaftlichen Tätigkeit muß sowohl wegen des Umfangs der zu lösenden Aufgaben als auch wegen der Spezifik der auszuführenden Funktionen ein qualifizierter Wissenschaftler, ein Forscher des entsprechenden Wissenschaftszweiges sein, der organisatorische Fähigkeiten besitzt und der sich die notwendigen fachlichen Kenntnisse und Fertigkeiten auf dem Gebiet der Leitung angeeignet hat. Unter den Leitern der Wissenschaft müssen auch solche Menschen sein, die sich auf die Lösung besonders verantwortungsvoller Aufgaben der oberen Leitungsebene spezialisieren. In mittleren Instituten kann das der wissenschaftliche Sekretär für Wissenschaftsorganisation sein, dem ein Ökonom und ein Soziologe für wissenschaftliche Arbeit unterstellt sind und dem die Leitung der Tätigkeit einiger das ganze Institut betreffenden Dienstbereiche übertragen wird.

In großen Instituten (mit über 1500 Mitarbeitern) ist es durchaus gerechtfertigt, einen Stellvertreter des Direktors für wissenschaftliche Arbeitsorganisation zu haben, sowie eine speziell gebildete wissenschaftsorganisatorische Abteilung (Dienst für Planung und Koordinierung), eine Abteilung für technisch-ökonomische Analyse, einen Dienst für wissenschaftliche Arbeitsorganisation, ein Büro für wissenschaftlich-technische Information, einen Patentdienst usw.

Durch die Einführung dieser Elemente in das Leitungssystem eines wissenschaftlichen Forschungsinstituts funktionieren nicht nur seine beiden oberen Ebenen effektiver, sondern es werden auch die Voraussetzungen für eine wirksame Verbesserung der Leitungsmethode in ausnahmslos allen seinen Teilen geschaffen. Dadurch wird übrigens logischerweise der herangereifte und in vielen Instituten sich bereits real verwirklichende Prozeß der Herausbildung eines linearen Schemas für die Leitung der wissenschaftlichen Tätigkeit abgeschlossen.

Das Problem der Erhöhung des fachlichen Niveaus und der Effektivität der Leitung der Wissenschaft erschöpft sich natürlich nicht in den oben erwähnten Maßnahmen. An dieser Stelle ist es angebracht, die Frage nach der informationellen Versorgung der Leiter wissenschaftlicher Forschungskollektive zu erörtern.

N. Wiener hatte völlig recht, wenn er behauptete: „Wirklich leben heißt zu leben, indem man über richtige Informationen verfügt.“[1] Besonders gilt diese These für jene Personen, deren Aufgabe die Ausarbeitung, die Korrektur und die Realisierung von Steuerungsein-

[1] N. Wiener, Mensch und Menschmaschine (The human use of human beings. Cybernetics and society [dt.]), Frankfurt/M., Westberlin 1952.

wirkungen für ein kompliziertes Informationssystem ist. Der Leiter muß, um seine Funktionen im Kollektiv wirksam wahrnehmen zu können, über bestimmte und ziemlich spezifische Kenntnisse auf dem Gebiet der Wissenschaftswissenschaft, der Ökonomie, der Kybernetik, der Informatik, der Rechtswissenschaft und der Sozialpsychologie verfügen. Die Erfahrungen zeigen, daß es in der Regel nicht gelingt, alle diese Spezialkenntnisse im Selbststudium zu erwerben. Ein gewisser Teil der qualifizierten Mitarbeiter der Leitungsdienste wird an den Hochschulen ausgebildet. Eine Spezialausbildung auf dem Gebiet der Wissenschaftsleitung vermittelt die ökonomische Fakultät der Leningrader Staatlichen Universität. Der Umfang einer derartigen Ausbildung wird in Zukunft erweitert werden, jedoch muß hierbei vor allem Wert darauf gelegt werden, den Leitern der beiden obersten Leitungsebenen der wissenschaftlichen Einrichtungen Spezialkenntnisse über die Leitung zu vermitteln.

In der Sowjetunion wird auf Beschluß des ZK der KPdSU und des Ministerrats der UdSSR ein Netz von Forschungs- und Lehrzentren auf dem Gebiet der Leitungswissenschaften aufgebaut. Die Erhöhung der speziellen Qualifikation der vielen tausend Leiter der sowjetischen Wissenschaft muß zu einem organischen Bestandteil der Funktionen dieses Netzes werden. Gleichzeitig müssen auch Maßnahmen ergriffen werden, um die Ausbildung hochqualifizierter Kader für die Praxis der Wissenschaftsleitung durch die Aspirantur ohne Freistellung von der Arbeit zu erweitern.

Der Ausbildungsprozeß dieser Kategorie von Mitarbeitern muß sich in vielem von dem der Hochschulen unterscheiden. Wert muß hierbei vor allem auf das Studium und die Analyse der realen Leitungserfahrungen sowie auf die aktive schöpferische Durcharbeitung der Materialien gelegt werden, die in den wissenschaftlichen Lehrgängen behandelt werden. Zu diesem Zweck ist es nützlich, umfassend die Ideen „sachlicher“ und „administrativer“ Spiele auszunutzen, in deren Verlauf die Fertigkeiten geschult werden, die notwendig sind, um komplizierte Situationen einzuschätzen, richtige Entscheidungen zu fällen und die Lage der Dinge in einem zu leitenden System kritisch zu analysieren. Die Mittel des programmierten Unterrichts, die Vorbereitung realer Projekte für die Vervollkommnung der Organisation und der Leitung eines wissenschaftlichen Forschungsinstituts, die praktische Teilnahme an der Ausarbeitung wissenschaftlicher Prognosen, Empfehlungen und Vorschläge an übergeordnete Instanzen der Wissenschaftsleitung – alle diese Möglichkeiten müssen nach unserer Auffassung genutzt werden, um die neue Generation von Leitern der modernen Forschungstätigkeit aktiv heranzubilden.

Die Wissenschaft ist ein sich ständig erneuerndes System. Deshalb veralten die bei der Leitung der Wissenschaftsentwicklung gewonnenen Kenntnisse unvermeidlich und schnell. Die operative und spezialisierte informationelle Versorgung der Leitungsdienste und der leitenden Mitarbeiter im Bereich der Wissenschaft muß ein wichtiger Faktor für die Aufrechterhaltung eines entsprechenden Niveaus der Wissenschaftsleitung werden. Es handelt sich hierbei vor allem um Informationen über die Erfahrungen bei der Organisation und Leitung der wissenschaftlichen Tätigkeit in der Sowjetunion und in anderen Ländern; es handelt sich um Übersichten und spezielle prognostische Perspektiven des wissenschaftlich-technischen Fortschritts, um die Analyse und vergleichende Einschätzung des Entwicklungsniveaus der Wissenschaft, um den Zustand des Wissenschaftspotentials und der Effektivität des Einflusses auf die Produktion und die soziale Sphäre insgesamt.

Für solche großen wissenschaftlichen Systeme wie die Akademie der Wissenschaften einer Republik oder das Netz der wissenschaftlichen Einrichtungen eines bestimmten Zweiges, aber mehr noch für das Staatliche Komitee für Wissenschaft und Technik beim Ministerrat der UdSSR und für das Präsidium der Akademie der Wissenschaften der UdSSR ist die Aufgabe, spezielle automatisierte Informationssysteme zu schaffen, außerordentlich aktuell.[1] Durch solche Systeme muß die Lösung des folgenden Aufgabenkomplexes der Leitung der Wissenschaft unterstützt werden: die Beobachtung der Tätigkeits- und Entwicklungstendenzen des geleiteten Systems der wissenschaftlichen Einrichtungen; die operative informationelle und auskunftsmäßige Betreuung der obersten Leitungsinstanzen (bis zur Leitung eines Forschungsinstituts einschließlich); die analytische und rechnerische Begründung von Varianten der vorzubereitenden Leitungsentscheidungen; die Prognose der wissenschaftlichen Politik und der perspektivischen Entwicklung der verschiedenen Sphären und Bereiche der wissenschaftlichen Tätigkeit.

Ein solches komplexes Herangehen an die Erhöhung der Effektivität der Leitung hat sich bei den Aufgaben der Leitung vieler kompli-

[1] Eines der ersten Systeme dieser Art entsteht bereits praktisch für die Leitung der wissenschaftlichen Tätigkeit im Bereich der wissenschaftlichen Projektierungs-, Konstruktions- und Produktionsorganisationen des Ministeriums der elektronischen Industrie der UdSSR.

zierter Systeme, zum Beispiel der modernen Industrieproduktion, bewährt. Es ist jedoch um so wichtiger für die wissenschaftliche Produktion, die einen Vorsprung vor anderen Tätigkeitsbereichen haben muß, und die in der Regel deren Effektivitätsniveau bestimmt.

Die Aufgabe, automatisierte Informationssysteme zu schaffen, die eine qualitative und operative Vorbereitung der Entscheidungen für die Leitung der wissenschaftlichen Tätigkeit gewährleisten, hat vieles gemein mit den Aufgaben, die bei der Schaffung automatisierter Leitungssysteme für die komplizierte moderne Produktion auftauchen. Gleichzeitig darf man auch nicht die Spezifik der Leitungsprozesse in der wissenschaftlichen Tätigkeit unterschätzen. Sie liegt in der Hauptsache auf dem Gebiet der Zielfunktionen und der Methoden für die Lösung von Aufgaben der optimalen Steuerung und nicht in der Sphäre der technischen Mittel und der informationellen Leitungsprozeduren. In Übereinstimmung mit dem im vorhergehenden Kapitel behandelten generellen Ziel der optimalen Leitung der Wissenschaft wollen wir die Möglichkeiten und spezifischen Probleme, die bei der Herausbildung des Systems auftauchen, am Beispiel der von Wissenschaftswissenschaftlern und Kybernetikern der Akademie der Wissenschaften der Ukrainischen SSR formulierten Vorschläge erörtern, die darauf abzielen, ein System der informationellen Versorgung der Leitung und der Prognose der Entwicklung der Akademie der Wissenschaften der Ukrainischen SSR (System UPRAN) zu schaffen.

Wir wollen hier anführen, welche Ziele mit der Schaffung des Systems UPRAN verfolgt werden und welche Funktionen es hat. Das System UPRAN wird sich auf moderne elektronische Rechenmaschinen stützen und über ein Netz von Informationsein- und ausgabepulten verfügen, die im Präsidium der Akademie der Wissenschaften der Ukrainischen SSR, in den Abteilungen und in den wissenschaftlichen Forschungsinstituten der Akademie stationiert sind.

1. Die Ausarbeitung wissenschaftswissenschaftlicher Methoden für die Lösung von Leitungsaufgaben der wissenschaftlichen Tätigkeit. Der Komplex derartiger Forschungsprobleme umfaßt:

– Informations- und Auskunftsaufgaben, die während der Leitung der wissenschaftlichen Tätigkeit entstehen;

– das Ordnen der Dokumentenströme, die Gewährleistung der Übereinstimmung von Inhalt und Form mit den Forderungen des Systems UPRAN;

– Aufgaben der Analyse und der Bewertung des Zustandes und des Niveaus des Funktionierens des zu leitenden Systems;

– ökonomische Begründungen und Bewertungen;

– Aufgaben der Koordinierung der Forschungsarbeiten;

– Aufgaben der Organisation der komplexen Anstrengungen der Forscher für die wichtigsten Probleme;

– Aufgaben der operativen und Perspektivplanung der Forschungsarbeiten und ihrer Sicherstellung;

– Aufgaben der Verteilung der Ressourcen;

– Aufgaben der Optimierung der Organisationsstrukturen (Kader, Einrichtungen, Fragen der wissenschaftlichen Arbeitsorganisation usw.);

– Aufgaben der Buchführung und Abrechnung.

Die angewendeten und neu auszuarbeitenden Methoden für die Lösung derartiger Aufgaben unterliegen einer sorgfältigen experimentellen Überprüfung. Natürlich ist außer Erprobungen im speziell ausgewählten „Übungsgelände" noch vorgesehen, einige Kriterien sowie Methoden für die Lösung der Aufgaben im Hinblick auf die Spezifik der verschiedenen Forschungsinstitute und insbesondere unter dem Gesichtspunkt der Leitungsaufgaben im Rahmen der Akademie der Wissenschaften umfassend zu erörtern und zu überprüfen.

2. Die Vervollkommnung der Methoden der wissenschaftlich-technischen Prognose. Die Akademie der Wissenschaften der Ukrainischen SSR plant und realisiert ein breites Programm theoretischer und experimenteller Forschungen auf dem Gebiet der wissenschaftlich-technischen Prognose. Es umfaßt folgendes:

– die Vertiefung der theoretischen und methodologischen Grundlagen der Prognose;

– die Ausarbeitung einer Theorie der Experteneinschätzungen;

– die Ausarbeitung originaler Methoden für die informationelle Modellierung prognostizierter Programme wissenschaftlicher Forschungsarbeiten;

– die Sicherung der Erfassung der Daten aus der UdSSR und aus anderen Ländern bei der wissenschaftlich-technischen Prognose im Rahmen der Akademie der Wissenschaften der Ukrainischen SSR;

– die Vervollkommnung der Methodik der komplexen und kontinuierlichen Prognostizierung, einschließlich der Bewertung der Ziele (Forschungsprognose), der Reihenfolge der Arbeiten (Programmprognose) und der Sicherung durch Ressourcen (Organisationsprognose);

– die Gewährleistung der Vergleichbarkeit und gegenseitigen Nutzung der Angaben verschiedener Prognosen während der systematischen Beachtung der Entwicklungstendenzen der Forschungstätigkeit.

3. Die Einführung moderner Methoden der Prognostizierung und der wissenschaftlichen Leitung in die Arbeitspraxis der Institute der

Akademie der Ukrainischen SSR, des Präsidiums der Akademie der Wissenschaften der Ukrainischen SSR sowie seiner Abteilungen und Dienste. Diese Arbeit erfolgt in immer größerem Rahmen. In den wissenschaftlichen Einrichtungen der Akademie der Wissenschaften der Ukrainischen SSR werden Abteilungen, Laboratorien und Gruppen für wissenschaftliche Arbeitsorganisation und Prognose gebildet, die auf fachlicher Grundlage arbeiten. In der Abteilung für komplexe Probleme der Wissenschaftswissenschaft und Informatik sind für die methodische Leitung dieser Arbeit spezielle Gruppen von Mitarbeitern gebildet worden.

4. Die Gewährleistung der Lösung eines breiten Kreises von Informations- und Auskunftsaufgaben. Das wird es erlauben, systematisch zu analysieren, die Tendenzen herauszuarbeiten, die dem Wirken der Forschungsinstitute zugrundeliegen, und eine operative Leitung und Perspektivplanung zu verwirklichen, deren Grundlage prognostische Angaben und Berichte der Institute sind.

5. Die gesicherte Ausführung des vollen Umfanges der Aufgaben, die dem System UPRAN übertragen wurden, das heißt die Bereitstellung von Informationen und die Sicherung der wissenschaftswissenschaftlichen Vorbereitung, um einen großen Teil der Entscheidungen im Prozeß der Leitung der Entwicklung der Akademie der Wissenschaften der Ukrainischen SSR fällen zu können.

Das System der kontinuierlichen Beobachtung und Prognistizierung und der Entscheidungsvorbereitung geht davon aus, daß die Arbeit im „Dialogverfahren" mit den entscheidungsfällenden Instanzen geleistet wird. In diesem Arbeitsprozeß ist die Möglichkeit vorgesehen, die Standardprogramme des Systems, die Kriterien und Ausgangsdaten, mit denen es operiert, zu vervollkommnen, zu ergänzen und zu korrigieren.

Natürlich muß man bei der Schaffung des Systems UPRAN bestrebt sein, für die Übereinstimmung seiner Struktur, seiner Sprachen und seiner verarbeiteten Informationen mit den Prinzipien zu sorgen, die für das zu bildende einheitliche staatliche Netz von Zentren für Informationsverarbeitung und für die Leitungssysteme des Landes gelten. Man kann hoffen, daß die Erfahrungen beim Aufbau des Systems UPRAN auch von Nutzen sein werden, wenn es darum geht, ein System für die Leitung der wissenschaftlichen Tätigkeit im Maßstab der Sowjetunion zu schaffen. Diese Aufgabe ist bereits herangereift.

Wenn man die Aufgaben, die zum Programm des UPRAN gehören, theoretisch und experimentell durcharbeitet, muß man die Fehler berücksichtigen, die häufig bei der Schaffung automatisierter Leitungssysteme auftraten.

Diese Erfahrungen[1] und ihre realistische Einschätzung zeigen, daß die Leiter durchaus nicht immer fühlen, daß sie wenig informiert sind: Selbst wenn sie das begriffen haben, wissen sie nicht immer, welche Informationen sie nun wirklich benötigen. Das hängt damit zusammen, daß sie unter Bedingungen eines Überflusses von Angaben (oder unzuverlässiger Angaben) arbeiten. Außerdem fehlen auch Modelle und Algorithmen für die Entscheidungsfällung. Die Schlußfolgerung daraus lautet: Die Untersuchung und die Verbesserung der gesamten Organisation der Leitung sind die *allererste Voraussetzung* für eine erfolgreiche Realisierung der Systeme vom Typ UPRAN. Die *zweite Voraussetzung* ist die Ausarbeitung von drei spezialisierten Prozeduren für die Lösung folgender Aufgaben:

1. Aufgaben, für die adäquate Modelle mit optimalen Lösungen möglich sind (man muß sie für eine maschinelle Lösung mit einer dementsprechenden informationellen Versorgung berechnen); 2. Aufgaben, für die Modelle ausgearbeitet werden können, jedoch bisher nicht für optimale Lösungen (in diesem Fall muß die informationelle Versorgung für die Arbeit im Regime der sogenannten „administrativen Spiele" berechnet sein, die es mindestens erlauben, die möglichen Varianten zu vergleichen, das heißt, die Leiter lernen dabei); 3. Aufgaben, für die es weder Modelle noch Optimierungskriterien gibt (in diesem Falle muß für ein informationelles Minimum der erforderlichen Angaben, für die Fixierung der gefällten Entscheidungen und für die Beobachtung ihres weiteren Schicksals gesorgt werden, das heißt, „das Informationssystem lernt").

Es ist auch gut bekannt, daß Leiter trotz besten Willens oder unter dem Einfluß nebensächlicher Umstände nicht die beste der vorbereiteten Entscheidungen fällen können. In diesem Falle ist es Aufgabe des Systems, die Größe des Fehlers der gefällten Entscheidung zu ermitteln und den Grad der Nichtoptimalität zu fixieren, das heißt, zur Vervollkommnung des gesamten Leitungsdienstes beizutragen. Gleichzeitig ist die Projektierung der Informationsverarbeitungsprozesse eine außerordentlich wichtige Aufgabe unter dem Gesichtspunkt, daß Maschinen nicht nur Antworten auf ihnen gestellte Fragen geben, sondern diese auch selbst stellen können (indem sie die Abweichungen vom Optimum oder vom Plan mitteilen, über angebrachte, jedoch nicht gestellte Fragen informieren, Antworten auf früher in einer ähnlichen Situation gestellte Fragen geben, für die es im gegebenen

[1] Vgl. K. I. Dubrovskij, Organizacija upravlenija naučnymi issledovanijami, Moskau 1970.

Moment bessere Angaben, Antworten usw. als früher gibt). Mit einem Wort, das System UPRAN soll ein aktiver Teilnehmer am Dialog mit dem Leiter sein.

Man ist häufig der Auffassung, daß der Leiter nicht zu wissen braucht, wie das ihn bedienende Informationssystem arbeitet und daß es angeblich ausreicht, wenn er es nur versteht, das System zu nutzen. Die Erfahrungen zeigen, daß jede, sogar die vollkommenste Information den Leiter desinformieren kann. Er muß deshalb das System mehr leiten als das System ihn. Infolgedessen ist es eine wichtige Aufgabe, Verfahren zur Überprüfung der ausgegebenen Angaben und Lösungsvarianten, Verfahren für die Korrektur der Arbeitsalgorithmen usw. zu projektieren. Es müssen Bedingungen geschaffen werden, daß der Leiter zu einem aktiven und effektiven Teilnehmer am Dialog mit dem Informationssystem wird.

Wenn man das oben Dargelegte verallgemeinert, muß betont werden, daß man in der Sphäre der Leitung eines solch komplizierten Systems wie der Wissenschaft keine einzige Möglichkeit für eine Vervollkommnung isoliert betrachten darf. Nur ein System zielgerichteter Handlungen garantiert einen wesentlichen und stabilen Erfolg.

2. *Die Verteilung der Befugnisse und die Konkretisierung der Verantwortlichkeit*

Bei der Bildung eines neuen Forschungskollektivs oder bei der Absicht, die Effektivität eines bereits bestehenden zu erhöhen, muß der Organisator mit der Anfertigung eines graphischen Organisations- und Leitungsschemas beginnen, in dem alle Struktureinheiten der betreffenden Organisation zu einer Einheit verbunden sind. Ein solches Schema kann helfen, mögliche Ungenauigkeiten und fehlende Koordinierungen in der Struktur ausfindig zu machen, da eine visuelle Wahrnehmung einer Struktur entschieden effektiver ist als langes Nachdenken über den Eindruck, den diese vermittelt.

Wenn eine Verwaltungs- und Leitungsstruktur nicht richtig ausgearbeitet worden ist, dann erhält man eine sogenannte horizontale Zeichnung. Sie sieht so aus: oben ein Kreis – der Chef; darunter verläuft eine sehr kurze vertikale Linie; dann eine lange horizontale, an die manchmal Dutzende (nicht selten 35 bis 40) Kästchen angehängt sind, die die Abteilungen, Sektoren, Laboratorien, Gruppen und einzelne funktional selbständige Personen darstellen, die dem einen Leiter direkt unterstellt sind. Eine derartige Struktur führt dazu, daß die

Personen im Vorzimmer des „obersten Kreises“, die für diese „Kästchen“ verantwortlich sind, Stunden und Tage in der Erwartung von Entscheidungen verbringen, welche niemand ohne den „obersten Kreis“ zu fällen berechtigt ist. Der Chef entscheidet selbst die Kaderfragen, bestätigt Dienstreiseaufträge, unterschreibt alle – häufig völlig unwichtigen – Dokumente usw. Vom wissenschaftlichen Standpunkt läßt sich eine derartige Struktur nicht leiten. Außerdem bleibt dem Leiter in seiner Eigenschaft als Wissenschaftler nur ein sehr kleiner Teil der Zeit für das Durchdenken und Entscheiden der dem Wesen nach wichtigen Fragen der eigentlichen wissenschaftlichen Tätigkeit.

Eine richtige Struktur jeder beliebigen Organisation muß pyramidenartig sein. Seinerzeit wurde im Militärwesen das Prinzip einer Strukturaufteilung von höchstens 4 bis 6 Einheiten eingeführt, da das menschliche Gehirn eine größere Anzahl verschiedenartiger Probleme nicht zu koordinieren vermag. In wenigen begründeten Ausnahmefällen kann man sie auf 7 bis 8 erhöhen. L. Bragg stellte einmal fest: „Mir scheint es, daß die größte Zahl der Personen, mit denen ein Leiter in direktem Kontakt stehen kann, fünf beträgt. Wenn eine Schule größer ist, dann kann jeder der letzteren fünf unter sich haben. Häufig gibt es Schulen, die 125 Personen zählen, jedoch hörte ich niemals von einem Leiter, der 625 Schüler hat.“[1]

Das Schema einer „idealen“ Struktur sieht folgendermaßen aus: oben der Kreis des Leiters, davon gehen 4 bis 6 Linien aus, die ihn mit den Kreisen verbinden, die die Leiter der wichtigsten Struktureinheiten bezeichnen, die ihm direkt unterstellt sind, deren Arbeit er koordiniert und mit denen er es allein zu tun hat. Von jedem Kreis gehen wiederum 4 bis 6 Linien aus, die sie mit den Kreisen verbinden, die die kleineren Struktureinheiten bezeichnen, usw.

So ergibt sich ein Pyramidenaufbau. Von jedem Kreis gehen eine Linie nach oben und 4 bis 6 Linien nach unten, das heißt, jede Struktureinheit besitzt nur einen direkten Leiter. Zwei Leiter zu haben ist gleichbedeutend mit völlig fehlender Leitung. Das ist ein Axiom der Organisations- und Leitungswissenschaft. Manche sind der Auffassung, daß ein solcher Grundsatz dem Kollegialitätsprinzip widerspricht. Das ist jedoch nicht richtig, denn ein kleiner Kreis kann auch ein kollektives Ganzes – ein Kollegium, ein Komitee usw. – bezeichnen.

Fünf Ebenen – das ist eine Durchschnittsgröße. Gibt es mehr Ebenen, dann wird eine Direktive im Leitungsprozeß bei der Weitergabe

[1] L. Bragg, in: Nauka i žizn', Jg. 1970, Heft 9.

auf jeder Ebene verändert, man fügt ihr irgend etwas hinzu oder läßt etwas fort, man interpretiert sie.

Die Struktureinheiten, die in der Horizontalen angeordnet sind, haben nicht das Recht, einander Anweisungen zu erteilen – sie arbeiten nach dem Prinzip der gegenseitigen Abstimmung. Bei einer großen Anzahl horizontaler Einheiten geht sehr viel Zeit für Abstimmungen, Beratungen und Verhandlungen verloren; infolgedessen sinkt der Wirkungsgrad im Leitungssystem stark ab.

Die Aufstellung eines Strukturschemas ist keine einfache Aufgabe. Aus den in allen Ländern gemachten Erfahrungen ist bekannt, daß Spezialisten auf diesem Gebiet, die man zu Konsultationen einlädt, manchmal bis zu 70 Prozent der Arbeitszeit für die Aufstellung einer solchen graphischen Darstellung und nur 30 Prozent für technische Ratschläge und Hinweise aufwenden. Indessen ist diese Arbeit so wichtig, daß es manchmal ausreicht, die Organisationsstruktur richtig auszuarbeiten. Dann wird bei den gleichen Menschen, bei gleichen Investitionen und bei gleicher Technik die Effektivität der Organisation wesentlich erhöht. Die Erfahrungen zeigen, daß man aus Strukturschemata niemals ein Geheimnis zu machen braucht. Die ermittelten Schemata müssen vervielfältigt und Kopien davon in allen Arbeitsräumen angebracht werden, damit jeder zu jedem beliebigen Zeitpunkt die Struktur seines Betriebes erkennen und die Stelle finden kann, an der er selbst oder sein Kollege arbeitet. Beim Blick auf die graphische Darstellung entsteht bei dem Mitarbeiter eine psychologische Reaktion: „Bei uns herrscht Ordnung, sie spiegelt sich hier in dem Schema wider. Bei uns weiß jeder, wer wofür verantwortlich ist." Wenn aber in eines Menschen Kopf der Gedanke aufkeimt, daß im Betrieb keine Ordnung herrscht, daß manchmal die linke Hand nicht weiß, was die rechte tut, dann – so bestätigt die Organisations- und Leitungswissenschaft – kann man von diesem Arbeiter keine hundertprozentige Produktivität erwarten: Das ist psychologisch unmöglich. Wenn ein Mensch jedoch Ordnung um sich sieht und an sie glaubt, entsteht bei ihm eine innere unterbewußte Notwendigkeit, bei sich selbst Ordnung herzustellen. Dadurch wird die Selbstdisziplin verbessert, und das führt zu einer Steigerung der Arbeitsproduktivität.

Bei der Anfertigung der Schemata stößt man auf eine Reihe eigenartiger Schwierigkeiten. Eine davon läßt sich nicht nur in der Sowjetunion, sondern auch in Westeuropa und in Amerika beobachten. Sie äußert sich darin, daß Menschen, die viele Jahre ununterbrochen an der Spitze einer Organisation stehen, nicht selten eine Art psychologische Abneigung gegen die Anfertigung der Schemata verspüren, weil sie der Auffassung sind, daß auch ohne diese alles klar ist. Das ist ein großer Irrtum. Davon kann sich jeder Leiter überzeugen, der den Versuch unternimmt, ein Organisationsschema für die Leitung seines eigenen Instituts aufzustellen. Es handelt sich darum, daß der Strukturplan notwendig ist, um die Logik der Organisation zum Ausdruck zu bringen, die verlangt, daß ein bestimmter Kreis mit bestimmten anderen verbunden wird und eine bestimmte Linie in zweckmäßigster Richtung verläuft usw. Die Aufklärung und Lösung der bis dahin undurchsichtigen verworrenen Fragen der Organisationsstruktur der Leitung sind der wichtigste Nutzen dieser Arbeit. Gerade aus diesem Grunde ist die Aufstellung des graphischen Strukturplanes keine so einfache Aufgabe, wie gezeigt werden kann. Wir haben natürlich bestimmte staatliche und akademische Grundsätze für die Strukturen der verschiedenen Organisationen. Es gibt bestimmte Modelle, die von speziellen Forschungsinstituten ausgearbeitet wurden, jedoch sind das alles allgemeine Grundsätze, und es ist notwendig, für jedes wissenschaftliche Forschungsinstitut einen individuellen Strukturplan aufzustellen, der dessen Spezifik widerspiegelt. Selbst die Standortverteilung der Abteilungen hat manchmal Bedeutung und muß beim graphischen Strukturplan in Betracht gezogen werden. Sagt man, daß zwei Institute ähnlichen Profils eine identische Struktur hätten, dann bedeutet das unvermeidlich, daß eine davon nicht richtig ist. So wie es keine zwei völlig gleichen Menschen geben kann, so kann es keine zwei absolut gleichartigen Institute geben.

Bei der Aufstellung des graphischen Strukturplanes muß auch ein solcher Faktor wie die Kader in Betracht gezogen werden. Kann man die Struktur eines Betriebes an die Kader anpassen? In der Regel darf man das nicht tun, weil das der Organisation die Stabilität nimmt, jedoch als Ausnahme ist es manchmal möglich und notwendig, und die besten Organisatoren verstehen das mit Erfolg. Wenn in einem Institut ein energischer Mensch mit guten Kenntnissen, mit großen schöpferischen Perspektiven auftritt, dann braucht man sich nicht davor zu fürchten, die Struktur so zu reorganisieren, daß ihm die Möglichkeit gegeben wird, alle seine Kräfte voll einzusetzen. Und umgekehrt, wenn eine Organisation Aufgaben erfüllen muß, die dem vorhandenen Bestand an qualifizierten Mitarbeitern entsprechen, dann muß die Leitungsstruktur vor allem in der Weise verändert werden, daß die gestellte Aufgabe mit den vorhandenen Kadern erfüllt wird. Man darf die Struktur nicht immer den Menschen anpassen, jedoch diese Regel zu verletzen, ist manchmal nicht nur möglich, sondern auch notwendig.

Man sagt manchmal, daß die Ausarbeitung des graphischen Strukturplanes für jedes Institut die in der Sowjetunion geltenden Standardnormen und traditionellen Grundsätze ändert. Tatsächlich sind Gespräche über wissenschaftliche Arbeitsorganisation ohne Normen eine Zeitvergeudung. Man darf jedoch aus einer Instruktion oder einem Grundsatz kein Dogma machen. Jeder Mitarbeiter der Leitung hat das Recht, in bestimmten Grenzen von dem festgelegten Schema nach der einen oder anderen Seite hin abzuweichen, und zwar entsprechend den Besonderheiten und Möglichkeiten eines jeden ihm Unterstellten, der Spezifik des Forschungsinstituts und den konkreten Aufgaben, die dem Kollektiv gestellt sind.

Bei der Aufstellung des graphischen Strukturplanes stößt man auch auf andere Schwierigkeiten. Man möchte auf die genaue Ausarbeitung des allgemeinen Schemas verzichten, notwendig sei vielmehr für jede Struktureinheit ein einzelnes detailliertes Schema, in dem, wenn möglich, gezeigt werden muß, wie all diese Einheiten in Unterabteilungen und Sektionen aufgegliedert sind, und in dem jeder dort arbeitende Mensch durch Punkte bezeichnet wird. Um das zu tun, muß man jedoch wissen, wieviel dieser Punkte es gibt. Das Wieviel ist aber eine Kaderfrage, die ein sehr wichtiges Problem der Organisations- und Leitungswissenschaft darstellt. Die Kaderstruktur hält man dann für richtig, wenn prozentual die Anzahl der Personen, die sich mit produktiver Arbeit beschäftigen, maximal und die Zahl der nichtproduktiv Tätigen (Hilfs-, Bedienungspersonal) minimal ist.

Eine solche Konzeption, die sich in den zwanziger Jahren bewährt hat, war zu jener Zeit für die Sowjetunion unbedingt richtig, da sie dazu führte, daß jeder alles selbst machte. In der heutigen Zeit jedoch, im Zeitalter der Spezialisierung und der Automatisierung, führt die Regel „Mach es selbst“ zu einem unvernünftigen Verbrauch und zu einem unrationellen Einsatz qualifizierter Arbeitskräfte. Beispielsweise kommt es vor, daß ein Ingenieur in 70 Prozent der Arbeitszeit die Arbeit eines Mechanikers leistet, während ihm für seine eigene fachliche Arbeit nur 30 Prozent bleiben. Infolge dieser jetzt veralteten Konzeption „Mach alles selbst“ entsteht eine gewisse psychologische Abneigung gegen jegliche Zuarbeit, zum Beispiel bei Schreibkräften, Stenographen, Sekretärinnen usw.

Der Kampf gegen die Aufblähung der Stellenpläne und für die Einschränkung des Verwaltungsapparats ist eine notwendige und staatlich wichtige Sache; man muß jedoch an diese Frage vernünftig herangehen. Die Struktur der Stellenpläne ist ein wichtiges ökonomisches Problem. Ein Mensch, der das Gehalt eines Kandidaten der

Wissenschaften oder eines Ingenieurs bezieht, darf nicht eine Arbeit ausführen, für die man halb soviel zahlen könnte, wenn man dafür einen weniger qualifizierten Mitarbeiter einstellte, der noch dazu gerade diese Arbeit bedeutend besser ausführen würde.

Es gibt drei allgemeine Regeln, die als Orientierung für den Leiter bei der Lösung derartiger Fragen dienen können. Erstens, man muß eine minimale Anzahl von Beschäftigten anstreben. Zweitens, jeder Mensch, der einen bestimmten Lohn erhält, darf nicht eine Arbeit ausführen, die ein anderer ausführen kann, der weniger erhält. Wenn man diese zweite Regel verletzt, dann werden sich die Selbstkosten immer vergrößern. Die dritte Regel besteht darin, daß man bei der Ausarbeitung der Struktur der Stellenpläne die Arbeit so verteilen muß, daß jeder seine Arbeitszeit hundertprozentig ausnutzt.

Die nächste Aufgabe eines guten Organisators (nach der Aufstellung des graphischen Strukturplanes) besteht in der Festlegung schriftlicher Grundsätze für jede Struktureinheit der Graphik. In diesen Grundsätzen werden die Verantwortungsbereiche der Mitarbeiter, ihre Funktionen, ihre Rechte, ihre Pflichten usw. angegeben. Solange derartige Funktionsinstruktionen nicht aufgestellt und nicht bestätigt sind, ist es schwierig, Fragen der Einstellung, der Umsetzung und der Förderung der im wissenschaftlichen Prozeß tätigen Menschen zu lösen. Ohne solche Funktionsinstruktionen kann der Fall eintreten, daß die eine Einrichtung angespannt arbeitet, während einige Mitarbeiter, die regelmäßig ihr Gehalt beziehen, nicht wissen, womit sie sich beschäftigen sollen und welches ihre Funktionen sind.

Wenn veränderte Arbeitsbedingungen entstehen und neue Aufgaben gestellt werden, die sich aus der Spezifik des wissenschaftlichen Prozesses ergeben, dann müssen die persönlichen Funktionspläne neu erarbeitet werden. In diese wird eine Übersicht über die Rechte und die Pflichten einer jeden Person eingetragen und angegeben, was sie zu verantworten hat und wie sich ihre Zeit ungefähr verteilt. Wenn der Leiter solche Pläne für seine unmittelbaren Untergebenen aufgestellt hat, schlägt er ihnen vor, auf der Grundlage ihrer Arbeitserfahrungen für sich selbst gleiche Pläne aufzustellen; diese vergleicht er dann mit seinen eigenen. Die Praxis zeigt, daß in solchen Fällen häufig mangelnde Koordinierung deutlich wird: Es kommt heraus, daß sich die Untergebenen mit etwas ihrem Wunsch Entsprechendem beschäftigen, nur nicht damit, womit sie sich nach den Vorstellungen des Leiters befassen sollen. Häufig wird in solchen Fällen ein Arbeitssystem enthüllt, bei dem die persönliche Verantwortung fehlt: Eine Abteilung soll beispielsweise eine bestimmte Arbeit durchführen;

anstatt eine bestimmte Person für diese Arbeit verantwortlich zu machen (gerade von der persönlichen Verantwortlichkeit hat V. I. Lenin immer gesprochen, wobei er ihre Wichtigkeit betonte), hat der Direktor sie allen seinen Leitern übertragen, und die wiederum halten alle, nur nicht sich selbst für verantwortlich. Letzten Endes leidet die Sache darunter. Natürlich kann man auch zehn Leute verantwortlich machen, jedoch einer von ihnen muß unbedingt für die anderen und für die Sache insgesamt der Hauptverantwortliche sein.

Für die Überprüfung und den Vergleich der zu bewertenden Funktionspläne bedeutet das: Wenn vier Personen in den von ihnen aufgestellten Plänen ihre Verantwortlichkeit für ein und dieselbe Arbeit angeben, dann muß der Prüfende in drei von diesen Plänen die entsprechende Funktion streichen und sie lediglich in einem stehen lassen.

Eine fehlende Abstimmung in den Plänen ist häufig auch im Hinblick auf die Verteilung der Zeit zu beobachten. Der Leiter glaubt, daß für die eine oder andere Arbeit 3 Prozent der Arbeitszeit benötigt werden, die Mitarbeiter aber verbrauchen 20 Prozent. In solchen Fällen nimmt man Zeitmessungen vor, führt Erhebungen durch, leitet Verhandlungen ein usw.

Die gesamte Aufgabe besteht darin, Pläne (den des direkten Leiters und den des unterstellten Mitarbeiters) zu einem einzigen zu verbinden. Der abgestimmte Plan wird dem Mitarbeiter überreicht, er wird zum persönlichen Statut, nach dem jeder arbeitet. Es gibt Auffassungen, daß weniger qualifizierte Arbeit sich exakter erfassen läßt und qualifiziertere Arbeit komplizierter zu kalkulieren ist. Bei besserer Leitungsorganisation können jedoch sogar für die Personen, die hochqualifizierte Arbeit verrichten, ihre Funktionen bis zu 75 Prozent erfaßt werden, während 25 Prozent des Arbeitszeitbudgets für die Durchführung unvorhergesehener und unvorhersehbarer Aufträge verbleiben.

Leiten heißt Menschen führen. Diese Wahrheit gilt insbesondere dann, wenn es sich um die Leitung der Wissenschaft handelt. Wir haben hier nicht die Möglichkeit, auf den gesamten Komplex sozialpsychologischer Probleme einzugehen, auf die der Leiter in einem wissenschaftlichen Kollektiv stößt. Wir verweisen den Leser daher auf eine Arbeit[1], in der diese Fragen, wie es uns scheint, hinreichend

[1] Vgl. D. M. Gvišiani, A. A. Zvorykin in: Social'no-ėkonomičeskie i organizacionnye voprosy nauki v SSSR. Hg. vom Institut für konkrete Sozialforschungen der Akademie der Wissenschaften der UdSSR, Moskau 1970, Heft 1–4.

ausführlich und auf der Grundlage reicher konkreter Erfahrungen der sowjetischen Wissenschaft dargelegt sind. Wir wollen hier lediglich bei einigen Fragen verweilen, die die Wechselbeziehungen zwischen dem Leiter und dem von ihm geleiteten Kollektiv betreffen.

Zunächst möchten wir die außerordentliche Vielfalt und die komplizierte gegenseitige Verflechtung der Beziehungen erwähnen, die zwischen dem Leiter und den unter seiner direkten Leitung stehenden Menschen entstehen. Wenn sich die durchschnittliche Zahl der Menschen S vergrößert, die der direkten Leitung eines Menschen unterstehen, wächst die Zahl dieser Verbindungen entschieden schneller als das gesamte Netz der Verbindungen in dem sich zahlenmäßig vergrößernden zu leitenden System.

Die Formel für die ungefähre Bewertung dieser Erscheinung ist bekanntlich[1]:

$$C = S\left(\frac{2^s}{2} + S - 1\right),$$

worin C die Gesamtzahl der Verbindungen ist, die sich in der Situation eines unmittelbaren Leiters ergeben. Bei $S = 4$ ist $C = 44$, bei $S = 5$ ist $C = 100$, bei $S = 6$ ist schon $C = 222$ usw.

Es gibt keine universellen Rezepte für das bestmögliche Verhalten eines Leiters in konkreten Leitungssituationen und es kann sie auch nicht ein für allemal geben. Die Leitung der Wissenschaft ist in vieler Hinsicht noch die „Kunst, Talente zu organisieren". Indessen ermöglichen die Erfahrungen der besten Leiter der Wissenschaft und die Angaben aus Untersuchungen über Probleme der sozialen Leitung, einige allgemeine Empfehlungen methodologischen Charakters zu formulieren. Akademiemitglied V. A. Trapeznikov hat sie in einer originellen Formel für die erfolgreiche Leitung dargelegt.[2] Dieses methodologische Prinzip der Leitungspraxis der wissenschaftlichen Tätigkeit besteht darin, die systemgerechte Ausnutzung aller Faktoren zu gewährleisten, die zu der Formel „Wissen – Können – Wollen – Erreichen" gehören.

Für den Leiter eines wissenschaftlichen Kollektivs bedeutet „Wissen", sowohl Argumente als auch gewichtige Begründungen für die Festlegung der Arbeitsziele und für die Auswahl des Programms zur Erreichung dieser Ziele zu haben, damit das geleitete Kollektiv bewußt die entsprechenden Entscheidungen aufnimmt und an deren Realisierung mitarbeitet.

[1] Vgl. K. I. Dubrovskij, a. a. O.

[2] Vgl. D. M. Gvišiani, A. A. Zvorykin, a. a. O.

Für den Leiter bedeutet „Können“, über ein entsprechendes wissenschaftliches Potential des geleiteten Systems zu verfügen und fähig zu sein, die Realisierung der vorgesehenen Programme zur Erreichung der Ziele zu gewährleisten. Natürlich muß der Leiter die notwendigen Rechte besitzen, um über diese Ressourcen verfügen zu können. Nicht minder wichtig für die Beziehungen des Leiters zum Kollektiv ist auch die Form, in der er die ihm übertragene Macht ausübt. Untersuchungen der Ursachen für die Entstehung von Konflikten in Forschungskollektiven haben gezeigt[1], daß über 30 Prozent der fünfzig wichtigsten Konfliktsituationen durch drei Ursachen hervorgerufen wurden, die man verallgemeinert als Administrieren in einem schöpferischen Kollektiv bezeichnen kann. Nach einigen Angaben[2] führt über die Hälfte der erfaßten Wissenschaftler die Anweisungen und Entscheidungen bedeutend effektiver durch, wenn sie ihnen als Ratschläge oder Vorschläge, verbunden mit Angaben über die Bedeutsamkeit der notwendigen Arbeit, übermittelt werden.

Für den Leiter bedeutet „Wollen“, klug und aktiv die vielfältigen moralischen und materiellen Stimuli auszunutzen. Dazu gehört auch das Recht des Leiters auf Sanktionen. Das Hauptziel derartiger Maßnahmen besteht darin, das hohe Pflichtgefühl und das innere Verlangen der Untergebenen zu unterstützen, die wissenschaftliche Tätigkeit aus Berufung auszuüben.

„Das Vermögen, die Ströme der Volksinitiative und des Schöpfertums in einen einheitlichen Strom zu lenken, auf die Erreichung eines einheitlichen Ziels zu richten – ist eine wichtige Seite der Leitungsarbeit. Vom Leiter werden Menschenkenntnis und das Vermögen verlangt, ihre Arbeit, ihre gesellschaftliche Tätigkeit, die Ausbildung, das tägliche Leben zu organisieren ... Der Leiter ist dazu berufen, ein Politiker, ein Mittler für die Parteibeschlüsse im Kollektiv, der sich in den komplizierten Wechselbeziehungen der Menschen gut auskennt, ihr Lehrer und Erzieher zu sein.“[3]

Für den Leiter in einem wissenschaftlichen Kollektiv bedeutet „Erreichen“ die Forderung, Entscheidungen rechtzeitig zu fällen und bei der Festlegung von Durchführungsfristen realistisch zu sein. Es ist wichtig hervorzuheben, daß jene Leitungsmaßnahmen erfolg-

[1] Vgl. I. V. Černov, A. I. Ščerbakov, in: Organizacija i effektivnost' naučnych issledovanij, Novosibirsk 1965.

[2] Vgl. I. S. Mangutov, in: Problemy povyšenija effektivnosti naučno-issledovatel'skoj raboty, Novosibirsk 1968.

[3] V. G. Afanas'ev, in: Kommunist, Jg. 1967, Heft 14.

reich sein können, die den Ereignissen vorauseilen und die nicht die Folge von Intrigen, Konflikten und anderer derartiger Vorgänge sind.

Soweit es die Methodologie der Leitung der Forschungstätigkeit betrifft, ist das systemtheoretische Herangehen an die Leitung eines wissenschaftlichen Systems praktisch verwirklicht, wenn die oben dargelegten Prinzipien befolgt werden.

KAPITEL III

Die Steuerung des Systems Wissenschaft – Technik – Produktion

1. *Die Veränderungen der Beziehungen im Prozeß der Entwicklung des Systems Wissenschaft – Technik – Produktion*

Die sozialistische Reproduktion ist ein Prozeß der wechselseitig verbundenen und gegenseitig bedingten Entwicklung der Produktivkräfte und der Produktionsverhältnisse. Die wachsende Rolle der Wissenschaft bei der Entwicklung der Gesellschaft insgesamt ist eine Folge der Veränderungen, die in der sozialen Struktur der Produktion vor sich gehen. Mit der Umwandlung der Ergebnisse der angewandten Forschungen zu einem organischen Bestandteil der materiellen Produktion tauchen neue Momente im Verständnis der Gesetzmäßigkeiten ihrer Entwicklung und, was das wichtigste ist, ihres gesellschaftlichen und ökonomischen Wesens auf. Wenn dem so ist, dann muß die Leitung der Wissenschaft und der wissenschaftlichen Forschung den allgemeinen Gesetzmäßigkeiten der gesellschaftlichen Reproduktion untergeordnet sein. Hierbei werden die wissenschaftlichen Kenntnisse, ohne daß sie aufhören, eine Form des gesellschaftlichen Bewußtseins zu sein, zu einem Ausdruck der ökonomischen und der Produktionsverhältnisse.[1]

Deshalb sind die Fragen der Leitung der Wissenschaft nicht so einfach, wie es auf den ersten Blick scheint. In ihnen äußert sich die enge Wechselbeziehung der verschiedenen Seiten der Ökonomie, und wir können sie auf der Ebene der praktischen Vervollkommnung der gesamten Leitungsorganisation der Volkswirtschaft betrachten. Indessen entwickeln sich die wissenschaftlichen Forschungen nach ihren eigenen ökonomischen Gesetzmäßigkeiten, die in den Leitungsprinzipien und -methoden eine bestimmende Rolle spielen.

Unsere Wissenschaft hat hervorragende theoretische Errungenschaften aufzuweisen. Jedoch ist die praktische Anwendung der wissenschaftlichen Forschungen, die Überleitung der Errungenschaften der Wissenschaft in die Produktion häufig ziemlich schleppend.

[1] Vgl. A. B. Nikolaev, Obščestvennoe proizvodstvo i razvitie naučnych issledovanij v SŠA, Moskau 1969.

Im Jahre 1965 führte die Zentralverwaltung für Statistik der UdSSR in 507 Betrieben und Produktionsstätten Erhebungen durch. Von ihnen waren über die Hälfte vor 1964 in Betrieb genommen worden, (das heißt, sie arbeiteten mindestens zwei Jahre). Die projektierten Kapazitäten waren erst in zwölf Objekten erreicht, in 238 betrug die erreichte Kapazität 76 bis 79 Prozent und in 257 weniger als 75 Prozent.[1]

Die Pläne für die Entwicklung der Industrie werden in der Sowjetunion mit 100 Prozent und mehr erfüllt, aber die Pläne für die Entwicklung und Einführung der neuen Technik nur zu 50 bis 80 Prozent.[2]

Auf welche Weise ist nun eine störungsfreie und elastische Verbindung zwischen Wissenschaft und Produktion herzustellen? Auf welchen ökonomischen und organisatorischen Prinzipien muß diese Verbindung aufgebaut werden? Diese sehr wichtigen Probleme haben eine Beziehung zur Leitung der Wissenschaft. Außerdem muß sich die Wirtschaftsreform im Status der Wechselbeziehungen zwischen Forschungseinrichtungen und Industriebetrieben widerspiegeln. Die wachsende wirtschaftliche Selbständigkeit der Forschungsinstitute und der Betriebe zwingt dazu, die Organisations- und Leitungsprinzipien der Volkswirtschaft umzugestalten. Besonders wichtige Bedeutung bei dem heutigen Umfang der wissenschaftlich-technischen und der Produktionsaufgaben erlangt die Effektivität der Organisation und der Leitung. Deshalb müssen für das Problem, die Leitung des Systems Wissenschaft – Technik – Produktion zu vervollkommnen, auf allen Ebenen optimale Lösungen gesucht werden.

In der gegenwärtigen Etappe sind Wissenschaft und Produktion zu gleichberechtigten Gliedern eines einheitlichen Prozesses geworden. Eine wesentliche Veränderung des einen beeinflußt die Veränderung des anderen. Deshalb dürfen nur die Lösungen bei der Leitung als optimal anerkannt werden, die für das System insgesamt einen maximalen Nutzen bringen. Andernfalls führt der Gewinn in dem einen zu einem Verlust in dem anderen Glied.

Die Wechselbeziehungen zwischen der Wissenschaft, der Technik und der Produktion wurden vor etwa 100 Jahren von K. Marx festgestellt. Er sagte, daß der Entwicklungsgrad der Maschinen, Werkzeuge und Arbeitsinstrumente eine Kennziffer dafür ist, „bis zu welchem Grade das allgemeine gesellschaftliche Wissen, knowledge, zur *unmittel-*

[1] Vgl. Kommunist, Jg. 1966, Heft 7.

[2] Vgl. Naučno-techničeskij progress i chozjajstvennaja reforma. Sammelband, Moskau 1969.

baren Produktivkraft geworden ist"[1], und daß in dem Maße, „... wie die große Industrie sich entwickelt, ... die Schöpfung des wirklichen Reichtums abhängig (wird) weniger von der Arbeitszeit und dem Quantum angewandter Arbeit, als von der Macht der Agentien, die während der Arbeitszeit in Bewegung gesetzt werden und die selbst wieder – deren powerfull effectiveness – selbst wieder in keinem Verhältnis steht zur unmittelbaren Arbeitszeit, die ihre Produktion kostet, sondern vielmehr abhängt vom allgemeinen Stand der Wissenschaft und dem Fortschritt der Technologie, oder der Anwendung dieser Wissenschaft auf die Produktion."[2]

So waren „schon von Anfang an die Entstehung und Entwicklung der Wissenschaften durch die Produktion bedingt".[3] K. Marx gab in seinen Arbeiten „Grundrisse der Kritik der politischen Ökonomie", „Das Kapital", „Theorien über den Mehrwert" und F. Engels in seinen Arbeiten „Dialektik der Natur" und „Anti-Dühring" eine gründliche und allseitige Analyse der Gesetzmäßigkeiten der Entwicklung der Produktion. Sie deckten die wachsende Rolle der Wissenschaft im Leben der Gesellschaft auf.

V. I. Lenin weist in seinen Werken „Die große Initiative", „Der Imperialismus als höchstes Stadium des Kapitalismus", „Die neueste Revolution in der Naturwissenschaft", „Entwurf eines Planes wissenschaftlich-technischer Arbeiten" und anderen mehrfach auf die Rolle des wissenschaftlich-technischen Fortschritts bei der Schaffung der materiellen Voraussetzungen für die erweiterte Reproduktion als der bestimmenden Bedingung für das ständige Wachstum der Produktivkräfte hin.

Die genannten Probleme wurden auch in den Arbeiten der bekannten sowjetischen Ökonomen S. G. Strumilin, A. M. Rumjancev, N. P. Fedorenko, T. S. Chačaturov, L. M. Gatovskij, S. M. Jampol'skij, A. A. Zvorykin, V. S. Sominskij und A. S. Konson behandelt. In den letzten Jahren wurden in den Monographien und Publikationen der sowjetischen und ausländischen Wissenschaftler J. D. Bernal, D. Price, F. Machlup, G. M. Dobrov, G. D. Anisimov, E. F. Borisov, M. A. Vilenskij, V. A. Žamin, B. M. Remennikov, M. P. Ring, A. B. Nikolaev, G. A. Lachtin, P. A. Račkov, I. G. Kurakov, V. Roman, P. Auger und anderer das sozialökonomische Wesen der Wechselbeziehung von Wissenschaft und Produktion untersucht.

[1] K. Marx, Grundrisse der Kritik der politischen Ökonomie, Berlin 1953, S. 594.

[2] Ebenda, S. 592.

[3] F. Engels, Anti-Dühring, in: MEW, Bd. 20, Berlin 1968, S. 456.

V. I. Lenin wies darauf hin: „Der ganze Geist des Marxismus, sein ganzes System verlangt, daß jede These nur α) historisch; β) nur in Verbindung mit anderen; γ) nur in Verbindung mit den konkreten Erfahrungen der Geschichte betrachtet wird.“[1]

Die Intensität der Beziehungen von Wissenschaft, Technik und Produktion wurde durch das Niveau ihrer Entwicklung in jeder historischen Epoche charakterisiert. Das Studium der Spezifik dieser Formen erlaubt es, die Besonderheiten und Entwicklungstendenzen des Systems Wissenschaft – Technik – Produktion insgesamt und seiner Elemente im einzelnen auszusondern und zu bestimmen. Ohne eine Analyse früherer Errungenschaften von Wissenschaft und Technik, ohne die Klärung ihrer Rolle bei der Entwicklung der Produktivkräfte ist es unmöglich, in vollem Maße die Bedeutung und die Folgen der wissenschaftlich-technischen Entwicklung und die Fragen der Leitung des genannten Systems einzuschätzen.

In der Produktionsweise der Urgemeinschaft vollzog sich die Tätigkeit des Menschen spontan, auf rein empirischer Ebene. Die Menschen kannten noch nicht die Entwicklungsgesetze der Natur, konnten jedoch nicht ohne, wenn auch nur grobe Werkzeuge für die Produktion materieller Güter auskommen. Entsprechend der physischen und geistigen Entwicklung der Menschen vervollkommneten sich die Arbeitsinstrumente immer mehr. Mit dem Auftauchen der Viehzucht und des Ackerbaus entstand die gesellschaftliche Arbeitsteilung, die ein großer Schritt in der Entwicklung der Produktivkräfte der Gesellschaft war. Es tauchten das Töpferhandwerk, die Weberei, die Produktion von Arbeitsinstrumenten und Waffen aus Metall und die handwerkliche Produktion auf. Die Entwicklung verlief in zwei Richtungen: zur produktiven Anwendung bereits vorhandener allgemeiner Kenntnisse und zur theoretischen Verallgemeinerung der Produktionserfahrungen und der angesammelten Erfahrungen. Die zweite Richtung erreichte das Niveau der Rationalisatorentätigkeit der Handwerker zur Zeit der Entstehung der Klassengesellschaft.

In der Sklavenhaltergesellschaft erfolgte mit der Entwicklung der handwerklichen Produktion die zweite große gesellschaftliche Arbeitsteilung: Das Handwerk trennte sich vom Ackerbau. Es wurden neue Arbeitsinstrumente erfunden (der Pflug, die Sense, der Webstuhl, der Schmiedehammer), man lernte, umfangreiche Vorhaben

[1] V. I. Lenin, Brief an Ines Armand, in: Werke, Bd. 35, Berlin 1962, S. 227.

durchzuführen (Bau von Dämmen und Bewässerungssystemen, Anfertigung von Transportmitteln usw.).

Bereits in der Sklavenhaltergesellschaft, als sich die geistige Arbeit von der physischen absonderte, tauchte eine besondere Gruppe von Menschen auf, die vollständig von der materiellen Produktion befreit war und Möglichkeiten und Mittel für die Beschäftigung mit der Wissenschaft besaß. Die Wissenschaft entstand erst dann, als die spezielle Erforschung der Gesetze und der Erscheinungen der Natur und der Eigenschaften der verschiedenen Gegenstände begann, die sich von der eigentlichen Produktion unterschied. In der frühen Entwicklungsphase der Menschheit wurden lediglich Voraussetzungen für die Wissenschaft in Form mythischer Vorstellungen von der Welt, naturphilosophischer Mutmaßungen der Griechen und zufälliger Entdekkungen der Araber geschaffen. Bis zur Entstehung der maschinellen Technik waren die wissenschaftliche Tätigkeit und die materielle Produktion wenig miteinander verbunden.

Im alten Ägypten, in Babylon, in Indien und in anderen Ländern sind viele Angaben über die Flächenmessung gesammelt worden. Sie waren jedoch zerstreut und stellten keine Wissenschaft dar. Die Produktionstechnik blieb auf einem äußerst niedrigen Niveau.

Im Feudalismus wurde ein bedeutender Fortschritt bei der Entwicklung der Produktivkräfte erzielt. Die Arbeitsinstrumente der Handwerker und die Verfahren der Rohstoffbearbeitung wurden vervollkommnet. Es verbesserte sich die Technik der landwirtschaftlichen Produktion, der Eisenpflug und andere eiserne Arbeitsinstrumente erfuhren große Verbreitung. Die Naturwissenschaft insgesamt war bis zur zweiten Hälfte des 15. Jahrhunderts keine Wissenschaft. Es entstand und entwickelte sich jedoch bereits eine Tendenz zu einer immer direkteren Verbindung des Wissens mit der materiellen Produktion. Es bildeten sich die Philosophie, die Mathematik und die Astronomie heraus. Es entstanden Anfänge der Grundlagenforschungen, wissenschaftliche Kenntnisse besaßen bereits auf einigen Gebieten der Produktionstätigkeit des Menschen eine bestimmte praktische Bedeutung: Geographie, Mathematik und Astronomie wurden in der Seeschiffahrt, im Bauwesen und im Bewässerungswesen angewandt. Die Menschen verbesserten die Gewinnung von Eisen, Zinn, Kupfer, Silber, Gold und anderen Metallen.

Im 17. Jahrhundert war die Entwicklung des Kapitalismus die Ursache für den Übergang der Wissenschaft des 17. Jahrhunderts mit ihrer mathematischen, astronomischen und medizinischen Ausrichtung zur Wissenschaft des 18. Jahrhunderts mit ihrer chemischen, thermischen und elektrischen Ausrichtung. Die technische Umwälzung, die mit der industriellen Revolution des 18./19. Jahrhunderts verbunden war, markierte den Übergang von der manuellen zur maschinellen Technik.

Industrie und Technik des 18. und 19. Jahrhunderts mit ihren praktischen Bedürfnissen riefen die Entwicklung der Wissenschaft hervor. In der Gesellschaft entstand ein technisches Bedürfnis, die Wissenschaft befriedigte dieses Bedürfnis durch die Entdeckung neuer Naturgesetze, neuer Energiequellen, neuer Stoffe und die Erforschung ihrer Eigenschaften und Umwandlungen. Seit dem Ende des 18. Jahrhunderts ging die Produktion von der handwerklichen zur maschinellen Technik über: Neue chemische und metallurgische Verfahren, neue Maschinen und Dampfmaschinen, neue Nachrichten- und Transportmittel veränderten von Grund auf die Produktion. Dadurch machte die Entwicklung der Produktivkräfte einen Sprung nach vorn. Innerhalb kurzer Zeit wurden die wichtigsten Gesetze der elektrischen und magnetischen Erscheinungen entdeckt. Die Elektrizität wurde zum Ausgangspunkt für neue Entwicklungswege der Technik. Intensiv entwickelten sich die Elektrotechnik und besonders diejenigen ihrer Zweige, die mit der praktischen Anwendung der Elektroenergie in den verschiedenen Bereichen der Produktion verbunden waren.

Die Verbindung der Wissenschaft mit der Produktion erweiterte sich allmählich, eine immer größere Zahl wissenschaftlicher Entdeckungen fand praktische Anwendung. Es veränderten sich auch die Rolle der Wissenschaft und ihrer Wechselwirkungen zur Produktion. Aus einem Hilfsmittel wurde die Wissenschaft am Ende des 19. Jahrhunderts zu einem aktiveren Faktor. Die Ideen, die im Schoße der Wissenschaft entstanden waren, fanden in den neuen Produktionszweigen ihre materielle Verkörperung und Entwicklung.

Die reale Existenz der Moleküle und Atome, der Elemente, wurde nachgewiesen, die Elektronen und Quanten wurden entdeckt. Der Prozeß der Erkenntnis der Mikrowelt setzte sich fort. Die Wissenschaftler stellten fest, daß statt der bekannten Grundgesetze von der Erhaltung der Materie und der Erhaltung der Energie in der Mikrowelt das allgemeinere Gesetz der Äquivalenz von Masse und Energie gilt. Das Wesen der chemischen Valenzkräfte wurde erkannt.

Dank der langjährigen theoretischen und experimentellen Arbeit der Physiker tauchte die Möglichkeit auf, die Atomenergie zu nutzen. Für deren Erforschung wurden 44 Jahre, für die Ausarbeitung der praktischen Nutzungsverfahren 3 Jahre gebraucht.

Die industrielle Revolution war die Fortsetzung der wissenschaftlichen Revolution. Hierbei waren beide Entwicklungen – der Erkenntnis und des Könnens – aufeinanderfolgende Phasen, man konnte sie als Verhältnis von Ursache und Wirkung bewerten. Gleichzeitig verliefen sie parallel, wobei sie durch selbständige innere Faktoren veranlaßt waren, die ständig aufeinander einwirkten, und zwar besonders in den Perioden schnellen Fortschritts.

So zeigt die Geschichte der Entwicklung der Wissenschaft, daß ihre Einwirkung auf die Produktion in direktem Zusammenhang mit dem Fortschritt der Gesellschaft gewachsen ist. Sie wurde durch das Entwicklungsniveau sowohl der Produktion als auch der Wissenschaft selbst, durch ihre Stellung in der Gesellschaft, aber auch durch die Formen ihrer Verbindung mit der Produktionstätigkeit der Menschen bestimmt. Bis zur Entstehung der maschinellen Produktion übte die Wissenschaft keinen direkten und unmittelbaren Einfluß auf die Entwicklung der Gesellschaft insgesamt und deren Produktivkräfte aus. Der Einfluß der Wissenschaft auf die Entwicklung der Produktivkräfte war äußerst unbedeutend. Das ergab sich aus dem niedrigen Niveau der Produktion, deren Bedürfnisse vollauf durch die Muskelkraft der Arbeiter und durch die in fertiger Form existierende natürliche Energie befriedigt wurden. In der Sklavenhalter- und in der Feudalgesellschaft wurde die Wissenschaft erst geboren, und ihre Entdeckungen und Erfolge waren selten das Ergebnis erkannter Naturgesetze, sondern häufig das Ergebnis genialer Einfälle. Die einzelnen wissenschaftlichen Annahmen gingen nicht von einem strengen und exakten Experiment aus, sondern im wesentlichen von der direkten Anschauung der Welt. Erst mit der Entstehung der kapitalistischen Produktionsweise und dem Sieg der bürgerlichen gesellschaftlichen Verhältnisse wurden die notwendigen Bedingungen für einen mächtigen Aufschwung der Produktivkräfte geschaffen. Es begann eine Periode der stürmischen Entwicklung der Wissenschaft, in erster Linie der Naturwissenschaft.

Mit der Entwicklung des Sozialismus in der UdSSR und in anderen Ländern gewährleistet das ökonomische Gesetz von der steigenden Produktivkraft der gesellschaftlichen Arbeit in jeder anschließenden gesellschaftsökonomischen Formation ein höheres Niveau der Arbeitsproduktivität. Das bietet die Möglichkeit für eine konsequente Entwicklung der Gesellschaft, für den Übergang von den niederen gesellschaftsökonomischen Formationen zu höheren, von einem Stadium zum anderen, weil jede neue gesellschaftsökonomische Formation ihre Überlegenheit gegenüber der vorhergehenden dadurch beweist, daß sie ein höheres Niveau der Produktivität der gesellschaftlichen Arbeit und der Entwicklung der Wissenschaft schafft.

In der Vergangenheit diktierte die Produktion der Wissenschaft den Entwicklungsweg. Die technischen Erfindungen, die auf der Ausnutzung von Naturerscheinungen und -gesetzen beruhten, gingen deren wissenschaftlicher Erforschung voraus. Sehr selten entstand eine prinzipiell neue Produktion auf revolutionärem Wege. In unserer Zeit sind Errungenschaften der Technik in der Regel Ergebnisse neuer wissenschaftlicher Entdeckungen. Für das 20. Jahrhundert ist dieser Weg typisch geworden. Jetzt ist es bereits möglich, mit vollem Recht von einer zweiten wissenschaftlich-technischen und industriellen Revolution im 20. Jahrhundert zu sprechen.

Das Zusammenwachsen von Wissenschaft und Produktion findet folglich seinen Ausdruck in einer sich verstärkenden gegenseitigen Durchdringung zweier Tendenzen: von der Technik und der Produktion zur Wissenschaft und von der Wissenschaft zur Technik und zur Produktion. Die wissenschaftliche Forschung stellt und löst solche Probleme, die scheinbar nicht mit der Produktion zusammenhängen. Letzten Endes eröffnet aber gerade die Bearbeitung derartiger Probleme neue Wege für die Technik und die Produktion. Die neue Technik wiederum und ein neuer Produktionszweig stimulieren das Wachstum ganzer Zweige und Richtungen der Wissenschaft. So haben beispielsweise Bedürfnisse der Halbleiter- und der elektronischen Technik den Grund gelegt für die Erforschung einer Reihe physikalischer und chemischer Gesetzmäßigkeiten. Die Entdeckung der Halbleitereigenschaften bei vollkommenen Kristallen einer Reihe von Stoffen und die Anerkennung der Gesetze und der Mechanismen der Halbleiter riefen eine neue Revolution in der Radiotechnik und Elektronik hervor.

Wir sehen, daß die Form und die Intensität der Beziehungen von Wissenschaft, Technik und Produktion sowohl von inneren als auch von äußeren Faktoren abhingen. Die entscheidenden inneren Faktoren sind die unwiderlegbaren Fakten der Natur – die Struktur der Materie sowie die Etappen und die charakteristischen Züge ihrer Entwicklung. Die entscheidenden äußeren Faktoren sind die technischen, ökonomischen und sozialen Möglichkeiten.

Dazu noch eine weitere Feststellung. Obwohl sich die Ökonomie der Wissenschaft, der Technik und der Produktion in den sozialistischen und den kapitalistischen Ländern sowie ihre wichtigsten Anwendungslinien wesentlich voneinander unterscheiden, haben beide Systeme einen solchen Entwicklungsstand erreicht, bei dem sie immer mehr einer Entwicklung der Wissenschaft, Technik und Produktion bedürfen.

In der heutigen Zeit ist wie niemals zuvor das Schicksal der Wissenschaft noch enger mit den sozialökonomischen Bedingungen verknüpft. Sowohl die Wahl der konkreten Forschungsrichtungen als auch das Tempo des wissenschaftlich-technischen Fortschritts, die organisatorischen Formen der Existenz von Wissenschaft und Technik ebenso wie die Leitung des Systems Wissenschaft – Technik – Produktion hängen davon ab, wem und welchen Zielen der wissenschaftlich-technische Fortschritt dient, in wessen Interesse die Ergebnisse der Entwicklung von Wissenschaft und Technik ausgenutzt werden.

2. Das ökonomische Wesen der Zusammenhänge des Systems Wissenschaft – Technik – Produktion

Die gegenwärtige Epoche wird durch einen mächtigen Aufschwung der Produktivkräfte und eine sehr schnelle Entwicklung von Wissenschaft und Technik charakterisiert, deren Erfolge einen wahrhaft revolutionierenden Einfluß auf die Entwicklung der Gesellschaft ausüben.

In den Produktivkräften geht eine Umgruppierung vor sich, was durch die Erhöhung des Aufwandes an Material, Arbeitskräften und finanziellen Mitteln für die Entwicklung der Wissenschaft bestätigt wird. Insgesamt ist ein ständiges Anwachsen des Bedarfs an finanziellen Mitteln charakteristisch, um die komplizierter werdenden Forschungsprozesse zu sichern, die im letzten Jahrzehnt besonders schnell vor sich gehen. Vor zwei Jahrzehnten überstiegen die Ausgaben für die Wissenschaft in vielen Ländern nicht 0,25 Prozent des Nationaleinkommens. Heute sind sie bedeutend gewachsen: in Japan auf 1,9 Prozent; in der BRD auf 2,1 Prozent; in Frankreich auf 2,2 Prozent; in England auf 3,5 Prozent und in den USA auf 4,6 Prozent.

In der Sowjetunion betrugen diese Ausgaben 2 Prozent im Jahre 1959 und belaufen sich heute auf ungefähr 4 Prozent, was etwa einem Fünftel der jährlichen Investitionen in der Volkswirtschaft entspricht. Ein derartig großes Wachstum der Ausgaben für die Wissenschaft ist ein offensichtliches Zeichen dafür, daß der wissenschaftlich-technische Fortschritt zum wichtigsten Wachstumsfaktor der Wirtschaft geworden ist.

Das in der Literatur aktiv diskutierte Problem der ökonomischen Wechselwirkung von Wissenschaft, Technik und Produktion verlangt seine Lösung und darüber hinaus vom Standpunkt der Leitung des Systems eine konkrete Analyse. Im vorhergehenden Paragraphen haben wir festgestellt, daß Wissenschaft und Produktion ihre Plätze vertauscht haben. Die Wissenschaft, die durch die Bedürfnisse der Technik und der Produktion hervorgebracht wurde, hat sich derart entwickelt, daß sie auf die Praxis, von der sie einmal ausgegangen ist, zurückwirkt und dieser dabei in ihrer Vorwärtsbewegung vorauseilt. Die Einsicht in die Möglichkeiten und die Entwicklungswege der Wissenschaft in Gegenwart und Zukunft erlaubt es jetzt, die Entwicklungsperspektiven der Technik, der Produktion und der gesamten Volkswirtschaft darzustellen.

Für die wachsende Rolle der Wissenschaft in der Entwicklung der Technik, der Produktion und der Gesellschaft insgesamt ist folgendes charakteristisch:

1. Das Anwachsen der gesellschaftlichen Arbeitsteilung, die Aufgliederung des technologischen Prozesses in eine Vielzahl von Operationen. „Das Prinzip des Maschinenbetriebs, den Produktionsprozeß in seine konstituierenden Phasen zu analysieren und die so gegebnen Probleme durch Anwendung der Mechanik, Chemie usw., kurz der Naturwissenschaften zu lösen, wird überall bestimmend."[1] Im Ergebnis der Arbeitsteilung wurde, wie wir sahen, die Wissenschaft allmählich aus der materiellen Produktion herausgelöst. Sie wurde zu einer speziellen Tätigkeitsart, die mit der Erkenntnis der materiellen Welt zusammenhängt.

2. Die vergrößerte Zahl der möglichen technologischen Varianten, deren Auswahl nur auf einer wissenschaftlichen Grundlage erfolgen kann. „Erst jetzt die Erfahrung und Beobachtungen – und die necessities des Produktionsprozesses selbst – auf einer Stufenleiter, die wissenschaftliche Applikation erlaubt und notwendig macht."[2] In der modernen gesellschaftlichen Produktion „erhält das Arbeitsmittel eine materielle Existenzweise, welche Ersetzung der Menschenkraft durch Naturkräfte und erfahrungsmäßiger Routine durch bewußte Anwendung der Naturwissenschaft bedingt".[3] Das ist der Grund dafür, daß K. Marx den Entwicklungsgrad des Grundkapitals als einen Maßstab für die Umwandlung der Wissenschaft in eine unmittelbare Produktivkraft ansah.

[1] K. Marx, Das Kapital, I. Bd., in: MEW, Bd. 23, Berlin 1968, S. 485.
[2] K. Marx, Zur Kritik der Politischen Ökonomie (1861–1863), Heft XX, S. 1262, in: Kommunist, Jg. 1958, Heft 7, S. 22f.
[3] K. Marx, Das Kapital, I. Bd. a. a. O., S. 407.

3. Die umfassende Verwendung von in der Natur nicht anzutreffenden Materialien in der Produktion, die künstlich synthetisiert wurden, und deren Schaffung vor Beginn der Produktion durch die Wissenschaftler erfolgt. Das Prinzip der Großproduktion, schrieb K. Marx, „jeden Produktionsprozeß, an und für sich und zunächst ohne alle Rücksicht auf die menschliche Hand, in seine konstituierenden Elemente aufzulösen, schuf die ganz moderne Wissenschaft der Technologie. Die buntscheckigen, scheinbar zusammenhangslosen und verknöcherten Gestalten des gesellschaftlichen Produktionsprozesses lösten sich auf in bewußt planmäßige und je nach dem bezweckten Nutzeffekt systematisch gesonderte Anwendungen der Naturwissenschaft."[1] Mit zunehmender Vergesellschaftung der Produktion übt die gesellschaftliche Kraft des Wissens einen immer stärkeren Einfluß auf den Arbeitsprozeß aus. Außer der direkten Beteiligung an der Produktion konzentriert sich die Wissenschaft in der heutigen Zeit auf die Lösung der technischen, ökonomischen und organisatorischen Fragen der Entwicklung der Produktion. Die Probleme der Produktionsleitung, die Gesamtheit der Mittel für die Mechanisierung und die Automatisierung der Steuerungsprozesse stützen sich auf die Errungenschaften der Natur- und technischen Wissenschaften: der Mathematik, Physik, Chemie, Mechanik, Kybernetik usw. Die technischen Probleme der Steuerung sind ebenfalls eng mit einer Reihe sich unmittelbar berührender Wissenschaften verbunden[2], die spezielle Fragen der Technik der Leitung betreffen: den ökonomischen Nutzeffekt technischer Mittel und Systeme, die psychophysiologischen, hygienischen und ästhetischen Grundlagen für das Konstruieren technischer Mittel und andere.

Der Marxismus-Leninismus lehrt, daß Wissenschaft und Produktion solche gesellschaftlichen Erscheinungen sind, die sich in enger gegenseitiger Abhängigkeit und Bedingtheit entwickeln, daß diese beiden Erscheinungen in ihrer Entwicklung eine sehr große Einwirkung auf die Gesellschaft ausüben. Das Verdienst von Marx besteht hierbei darin, daß er als erster den Charakter der Wechselbeziehung von Wissenschaft und Produktion richtig aufgedeckt hat, indem er zeigte, daß diese Beziehung von den gesellschaftlichen Produktionsbedingungen und dem Entwicklungsgrad der Wissenschaft selbst abhängt. K. Marx hat im „Kapital" und seinen anderen Werken gezeigt, daß dieses Problem von zwei Seiten betrachtet werden muß: von

[1] Ebenda, S. 510.
[2] Vgl. O. A. Dejneko, Nauka upravlenija v SSSR, Moskau 1967.

der Seite der Einwirkung der materiellen Produktionstätigkeit der Menschen auf die Entwicklung der Wissenschaft und von der Seite der Rückwirkung der Wissenschaft auf die Entwicklung der Produktivkräfte.

Worin äußert sich nun die bestimmende Rolle des Einflusses der Produktion auf die Wissenschaft?

Erstens stellt die Produktion der Wissenschaft eine bestimmte Gruppe von Problemen, die diese in der Gegenwart und in der Zukunft zu lösen imstande ist. Die Produktion hat der Wissenschaft die Aufgabe zugewiesen, die Ursachen für bekannt gewordene Tatsachen und Erscheinungen und deren konkrete Eigenschaften aufzudecken, die in der praktischen Tätigkeit der Gesellschaft ausgenutzt werden können.

Solange beispielsweise die Gesetze der Mechanik nicht aufgedeckt waren, erfolgte die technische Ausnutzung der mechanischen Bewegung lediglich aufs Geratewohl, und darum waren die Möglichkeiten für ihre praktische Anwendung beschränkt. Erst mit der Entdeckung dieser Gesetze verwandelte sich die Mechanik in eine gesonderte Wissenschaft, und die Menschen, indem sie die Gesetze erkannten, erhielten die Möglichkeit, diese Gesetze in ihrer täglichen praktischen Tätigkeit anzuwenden.

Zweitens liefert die materielle Produktion der Wissenschaft reiches Tatsachenmaterial. Indem die Menschen dieses verallgemeinern, stellen sie neue Theorien auf und entdecken die Gesetzmäßigkeiten der Entwicklung von Natur und Gesellschaft. Die entscheidende Rolle der Praxis bei der Entstehung und Entwicklung wissenschaftlicher Kenntnisse äußert sich in der Hauptsache darin, daß der Zusammenhang des Gegenstandes mit dem, was der Mensch braucht, bestimmt wird, weil die Menschen in jeder Etappe ihrer historischen Entwicklung vor allem Gegenstände und Erscheinungen erkennen, die für die Gesellschaft eine wichtige praktische Bedeutung besitzen. K. Marx sagte, daß die Menschheit sich immer nur solche Aufgaben stellt, die sie lösen kann.[1]

Drittens äußert sich die bestimmende Rolle des Einflusses der Produktion auf die Wissenschaft darin, daß die Produktion die materiell-technischen Mittel für die wissenschaftlichen Forschungen schafft. Die Entwicklung der Wissenschaft hängt in bedeutendem Maße vom Vorhandensein der Forschungsinstrumente und vom Entwicklungs-

[1] K. Marx, Zur Kritik der Politischen Ökonomie, in: MEW, Bd. 13, Berlin 1964, S. 9.

niveau der Technik ab. Die Atomphysik verdankt ihre Erfolge beispielsweise in hohem Maße der Entwicklung der Produktion, die die komplizierte experimentelle Basis geschaffen hat.

In der organischen Wechselbeziehung der Entwicklung von Wissenschaft, Technik und Produktion ist die Technik der wichtigste Faktor. Dafür gibt es mehrere Ursachen. Die Technik ist letzten Endes ein Ergebnis der Wissenschaft. Die Wissenschaft entstand aus den Bedürfnissen der Produktion auf einer bestimmten Entwicklungsstufe der Gesellschaft und ist von der Technik abgeleitet. Die Technik – ein Bestandteil der Produktion – ist der Gesellschaft auf allen ihren Entwicklungsstufen eigen. Außerdem entstand die Wissenschaft, wie oben gesagt wurde, nicht nur aus den Bedürfnissen der Technik, sondern auch ihre weitere Entwicklung hängt vom Niveau der Technik ab. Diese Abhängigkeit verstärkte sich im 20. Jahrhundert und sie wächst weiterhin. Man kann wahrscheinlich keine irgendwie bedeutende wissenschaftliche Theorie nennen, die nicht auf Beobachtungen und Experimente angewiesen ist, die wiederum die Entwicklung der Technik voraussetzen. K. Marx wies darauf hin, daß an der Arbeit drei Komponenten beteiligt sind: der Mensch, die Arbeitsmittel (Technik) und der Arbeitsgegenstand. Wie wir sehen, übt die Wissenschaft auf alle Komponenten einen entscheidenden ökonomischen Einfluß aus.

Die Ausnutzung der Wissenschaft in der Produktion und ihr hoher Anteil an der Produktion werden durch mehrere Kennziffern bestimmt, die man als die wichtigsten Quellen des ökonomischen Nutzeffekts wissenschaftlicher Arbeiten bezeichnen und die man bedingt in drei Gruppen aufteilen kann: die Kennziffern, die mit den Besonderheiten der technologischen Anwendung der Wissenschaft zusammenhängen; die Kennziffern, die mit den Besonderheiten der „Produktion" wissenschaftlicher Entdeckungen zusammenhängen; die Kennziffern, die mit der Effektivität der Kenntnisverbreitung zusammenhängen.[1]

Der ökonomische Nutzeffekt einer wissenschaftlichen Forschungsarbeit drückt sich in der hohen Rentabilität der angewendeten wissenschaftlichen Ergebnisse aus. Bekanntlich ist der Wert der „verwissenschaftlichten" Agenzien der Produktion (Arbeitsmittel und Arbeitsgegenstände) bedeutend niedriger als der Ertrag aus ihrer Anwendung, weil die Wissenschaft die Naturkräfte ausnutzt. Der Wert der Maschinen wird auf das Produkt übertragen. Die Naturkräfte dagegen besitzen keinen Wert und deshalb können sie, wie

[1] Vgl. P. A. Račkov, in: Voprosy filosofii, Jg. 1966, Heft 5.

K. Marx feststellt, „dem Produkt keinen Wert zusetzen und vermindern vielmehr den Wert desselben, soweit sie Kapital oder Arbeit, immediate or accumulated labour, ersetzen. Soweit natural philosophy ... Menschenarbeit durch natural agents ersetzen lehrt, kostet sie ... nichts und verwohlfeilert die Waren absolut."[1]

Das ist heutzutage am offensichtlichsten, wo *die Wissenschaft Grundkapital und Rohstoff einspart und dadurch die Effektivität der Produktionsmittel erhöht.* Im Ergebnis der sich immer mehr beschleunigenden Anwendung wissenschaftlicher Arbeiten ähnelt die Anwendung der Maschinerie der Ausnutzung der Naturkräfte: „Je weniger Wert abgebend, desto produktiver ist sie und desto mehr nähert sich ihr Dienst dem der Naturkräfte."[2]

Die Gesamteinsparung an Arbeit, die in der gesamten gesellschaftlichen Produktion durch die Realisierung der Errungenschaften der Wissenschaft im Verlaufe von 10 Jahren (1960 bis 1970) erzielt wurde, gewährleistet eine Einsparung von ebensoviel Arbeitskräften, wie im Jahre 1960 an der gesellschaftlichen Produktion beteiligt waren.[3] Zur gleichen Gruppe von Kennziffern muß man die Rentabilität der wissenschaftlich-technischen Ausbildung der Menschen zählen. Nach Berechnungen von S. G. Strumilin übersteigt die Produktivität eines Arbeiters, der an der Hochschule ausgebildet wurde, die Aufwendungen des Staates für dessen Ausbildung um das 11fache. Jeder Rubel, der für die Schulbildung aufgewandt wurde, erhöht das Volkseinkommen um mindestens 6 Rubel.[4] Man kann die Schlußfolgerung ziehen, daß die wachsende ökonomische Effektivität der Forschungsarbeit eine der Hauptursachen für den wachsenden Aufwand für die Wissenschaft ist. Nur so kann erklärt werden, daß in den kapitalistischen Ländern der Aufwand für Forschungsarbeiten bedeutend gewachsen und die Rolle dieser Aufwendungen in der Gesamtsumme des kapitalisierten Profits größer geworden ist.

K. Marx und F. Engels haben in erster Linie die Abhängigkeit der Wissenschaft von der Produktion unterstrichen, sie beschränkten jedoch die Entwicklung der Wissenschaft nicht nur auf die Bedürfnisse der Produktion. Sie betrachteten die Wissenschaft als eine revolutionäre Kraft für die Entwicklung der Gesellschaft, die das

[1] K. Marx, Theorien über den Mehrwert, Zweiter Teil, in: MEW, Bd. 26, 2, Berlin 1967, S. 554.

[2] K. Marx, Das Kapital, I. Bd., a. a. O., S. 411.

[3] Vgl. I. G. Kurakov, in: Voprosy filosofii, Jg. 1962, Heft 11.

[4] Vgl. S. G. Strumilin, Problemy ėkonomika truda, Moskau 1957.

Wachstum der Produktivkräfte beeinflußt und als eine Quelle für deren Entwicklung dient. K. Marx sagte, daß jede Produktivkraft eine erworbene Kraft ist, ein Produkt der vorhergehenden Tätigkeit. Jede nachfolgende Generation findet Produktivkräfte vor, die durch frühere Generationen erreicht wurden, und diese Produktivkräfte dienen ihr als Rohmaterial für neue Produktion.[1]

K. Marx spricht von der Einheit der materiellen und geistigen Tätigkeit im Produktionsprozeß und stellt fest: „Wie im Natursystem Kopf und Hand zusammengehören, vereint der Arbeitsprozeß Kopf- und Handarbeit."[2]

Die Wissenschaft, die in die Bewußtseinssphäre eindringt und einen Prozeß vorwiegend geistiger Arbeit und teilweise physischer Arbeit darstellt, verwandelt sich in eine „selbständige Potenz"[3] des Arbeitsprozesses. Sie wird zu einem Zweig der produktiven Tätigkeit, der sich mit der Entdeckung der Entwicklungsgesetze in Natur und Gesellschaft sowie mit der Schaffung neuer Arbeitsinstrumente und -produkte, neuer Formen und Methoden für die Organisation der Produktion beschäftigt.

Hieraus kann man die Schlußfolgerung ziehen, daß die Wissenschaft einen Zweig der produktiven Tätigkeit, und keinen selbständigen Zweig der Volkswirtschaft darstellt. Diese Besonderheit weisen die sowjetischen Wissenschaftler L. S. Bljachman, P. A. Rodioninkov und I. S. Minko nach.[4] Das erlaubt uns, die Wissenschaft auf neue Art in der gesellschaftlichen Reproduktion zu betrachten.

Die Wissenschaft, die in der Entwicklung der Technik die Haupttriebkraft ist und die sich in den neu geschaffenen Arbeitsmitteln und -gegenständen materialisiert, stellt sich in der automatisierten Produktion an die Spitze des technischen Fortschritts und bestimmt die Wege für eine effektive Entwicklung der Produktion. Die beschleunigte Entwicklung der Wissenschaft wurde dank ihrer engen Wechselbeziehung mit der Technik und der Produktion möglich. F. Engels schrieb: „... Die Wissenschaft aber vermehrt sich mindestens wie die Bevölkerung; diese vermehrt sich im Verhältnis zur Anzahl der letzten Generation; die Wissenschaft schreitet fort im Verhältnis zu der Masse der Erkenntnis, die ihr von der vorhergehenden Generation hinterlassen

[1] Vgl. K. Marx, Grundrisse..., a. a. O., S. 396.
[2] K. Marx, Das Kapital, I. Bd., a. a. O., S. 531.
[3] Ebenda, S. 674.
[4] Vgl. Voprosy ėkonomiki i planirovanija naučnych issledovanij, Leningrad 1968.

wurde ..."[1] Die von F. Engels auf der Grundlage einer historisch-logischen Analyse vorgenommene Einschätzung der Wirkungsperiode des Gesetzes der beschleunigten Bewegung der Wissenschaft wurde durch quantitative Untersuchungen sowjetischer Wissenschaftler in der heutigen Zeit bestätigt.

Mit den angewandten Forschungen dringt die Wissenschaft organisch in die Produktion ein, verwandelt sie sich in eine unmittelbare Produktivkraft. Wie bereits oben gesagt, zeigen die wissenschaftlichen Forschungen, indem sie dem Wachstum der Produktion vorauseilen, dieser die Wege für die weitere Entwicklung und üben wesentlichen Einfluß auf das Wirtschaftswachstum aus. Die Untersuchungen über die Wechselbeziehung zwischen der Entwicklung der Wissenschaft und der Wirtschaft lieferten im Hinblick auf die verschiedenen ökonomischen Kennziffern folgende Ergebnisse.[2]

In Abbildung 3 werden nach diesen Angaben zwei Kennziffern analysiert: das Nationaleinkommen je Kopf der Bevölkerung und die Ausgaben für Forschungsarbeiten, umgerechnet auf einen Forscher. Hier wird die Schlußfolgerung von G. D. Šakasic über die gegenseitige Abhängigkeit, die zwischen dem Anwachsen des Nationaleinkommens und dem Aufwand für die Wissenschaft besteht, bestätigt. Die gleiche Gesetzmäßigkeit ist auch an anderen Kennziffern sichtbar (Abbildungen 4 bis 6). Eine solche Analyse zeigt den funktionalen Zusammenhang der Wissenschaft mit der gesellschaftlichen Reproduktion und ihre Umwandlung in einen untrennbaren, organischen Bestandteil der letzteren. A. B. Nikolaev untersucht diese Abhängigkeit genau[3] und zieht den Schluß, daß die Schaffung neuer Produktionsmittel und Konsumgüter in immer stärkerem Maße das Ergebnis einer speziell organisierten wissenschaftlichen Tätigkeit wird. Die wissenschaftliche Forschung verwandelt sich auf diese Weise in die erste Etappe des technologischen Produktionsprozesses, sie wird Bestandteil des Prozesses, durch den sich die Gesellschaft den Stoff und die Naturkräfte aneignet und sie zu Gebrauchswerten weiter verarbeitet. Weil die produktionsbezogenen wissenschaftlichen Forschungsarbeiten als Glied der materiellen Produktion auftreten, nehmen die Mittel, die für deren Durchführung bereitgestellt wurden, dann die

[1] F. Engels, Umrisse zu einer Kritik der Nationalökonomie, in: MEW, Bd. 1, Berlin 1956, S. 521.

[2] Vgl. Meeting of Experts on the Role of Science and Technology, Unesco, Paris 1968, 11.–18. Dezember.

[3] Vgl. Naučno-techničeskij progress i chozjajstvennaja reforma, Moskau 1969.

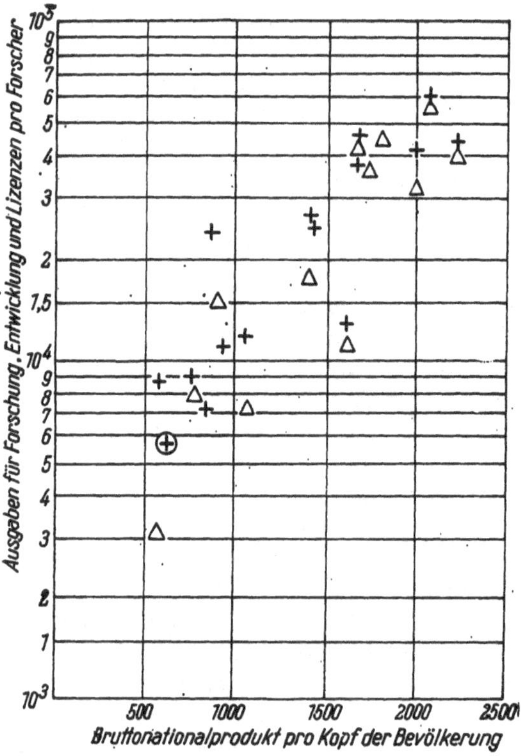

Abb. 3. Die Abhängigkeit der Größe des Bruttonationaleinkommens pro Kopf der Bevölkerung von den Ausgaben für Forschungs- und Entwicklungsarbeiten und Lizenzen pro Forscher

Form von Grund- und Umlauffonds der Forschungssphäre an. Die Reproduktion dieser Fonds ist untrennbar mit dem Kreislauf und dem Umlauf der Fonds der gesamten gesellschaftlichen Produktion verbunden. Letzten Endes übertragen die Grund- und Umlauffonds der produktionsbezogenen Forschungsarbeiten die in ihnen materialisierte Arbeit auf das Erzeugnis der gesellschaftlichen Produktion und werden gemeinsam mit ihm realisiert.

Eine derartige Besonderheit der Wissenschaft und ihrer ökonomischen Rolle bei der Entwicklung der gesellschaftlichen Produktion bestätigen viele Forscher. V. Lebedev betrachtet wissenschaftliche Forschungen – als wichtigste Stufe der erweiterten Reproduktion

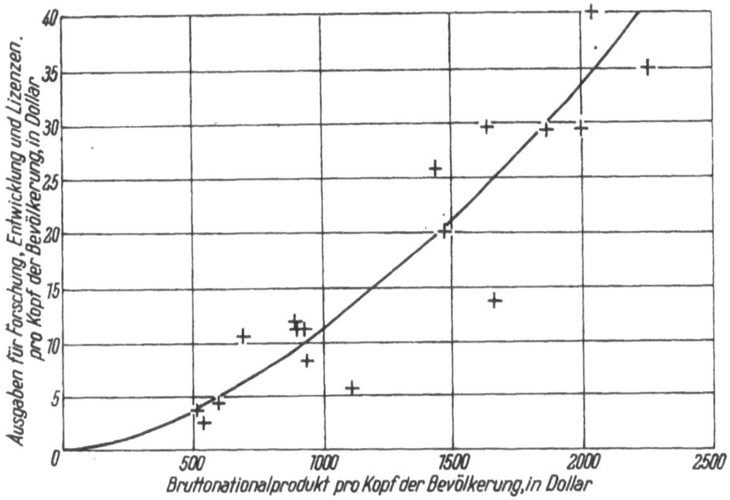

Abb. 4. Die Abhängigkeit der Größe des Bruttonationaleinkommens von den Ausgaben für Forschungs- und Entwicklungsarbeiten und Lizenzen pro Kopf der Bevölkerung

der Grundfonds – sowie die Stellung und die Rolle der Wissenschaft in der erweiterten Reproduktion der Fonds und zieht den Schluß, daß in der Produktion insgesamt der Grad des moralischen Verschleißes der Fonds sowohl von der Produktivität der neuen Technik – der Effektivität der wissenschaftlichen Errungenschaften – als auch von der Höhe der Investitionen abhängt, die für die Erneuerung der Maschinen verwendet werden.[1]

Es kann die Schlußfolgerung bekräftigt werden, daß sich die Wissenschaft immer stärker in eine unmittelbare Produktivkraft verwandelt und sich ihre Stellung in der Produktion von Grund auf verändert hat. Wissenschaftliche Forschungsarbeiten können als unmittelbare Elemente der materiellen Produktion betrachtet werden, und zwar beginnend mit den angewandten Forschungen, das heißt jenen Forschungen, die sich unmittelbar in neuen Arbeitsmitteln und -gegenständen, in neuen Arten von Gebrauchsgegenständen, in einer vervollkommneten Technologie in der Leitung der Produktions- und Arbeitsorganisation niederschlagen. Im Zusammenhang damit entstehen ernsthafte Probleme der Planung und der Verteilung

[1] Vgl. Techničeskij progress i effektivnost' vozproizvodstva osnovnych fondov, Moskau 1970.

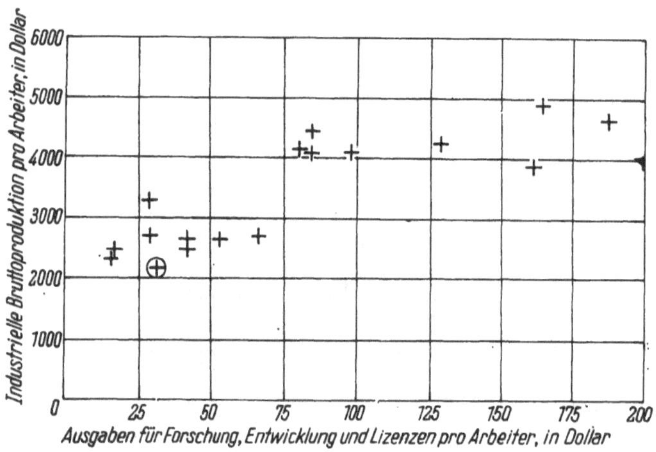

Abb. 5. Die Abhängigkeit der industriellen Bruttoproduktion von den Ausgaben für Forschungs- und Entwicklungsarbeiten und Lizenzen pro Arbeiter in Dollar.

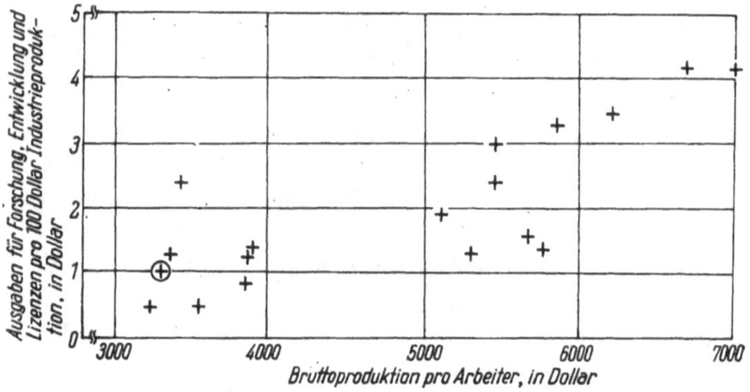

Abb. 6. Die Abhängigkeit der industriellen Bruttoproduktion pro Arbeiter von den Ausgaben für Forschungs- und Entwicklungsarbeiten und Lizenzen je 100 Dollar Industrieproduktion

des Material- und Arbeitskräfteaufwandes für wissenschaftliche Forschungen und für die Technik im Gesamtumfang der Produktion sowie Probleme ihrer quantitativen Proportionalität, was bisher methodologisch schwer zu bestimmen ist.

Unter bestimmten Bedingungen kann die Struktur der gegenwärtigen ökonomischen Verbindungen des Systems Wissenschaft – Technik – Produktion wie folgt dargestellt werden (Abbildung 7):

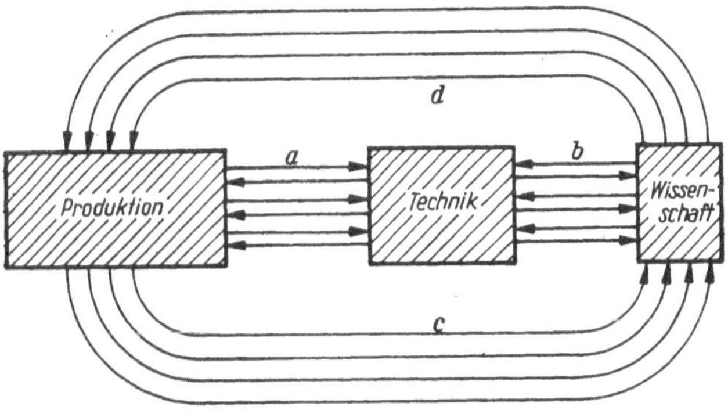

Abb. 7. Die Struktur der ökonomischen Beziehungen des Systems Wissenschaft – Technik – Produktion

Die ökonomischen Verbindungen zwischen Wissenschaft und Produktion (*a*, *b*) verliefen bis zum 20. Jahrhundert in der Hauptsache über die Technik, das heißt, es waren nur indirekte Beziehungen vorhanden. In der heutigen Zeit sind neue, jedoch bereits direkte Verbindungen (*c*, *d*) aufgetaucht, zu denen man die Organisation, die Leitung und andere rechnen kann, die einen wesentlichen Einfluß auf die Effektivität der Produktion ausüben. Unserer Ansicht nach besteht darin die gegenwärtige Besonderheit der ökonomischen Verbindungen des gesamten Systems. Weil die Abhängigkeit zwischen der Entwicklung der Wissenschaft, der Technik und der Produktion offensichtlich ist, liegen die ökonomischen Verbindungen auf der Hand, und die Versuche, ein quantitatives Maß für diese Abhängigkeit zu finden, sind durchaus verständlich.

Uns scheint die gemeinsame Betrachtung der statistischen Angaben des gesamten Systems eine rationelle Methode zu sein. Man kann erwarten, daß die Relation[1]

$$(1) \qquad \frac{dS}{dt} > \frac{dT}{dt} > \frac{dP}{dt}$$

perspektivreich ist.

[1] Vgl. G. M. Dobrov, Wissenschaftswissenschaft (Nauka o nauke [dt.]), Berlin 1970.

Wissenschaft, Technik und Produktion müssen sich proportional entwickeln, eine Verbesserung oder Verschlechterung in einem der Elemente, eine Schwächung der Verbindung zwischen ihnen führt sofort zu entsprechenden Veränderungen in jedem der Elemente. Die von G. M. Dobrov vorgeschlagene Methode für die Ermittlung des Verhältnisses der Entwicklungstempi von Wissenschaft, Technik und Produktion ergibt sich aus jener spezifisch wichtigen Rolle, die die Natur- und Gesellschaftswissenschaften in der Entwicklung der Produktion und der Gesellschaft spielen. Um eine effektivere Entwicklung der materiellen Produktion zu erreichen, muß also das Entwicklungstempo der Technik größer sein als das Tempo des Produktionswachstums, und die Wissenschaft muß sich schneller als die Technik entwickeln. Man muß V. Pavljučenko[1] zustimmen, daß die Errungenschaften der Wissenschaft und der Technik in ihrem Wachstum die ökonomischen Möglichkeiten für ihre Realisierung überholen; das wissenschaftliche Potential wächst bedeutend schneller als das ökonomische. Die Kennziffern für die Wissenschaft – die Anzahl der Publikationen, der Aufwand für Forschung und Entwicklung, die Zahl der Wissenschaftler – wachsen weit schneller als das Bruttonationalprodukt, das Nationaleinkommen und die Arbeitsproduktivität (Abbildung 8).[2]

Die bestimmende Rolle der materiellen und arbeitsbedingten Faktoren der Produktion und der Technik im Verhältnis zur Wissenschaft läßt sich durch die Formel[3]

$$(2) \qquad \frac{dP_1}{dt} > \frac{dT}{dt} > \frac{dS}{dt}$$

illustrieren.

Die Formeln (1) und (2) sind gleichzeitig richtig, sie decken jedoch völlig verschiedene Aspekte auf. Das anscheinende Paradoxon charakterisiert die Wechselwirkung und die gegenseitige Durchdringung der Gegensätzlichkeiten. Das theoretische Modell (2) besitzt methodologischen Charakter und kann realisiert werden, wenn man es bei der Ermittlung einer quantitativen Bewertung der ökonomischen Zusammenhänge und bei der Lösung der Frage nach den Kriterien

[1] Vgl. V. I. Pavljučenko, Proporcii i ėkonomičeskie kriterii razvitija nauki, Moskau 1968.

[2] Vgl. Narodnoe chozjajstvo SSSR v 1968, Moskau 1968.

[3] Vgl. V. G. Marachov, Ju. S. Meleščenko, in: Tezisy dokladov simpoziuma „Analiz zakonomernostej i prognozirovanija razvitija nauki i techniki", Kiev 1967.

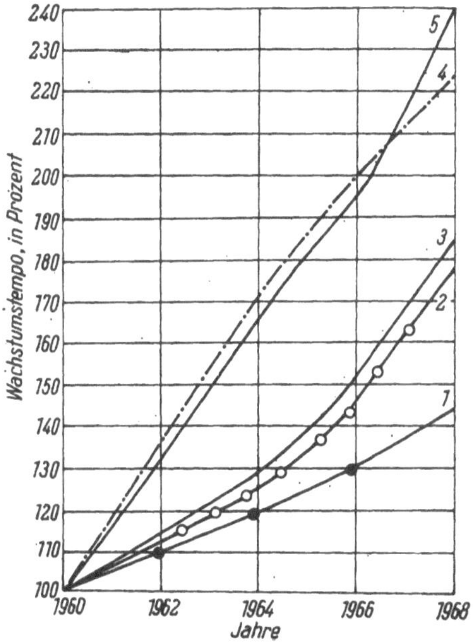

Abb. 8. Das Wachstum einiger Kennziffern der Volkswirtschaft und des wissenschaftlichen Potentials:
1 – Arbeitsproduktivität (in der Industrie);
2 – gesellschaftliches Bruttoprodukt;
3 – Nationaleinkommen;
4 – Zahl der wissenschaftlichen Mitarbeiter;
5 – Aufwendungen für die Wissenschaft

der technischen Entwicklung in eine mathematische Form bringt. Die Untersuchung des Charakters dieser Wechselwirkung besitzt eine sehr große theoretische und praktische Bedeutung, weil sie den Schlüssel zu einem besseren Verständnis der Gesetzmäßigkeiten der gesellschaftlichen Entwicklung sowie zur richtigen Planung und Leitung der Volkswirtschaft liefert. Durch die Lösung dieser Frage gelingt es, sich weitgehend von den subjektiven Experteneinschätzungen freizumachen und objektive ökonomische Berechnungen auszunutzen.

Da die Gesellschaft die entsprechenden materiellen, finanziellen und Arbeitskräfteaufwendungen für die Entwicklung aller drei Elemente des Systems Wissenschaft – Technik – Produktion realisiert, die sich nach der oben angeführten Analyse in einer bestimmten Proportion entwickeln müssen, kann man die Schlußfolgerung ziehen, daß die genannten Aufwendungen ebenfalls durch ein proportionales Verhältnis verbunden sind.

Unserer Ansicht nach gehört der *Faktor der materiellen Entwicklung von Wissenschaft, Technik und Produktion in einer bestimmten Proportion zu der Vielfalt volkswirtschaftlicher Proportionen, und die sich verändernden Bedingungen der materiellen Produktion und ihre ökonomischen Verbindungen mit der Wissenschaft finden in der Dynamik der Proportionen der sozialistischen Reproduktion ihren Ausdruck.* Im Sozialismus können die genannten Proportionen mit Hilfe des Mechanismus der Volkswirtschaftsplanung realisiert werden, in dem die Wirkungen aller ökonomischen Verbindungen des Systems in dem einen oder anderen Maße ihre Widerspiegelung finden. In der Periode des kommunistischen Aufbaus aber sind unter den ökonomischen Problemen der Planung der Volkswirtschaft und der Leitung die Tempi und die Proportionen das bestimmende Problem; es beinhaltet alle wichtigsten Fragen der Planung, besonders der Perspektivplanung. Man kann mit einem gewissen Recht behaupten, daß ein optimales quantitatives Maß im Verhältnis der materiellen und der Arbeitsaufwendungen und eine bestimmte Proportion innerhalb der nach Zweigen strukturierten Kapitalinvestitionen für Wissenschaft, Technik und Produktion existieren. Der quantitative Ausdruck dafür sieht so aus: Der Anteil des gesellschaftlichen Produkts, der für die Entwicklung der Produktion verbraucht wird, ist größer als der für die Technik verbrauchte, und der für die Technik verbrauchte ist größer als der für die Wissenschaft verbrauchte Anteil.

Wir wollen die von S. M. Višnev[1] vorgeschlagene Produktionsfunktion

$$P = \sigma L_1^{\alpha} C^{\gamma} Q^{\beta} R^{\delta}$$

benutzen. Hier sind: P – das gesellschaftliche Endprodukt; L_1 – der Beschäftigungsgrad; C – die Produktionsfonds; Q – der Aufwand für die Bildung; R – der Aufwand für wissenschaftliche Forschungen; σ – der Koeffizient für die Dimension, die von der Wahl der Maßeinheit abhängt; α, β, γ und δ – die Effektivität des zusätzlichen Aufwandes für die genannten Zwecke; R und Q – umfassen den Aufwand für Forschungsarbeit und Lehre. Deshalb analysiert L. S. Gljazer, indem er das Problem des Aufwandes für die Entwicklung der Wissenschaft betrachtet, die Möglichkeit, die vorgeschlagene Formel für die Ermittlung von Q und R in der Produktionsfunktion[2] zu benutzen. Er ist der Auffassung, daß man

[1] Vgl. S. M. Višnev, Ekonomičeskie parametri, Moskau 1968, S. 95.

[2] Vgl. Naučno-techničeskij progress i chozjajstvennaja reforma, Moskau 1969.

in einem solchen Falle eine objektive Grundlage für die Auswahl wissenschaftlicher Ergebnisse erhalten kann, die realisiert werden müssen, um den notwendigen Umfang des vergesellschafteten Endprodukts zu gewährleisten. In der genannten Formel gibt es jedoch keine direkte Kennziffer für die Entwicklung der Technik, und die Produktionsfonds sind mit ihr leider nicht identisch. Die wichtigsten Aufwendungen machen letzten Endes die Summe des Aufwandes für die Wissenschaft, die Technik und die Produktion aus, das heißt:

$$K = \Sigma I_P \, I_T \, I_S .$$

Hier sind: K – der Umfang der Kapitalinvestitionen für den Planungszeitraum; I_P – der notwendige Umfang der Investitionen für die Entwicklung der Produktion des Zweiges; I_T – der notwendige Umfang der Investitionen für die Entwicklung der Technik des Zweiges; I_S – der notwendige Umfang der Investitionen für die Entwicklung der wissenschaftlichen Forschungsarbeiten.

Das dargestellte Modell zeichnet sich durch eine Reihe vereinfachender Annahmen aus. Die vereinfachte Aufgabenstellung für die auf einen Zweig bezogene Planung des Umfanges der Investitionen kann am Anfang folgende sein:
Zu minimieren ist

$$I_P \, I_T \, I_S \rightarrow \min$$

unter den Bedingungen

$$\Sigma I_P > \Sigma I_T ;$$

$$\Sigma I_T > \Sigma I_S .$$

Aus der Aufgabenstellung ist ersichtlich, daß die Minimierung des Aufwandes für die Entwicklung der Wissenschaft, der Technik und der Produktion unter der Bedingung, daß der Plan des gesamten Zweiges erfüllt wird, als Optimalitätskriterium genommen wurde. Als Alternativ-Variante des Kriteriums kann die Maximierung des gesamten auf den Zweig bezogenen Gewinns vorgeschlagen werden. Die Struktur des Modells ist äußerst einfach, seine Realisierung ist jedoch möglich bei sorgfältiger Festlegung eines quantitativen Maßes für die genannte auf den Zweig bezogene Proportion, die entsprechend unserem Vorschlag in jedem Zweig der Volkswirtschaft ihre eigene Bestimmtheit haben wird. Die angeführten Überlegungen haben einen ziemlich allgemeinen Charakter und sind auf eine Präzisierung des Modells für die Proportion gerichtet. Die Bilanz zwischen den Aufwendungen für jedes Element des Systems und dem Nutzen, den die

Wissenschaft der Volkswirtschaft (unter Berücksichtigung der Perspektive) bringt, muß Objekt sorgfältigster Untersuchungen sein.

Die wissenschaftlich-technische Revolution führt somit zu einigen wesentlichen Veränderungen im Mechanismus der Ausnutzung des Gesetzes der planmäßigen, proportionalen Entwicklung der Volkswirtschaft. Die optimale Entwicklung des Systems Wissenschaft – Technik – Produktion, die Sicherung und Stimulierung aller seiner Elemente entsprechend den Bedürfnissen des Wirtschaftswachstums des Landes, muß tatsächlich Hauptbestandteil des gesamten Planungssystems von den zentralen Planungsorganen bis zu den Industriebetrieben werden. Die Veränderung der Form und der Struktur der Wechselwirkung zwischen Wissenschaft, Technik und Produktion findet seinen Ausdruck in der bekannten These von der immer vollständigeren Umwandlung der Wissenschaft in eine unmittelbare Produktivkraft. Die Wissenschaft verwandelt sich deshalb in eine Produktivkraft, weil sie unmittelbare und entscheidende Bedeutung für die Entwicklung aller Elemente der Produktion erlangt und weil die Arbeit des Wissenschaftlers und Forschers zu einem notwendigen Bestandteil der produktiven Arbeit wird. Wir haben die materielle Verkörperung der Produktivkraft Wissenschaft durch die Produktionsmittel – Technik, neue technologische Prozesse und Leitungsmethoden – beobachtet. Eine derartige Stellung der Wissenschaft in der Produktion wurde durch die gesamte vorhergehende Entwicklung der gesellschaftlichen Produktivkräfte und der Wissenschaft selbst vorbereitet. Sie folgt aus der schnellen Entwicklung der Wissenschaft, aus dem veränderten Charakter der Produktion unter dem Einfluß der Wissenschaft und aus der veränderten Rolle des Menschen in der Produktion. Die riesige Bedeutung der Wissenschaft ergibt sich jedoch nicht nur aus ihrer Umwandlung in eine unmittelbare Produktivkraft. Die Wissenschaft wird zu einem entscheidenden Faktor nicht nur des ökonomischen, sondern auch des politischen und sozialen Lebens, zu einem Faktor der menschlichen Kultur.

Die Verbindungen der Wissenschaft mit der Produktion lassen sich nicht auf ihre Verbindungen mit der technischen Seite der Produktion reduzieren. Die Wissenschaft ist auch durch die gesellschaftlichen und ökonomischen Verhältnisse mit den Produktivkräften verbunden.

Die Bedürfnisse der Produktivkräfte sind die Hauptursache für die Entstehung und die Entwicklung der Wissenschaft. Die moderne Wissenschaft steht in direkten Verbindungen mit der Produktion, weil der Charakter der Produktionsinstrumente und deren Wirkung durch die Naturgesetze bestimmt wird. Ihre Verbindungen äußern sich darin, daß die Erkenntnis der Natur in der historischen Entwicklung die Veränderung im Entwicklungsniveau der Produktivkräfte widerspiegelt, ohne auf die Veränderung der gesellschaftlichen Produktions- und ökonomischen Verhältnisse zu warten. Nach dem Sieg der kapitalistischen Gesellschaftsordnung in Westeuropa vollzog sich zweimal eine wissenschaftlich-technische Revolution, während die ökonomische Gesellschaftsordnung unverändert blieb. Die Wissenschaft ist also nicht ein Produkt irgendeiner konkret-historischen Produktionsweise, sondern sie geht von einer Produktionsweise zur anderen über und verändert seit ihrer Entstehung in allen historischen Epochen gesetzmäßig ihre Bedeutung.

Zwischen der Wissenschaft und der Produktion bestehen auch solche Verbindungen, die über die Produktionsverhältnisse vermittelt werden. Die Bedürfnisse der Produktion, die der Wissenschaft die einen oder anderen Aufgaben stellen, wandeln sich in den ökonomischen Verhältnissen und wirken über sie. Aber die Realisierung der wissenschaftlichen Entdeckungen in der Produktion hängt von den gesellschaftlichen und ökonomischen Bedingungen der Produktion ab.

In ihrer historischen Entwicklung werden die Produktionsverhältnisse in bestimmtem Maße durch die Wissenschaft beeinflußt. Dieser Einfluß wirkt über die Technik, die Arbeitsgegenstände, die Produktionserfahrungen und die Arbeitsfertigkeiten der Menschen. Die Produktionsverhältnisse ihrerseits beschleunigen oder bremsen die Entwicklung der Produktivkräfte und beeinflussen dementsprechend die Entwicklung der Wissenschaft.

Wissenschaft und Produktion entwickeln sich in ständiger ökonomischer Wechselwirkung, die einen dialektischen Prozeß darstellt, und während der gesamten historischen Entwicklung der Beziehungen zwischen Wissenschaft und Produktion spielen die Bedürfnisse und das Entwicklungsniveau der Produktivkräfte eine erstrangige Rolle.

3. *Die Steuerung der Verbindungen des Systems Wissenschaft – Technik – Produktion*

Wie oben festgestellt, bildet die Wissenschaft gemeinsam mit der Technik und der Produktion einen einheitlichen Prozeß, der die Entstehung, die Entwicklung und die Bewegung einer Konzeption bis zu ihrer materiellen Verkörperung umgreift (Abbildung 9). Um

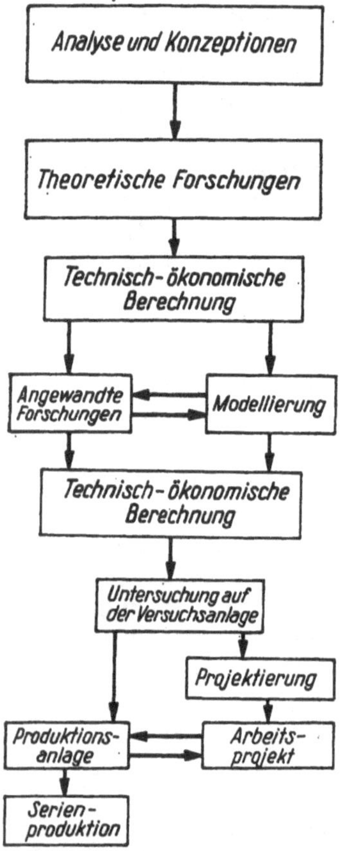

Abb. 9. Schematische Darstellung der Entwicklung einer Konzeption bis zur materiellen Realisierung (in der Chemie)

ein hohes technisches Niveau zu gewährleisten und um einen volkswirtschaftlichen Nutzen zu erbringen, müssen die Errungenschaften der Wissenschaft den Zyklus Forschung – Produktion in der im Schema angegebenen Reihenfolge durchlaufen. Dabei kommt der Durchlaufzeit, die sich dank der intensiver werdenden ökonomischen Verbindungen von Wissenschaft, Technik und Produktion ständig verkürzt, große Bedeutung zu (Tabelle 1).

Zwischen der Entwicklung und der Produktion von Polystyrol (in der ersten Hälfte des 19. Jahrhunderts) lagen 91 Jahre, bei Kapron (bereits Ende des 19. Jahrhunderts) waren es 40 Jahre und zwischen der Herstellung und der Serienproduktion von Polyhexamethylenadipinamid (Nylon) vergingen ganze 3 Jahre (20. Jahrhundert).

Ganz offensichtlich beeinflußt die Leitung der wissenschaftlichen

Tabelle 1. Verkürzung der Durchlaufzeit von Forschungsergebnissen im System Wissenschaft – Technik – Produktion (Realisierungsfristen von Forschungsergebnissen)

Polymer	Jahr der Gewinnung	Jahr des Produktionsbeginns	Zeitraum der Forschungsarbeiten, Jahre
Polystyrol	1839	1930	91
Polyformaldehyd	1859	1958	99
Polyvinylchlorid	1872	1935	63
Phenol-Formaldehyd-Polymer	1872	1909	37
Polyisopren	1879	1956	77
Milchsäure-Formaldehyd-Polymer	1884	1925	41
Polyakrylnitril	1893	1943	50
Poly-ε-Kapronamid (Kapron)	1899	1939	40
Polybutadien	1911	1931	20
Poly-ω-Undekanamid (Rilsan)	1935	1950	15
Polyhexamethylenadipinamid (Nylon)	1935	1938	3

Forschungsarbeiten die Einführung ihrer Resultate in der Produktion, und der Wirkungsgrad der Wissenschaft wird um so größer sein, je schneller ihre Errungenschaften realisiert werden.

Die Spezifika der Ökonomie der Zeit auf dem Gebiet der Forschungstätigkeit sind verbunden mit der Planung der Produktion neuer Erzeugnisse und Materialien sowie mit den vielfältigen und äußerst wandelbaren Bedürfnissen der gesellschaftlichen Produktion. Damit die materielle Produktion die ständig wachsenden gesellschaftlichen Bedürfnisse immer vollständiger befriedigen kann, muß eine solche dynamische Wirtschaftsstruktur geschaffen werden, in der die progressivsten Produktionszweige schneller wachsen als die gesamte materielle Produktion, in der sich die Technik schneller als die progressiven Zweige, die angewandten und die Versuchs- und Konstruktionsarbeiten schneller als die Technik und die theoretischen Forschungen bedeutend schneller als die angewandten entwickeln.

In der Vervollkommnung der Technik auf der Grundlage der neuesten Errungenschaften der Wissenschaft liegt ihre ökonomische Bedeutung – das Vermögen, die Arbeitsproduktivität zu erhöhen und den Produktionsaufwand zu senken. Die Erfahrungen zeigen, daß ein technisches Problem auf dem Gebiet der angewandten Forschungen nur richtig formuliert und gelöst werden und daß auch seine praktische Anwendung nur erfolgen kann, wenn der maximale ökonomische Nutzeffekt berücksichtigt wird und wenn hinreichend vorbereitete Bedingungen für die Einführung in die Praxis vorhanden sind.

Der XXIV. Parteitag der KPdSU widmete der Notwendigkeit große Aufmerksamkeit, die Fristen für die Forschungsarbeiten und für die praktische Überleitung ihrer Ergebnisse auf ein Minimum zu reduzieren.

In den letzten Jahren hat sich in der Sowjetunion die Arbeitseffektivität der Forschungsinstitute und Projektierungsorganisationen erhöht. Im Jahre 1969 wurden über 4000 Baumuster neuer Maschinen und Ausrüstungen sowie 2000 Geräte verschiedener Typen konstruiert und hergestellt, von denen viele in Serienproduktion gegangen sind. Die Fristen zwischen der Forschungsarbeit und der Anwendung ihrer Ergebnisse haben sich ständig verkürzt (siehe Tabelle 2).

Gleichzeitig wirkt eine umgekehrte Tendenz. Da die wissenschaftlichen Prozesse, die neue Technik und die Technologie immer komplizierter werden, erfordert das eine immer sorgfältigere und längere Entwicklungsarbeit. So hat beispielsweise bei der Entwicklung der automatisierten Produktion eine neue Periode begonnen, die mit der optimalen Steuerung technologischer Prozesse und Produktionskomplexe auf der Grundlage des Einsatzes der Rechentechnik zusammenhängt. So wird zur Zeit im Woronesher Werk für synthetischen Kautschuk ein System für die automatische Steuerung der Styrolproduktion eingeführt. Die Steuerung der Dehydrierungs- und Rektifikationsprozesse erfolgt nach Algorithmen, die auf der Grundlage von ausgearbeiteten mathematischen Modellen gewonnen wurden. Als Kriterium für die Steuerung wurden die technologischen Selbstkosten einer Einheit des hergestellten Produkts (Styrol) bei einer Produktivität, die nicht unter der geplanten liegt, und in der festgelegten Menge gewählt. Deshalb entstanden neue wissenschaftliche Probleme und Probleme für die Ingenieure, die unvergleichlich schwieriger sind als jene, die bei der Ausarbeitung der früheren Technologie gelöst wurden.

Innerhalb von 25 Jahren leisten die Wissenschaftler jetzt mehr, als in der gesamten vorhergegangenen Entwicklungszeit der Chemie geschaffen wurde. Allein im Jahre 1963 wurden in der Welt über 73000 neue chemische Verbindungen entdeckt. Eine Verzögerung bei der Realisierung der Forschungsergebnisse entwertet diese deshalb moralisch und ökonomisch. Die langsame Ersetzung der alten Technologie durch die neue verursacht Milliardenverluste der Volkswirtschaft. So hat beispielsweise die Terminüberschreitung von nur drei Jahren beim Bau der industriellen Versuchsaggregate für die Dampf-Sauerstoff-Konversion von Erdgas unter Druck zu einem Schaden von 60 Mrd. Rubel geführt.[1] Gleichzeitig verkürzt sich die Lebensdauer industrieller Erzeugnisse ständig.

Es gibt jetzt praktisch keinen Betrieb, der über längere Zeit Massenerzeugnisse einer einzigen Art produziert. Die Betriebe stehen vor dem brennenden Problem eines reibungslosen Überganges von der Herstellung des einen Erzeugnisses zu der eines anderen. Jetzt müssen unabhängig von der Art der Produktion alle Betriebe die Verluste, die mit dem Übergang zur Herstellung von Erzeugnissen neuer Art verbunden sind, auf ein Minimum reduzieren, indem sie die Methoden der technischen Vorbereitung vervollkommnen.

Eine Analyse der in den Tabellen 2 und 3 aufgeführten Daten zeigt, daß der durchschnittliche Zeitaufwand im ersten Falle etwa 15,8 Jahre und im zweiten rund 15,3 Jahre beträgt; die Verlängerung des Zyklus Forschung – Produktion ergibt sich aus organisatorischen Unterschieden der Forschungsinstitute und der Produktion, aus ineffektiver Finanzierung und aus dem Fehlen optimaler Methoden für die Planung und Koordinierung der Forschungsarbeiten.

Besonders große Zeitverluste in den Übergangsperioden lassen sich also zwischen den Etappen des Zyklus Forschung – Produktion bis hin zur Serienproduktion beobachten. Eine Ursache für diese Situation besteht darin, daß ein sehr wichtiges Glied, das die Wissenschaft mit der Produktion verbindet, zurückbleibt: die experimentellen Voraussetzungen der Forschungsinstitute.

72 Prozent der Wissenschaftler in sieben untersuchten Instituten geben an, daß die bestehende experimentelle Produktionsbasis den Anforderungen nicht genügt. Praktisch haben nur drei Institute experimentelle Betriebsabteilungen, alle anderen sind nur zu 30 bis 40 Prozent mit den notwendigen Kadern und Ausrüstungen versorgt.

Es bestehen auch andere organisatorische Mängel in der Leitung. Ein Betrieb beispielsweise, der für die Anwendung wissenschaftlicher Forschungsergebnisse in der Produktion vorgesehen ist, tritt mit jedem seiner Partner in zweiseitige vertragliche Beziehungen und wird gleichzeitg Organisator der Überleitung. Die Beteiligten haben aber eigene Pläne, sind verschiedenen Dienststellen unterstellt und terri-

[1] Vgl. V. S. Sominskij, Ėkonomika i organizacija naučno-issledovatel's-kich i opytnych rabot, Leningrad 1964.

Tabelle 2. Dauer der Forschungsarbeiten und des Überführungszeitraumes bei einigen Polymeren

Polymer	Zeitaufwand, Jahre					
	angewandte Forschung	Übergangsperiode	Versuchs- und Konstruktionszeitraum	Übergangsperiode	Überleitung	insgesamt
Karbolit	2	1	2	3	4	12
Polystyrol	4	1	2	3	4,5	14,5
Polyakrylate	2,5	4,5	2	2	4	15
Phthoroplaste	2	1,8	4	5	6	18,8
Polyolefine	3	3	2	6	5	19

Tabelle 3. Dauer der Forschungsarbeiten und des Überführungszeitraumes bei sechs wichtigen Themen im Allunions-Forschungsinstitut für Erdölchemie

Themen-Nr.	Zeitaufwand, Jahre			
	für Forschungsarbeiten im Institut selbst	für Projektierung	für den Bau	insgesamt
1	4	2	3	9
2	15	3,5	4,5	23
3	4	6	3	13
4	7	3,5	6,5	17
5	9	4	5	18
6	7	2,5	2,5	12

torial zerstreut. Ein solches mehrstufiges System bei den Abstimmungen führt zu organisatorischen Komplikationen.

Auch die juristische Seite der Überleitung ist noch nicht vollkommen. Die Industriebetriebe übernehmen keine Verpflichtungen hinsichtlich der Ausnutzung der auszuführenden Arbeiten, und die Forschungsinstitute übernehmen keine Verantwortung für den tatsächlichen Nutzen aus der Überleitung.

Die Finanzierung der überzuleitenden Arbeiten erfolgt aus zahlreichen Quellen: durch den Staatshaushalt, durch zentralisierte Fonds, durch Kredite der Staatsbank und durch eigene Fonds der Betriebe.

Mit der Wirtschaftsreform wurden die Fonds für neue Technik in den Betrieben gebildet, wodurch sich die Möglichkeiten für eine innerbetriebliche Finanzierung stark vergrößert haben. Indessen besteht eine Tendenz, dem Betrieb die Aufwendungen, die durch den Übergang zur Herstellung neuer Erzeugnisse hervorgerufen wurden, zu erstatten, um den technischen Fortschritt zu stimulieren. Eine solche Praxis zielt darauf ab, den Widerspruch zwischen der ständigen technischen Vervollkommnung und der Interessiertheit der Betriebe am Gewinn zu beseitigen.

Interesse an der Realisierung der wissenschaftlich-technischen Errungenschaften kann in den Betrieben und in den wissenschaftlichen Einrichtungen nur auf der Grundlage des realen ökonomischen Vorteils entstehen. Angesichts des Unbestimmtheitscharakters der Forschungsarbeiten muß der Betrieb zuverlässige Garantien haben. Außerdem ist es notwendig, für die wissenschaftlichen Einrichtungen und Projektierungsinstitute solche ökonomischen Bedingungen zu schaffen, daß sie eine entsprechende materielle Verantwortung für die Zeit und den ökonomischen Nutzeffekt ihrer Arbeiten tragen. Gleichzeitig müssen sie einen bestimmten Anteil vom Wert der Erzeugnisse erhalten, die durch den Betrieb auf Grund ihrer Entwicklungsarbeiten realisiert wurden.

Man hat in den USA errechnet, daß die Verluste aus einer einmonatigen Verzögerung des Produktionsanlaufes ungefähr 10 Prozent der Baukosten ausmachen, und eine einjährige Verspätung bis zur Erreichung der projektierten Leistung verteuert die Produktion auf das Zweifache. In den Betrieben der USA wird gleichzeitg der Gewinn errechnet, der täglich erreicht werden soll. Wenn eine Firma die Bautermine und die Anlauftermine für die projektierte Kapazität überschreitet, dann zahlt sie dem Werk den gesamten nicht erzielten Gewinn.[1]

In der sozialistischen Wirtschaft hat es derartige Sanktionen leider bisher nicht gegeben. In den Festlegungen des Septemberplenums (1965) des ZK der KPdSU wurden sie vorgesehen, und je eher man anfängt, sie anzuwenden, um so geringere Verluste werden der Volks-

[1] Vgl. Reviews of National Science Policy. United States, Paris 1968 (dt. Ausgabe: Wissenschaftspolitik in den Vereinigten Staaten. Eine Studie der OECD [veröffentlicht im Rahmen der Schriftenreihe „Wissenschaftspolitik der Mitgliedsländer der OECD"], o. O., o. J. [1969]).

wirtschaft aus der nicht rechtzeitigen Fertigstellung der projektierten Kapazitäten erwachsen.

Heute schreibt bei der Ermittlung der anteilmäßigen Beteiligung aller Organisationen am ökonomischen Nutzeffekt aus der Überleitung von Entwicklungen jede Organisation sich selbst den gesamten Effekt zu. Es wird die Illusion erzeugt, als erhielte unsere Volkswirtschaft einen riesigen Nutzeffekt. Bei der Bewertung der anteilmäßigen Beteiligung am ökonomischen Nutzeffekt muß der Aufwand der Beteiligten berücksichtigt werden. Der Umfang der ausgeführten Arbeiten charakterisiert jedoch nicht immer das Ergebnis. Darum müssen Kennziffern ausgearbeitet werden, die den Aufwand an schöpferischer Arbeit widerspiegeln, der ein sehr wichtiger Bestandteil des gesamten Arbeitsaufwandes ist.

Einige Forschungsinstitute widmen der ökonomischen Analyse der Forschungsergebnisse nicht die gebührende Aufmerksamkeit, da das System für die Finanzierung und die Bezahlung von Forschungsarbeiten nicht dazu anreizt, einen maximalen ökonomischen Nutzeffekt aus der Überleitung der durchgeführten Arbeiten zu erstreben.

Tabelle 4. Technisch-ökonomische Analyse der Forschungsergebnisse

Institut	Die technisch-ökonomische Analyse der Forschungen erfolgt:			
	zu Beginn	während der Forschung	am Ende	
			durch eine Stelle des Instituts	durch Fremde
1	–	+	+	+
2	–	–	–	+
3	–	–	–	+
4	–	–	–	+
5	–	–	–	+
6	–	–	–	+
7	–	–	+	+

Eine vorherige und ständige ökonomische Bewertung des möglichen und des erzielten Ergebnisses einer Forschungsarbeit, die mit den angenommenen und getätigten Aufwendungen vergleichbar ist, erfolgt in den meisten Forschungsinstituten nicht (Tabelle 4). Das wichtigste Dokument für die Berechnung sind die „Methodischen Hauptgrundsätze zur Ermittlung des ökonomischen Nutzeffekts von Forschungsarbeiten", die durch die Verordnung des Staatlichen Komitees für Wissenschaft und Technik beim Ministerrat der UdSSR vom 18. September 1963 bestätigt wurden. Danach wird das ökonomische Potential am ökonomischen Nutzeffekt gemessen, der bei der Überleitung von Forschungsergebnissen erzielt wurde. Dieser Nutzeffekt errechnet sich aus der Differenz des Aufwandes für die Grundvariante und der neuen Variante unter Berücksichtigung des Umfanges und der Termine der Überleitung.

Nach den geltenden Methodiken werden die Arten des ökonomischen Nutzens nicht in Abhängigkeit vom Arbeitsstadium abgegrenzt.

Es ist aber praktisch möglich und notwendig, drei Arten des Nutzens zu unterscheiden: den vorläufigen, der als Prognose bis zum Beginn der Forschungsarbeiten ermittelt wird; den voraussichtlichen (in der Periode der Laboratoriumsuntersuchungen, Analyse nach einem halben oder einem Jahr); den tatsächlichen (an Hand der Überleitungsergebnisse).

Wenn man den ökonomischen Nutzeffekt der Ergebnisse einer Forschungsarbeit nicht ermittelt, kann man nicht auf deren Überleitung hoffen: Die Industriebetriebe müssen die ökonomischen Vorzüge des Neuen sehen.

Die Aufwendungen für eine Forschungsarbeit rentieren sich durch die Einsparung aus der Anwendung der Ergebnisse in der Produktion im wesentlichen in den folgenden Jahren, wobei sie allmählich genutzt werden, und zwar im Verlaufe einer Reihe von Jahren nach Abschluß der wissenschaftlichen Arbeiten. Ihr Nutzen erstreckt sich auf die Zeit zwischen der Realisierung des Aufwandes und der Erzielung des ökonomischen Nutzeffekts. S. Golosovskij geht davon aus, daß Aufwendungen für die Wissenschaft eines laufenden Jahres als Überleitung der Ergebnisse abgeschlossener Forschungs-, Versuchs- und Konstruktionsarbeiten in den folgenden Jahren nach dem Gesetz der Gaußschen Normalverteilung realisiert werden.[1]

Unserer Auffassung nach kann die bequemste und vollendetste Form der ständigen Kontrolle als Finanzierungsgraphik dargestellt werden, die man während des gesamten Zyklus Forschung – Produktion kontrollieren kann. Die Finanzierungsgraphik erleichtert die Planung und Leitung, weil sie Informationen über alle Finanzfragen liefert, die mit den Forschungsarbeiten und der Überleitung zusammenhängen (Abbildung 10). Die Zeiten und der Umfang der Ausgaben und der Einnahmen sind bedingt. Die Realisierung kann längs einer der Kurven 1–4 verlaufen.

Bei der Überleitung in die Serienproduktion kann man drei Stadien

[1] Vgl. S. G. Golosovskij, in: Voprosy ėkonomiki, Jg. 1968, Heft 6.

unterscheiden, von denen jedes dann abgeschlossen ist, wenn die Arbeiten ausgeführt und das Niveau der technisch-ökonomischen Kennziffern erreicht ist:

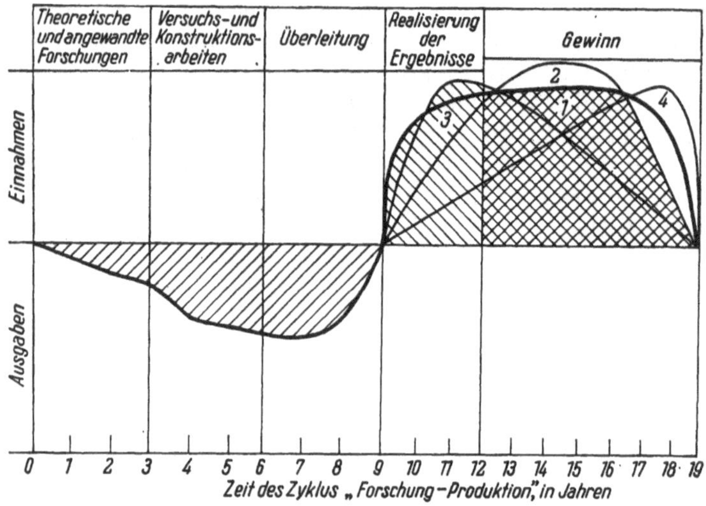

Abb. 10. Graphische Darstellung der Finanzierung des Zyklus Forschung –Produktion

– *die technologische Beherrschung*, die die Ausarbeitung der technologischen Prozesse, die Schaffung des Komplexes der technischen Dokumentation einschließt und die mit der Herstellung der Versuchsserie abgeschlossen wird, die allen technischen Forderungen des Projekts entspricht;

– *die produktionsmäßige Beherrschung*, die die Periode der Einrichtung aller technologischer Prozesse in Übereinstimmung mit der bestätigten technologischen Karte und das Erreichen der Produktionsmengen einschließt, die im Projekt vorgesehen sind;

– *die ökonomische Beherrschung*, die die Periode der Produktion einschließt, in deren Verlauf der Betrieb nicht nur die geplante Produktionshöhe, sondern auch das Niveau der ökonomischen Kennziffern erreicht, die der Berechnung des ökonomischen Nutzeffekts des neuen Erzeugnisses zugrunde gelegt wurden.

Es muß darauf hingewiesen werden, *daß sich der Umfang der Arbeiten bei der Durchsetzung der neuen Produktion ständig vergrößert. Das resultiert einerseits daraus, daß die technologischen Prozesse ständig komplizierter werden, und andererseits daraus, daß die Anzahl der Erzeugnisse wächst.*

Das gesamte System der Organisation der Forschungsarbeiten und die Realisierung ihrer Ergebnisse in der Produktion können wie folgt dargestellt werden; theoretische Forschungen, angewandte Forschungen, Versuchs- und Konstruktionsarbeiten, Untersuchungen unter Produktionsbedingungen, Serienproduktion (Abbildung 11) – das sind die fünf organisatorischen Etappen, die zu fünf (organisatorisch) abgeschlossenen Subsystemen gehören. Jedes Subsystem stellt im einzelnen ein Forschungsinstitut (der Akademie oder dem Industriezweig unterstellt), ein Projektierungsinstitut oder ein Werk dar.

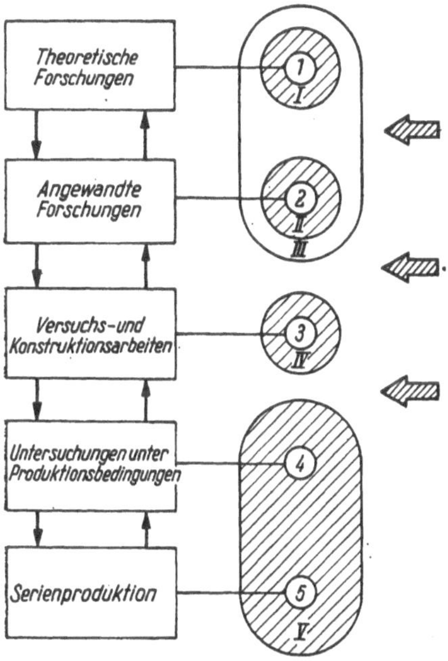

Abb. 11. Organisationssystem der Forschungsarbeiten und der Überleitung ihrer Ergebnisse

Wie wir erläutert haben, resultieren die größten Verluste an „nichtproduktiver" Zeit und Mitteln aus der organisatorischen Unterbrechung, die das vielstufige System der „Abstimmungen" mit sich bringt, sowie aus der ineffektiven Finanzierung aus zahlreichen Quellen bei der Überleitung. Unter Organisation der Überleitung verstehen wir die geordnete – im Hinblick auf das Ziel, das heißt die Serienproduktion eines Produkts oder Erzeugnisses – Gesamtheit der in Wechselwirkung stehenden Beteiligten an der Überleitung, durch die gewährleistet ist, daß die gestellten Ziele durch die ökonomische Stimulierung und die Aufteilung der Funktionen und Verantwortlichkeiten zwischen ihnen erreicht werden.

Nach Angaben der Arbeit[1] erweitert sich der Zyklus Forschung – Produktion bei Unterbrechungen zwischen den Stadien und wenn Forschungsarbeiten durch verschiedene Organisationen geleistet und realisiert werden auf das Zwei- bis Dreifache.

Es wird außerordentlich wichtig, für eine sehr effektive Leitung und Koordinierung insgesamt und im gesamten System Wissenschaft – Technik – Produktion zu sorgen, weil es unmöglich ist, so große Verluste an Zeit und Mitteln zu vermeiden, wenn die Planung und Leitung nicht grundlegend vervollkommnet und verbessert wird.

Die systemtheoretischen Prinzipien verlangen eine ordnungsgemäße Organisation der wissenschaftlichen, technischen, industriellen, Kader- und Materialressourcen sowie auch der anderen Subsysteme zu einer integrierten Einheit, um einen großen ökonomischen Nutzen zu erzielen. Dazu ist notwendig, den Bedarf an einer bestimmten Art von Erzeugnissen zu klären, diese zu entwickeln und zu projektieren, die erfolgreiche und effektive Produktion zu gewährleisten, die Nachfrage anzuregen und die Verteilung zu garantieren. Die Erfüllung dieser Aufgaben wirft große Probleme für die Leitung der Systeme auf. Diese stellen sich dar als Kombination der systemtheoretischen Prinzipien, die die Grundlage bilden für die Integration der wissenschaftlichen, der technischen und der Produktionskomponenten bestimmter Komplexe mit den Informationssystemen als Verbindungsnetzen zwischen den verschiedenen Funktionen. Die Abstimmung der Systemtheorie mit den Leitungsfunktionen ist eine relativ neue Erscheinung, die noch wenig erforscht ist.

Die große Vielfalt in den Anwendungen der Systemtheorie erschwert es, bestimmte praktische Empfehlungen in dieser Hinsicht anzugeben, die auf Erfahrungen beruhen. Die meisten Spezialisten sind der Ansicht, daß organisatorische Maßnahmen zweckmäßig sind, die auf die Verkürzung des Zyklus durch Schaffung wissenschaftlich-technischer Vereinigungen – Firmen – zielen.

Prototypen solcher wissenschaftlich-technischer Firmen sind in der Sowjetunion in bestimmtem Maße die Organisationen, die Forschungsarbeiten und konstruktive Entwicklungsarbeiten mit der Produktion neuer Technik vereinigen. Als Beispiel kann das Institut für Elektroschweißen „E. O. Paton" der Akademie der Wissenschaften der Ukrainischen SSR dienen. Der Sinn einer Firmenbildung besteht darin, daß die Organisationen, die die Forschungs-, Versuchs- und Konstruktionsarbeit leisten, mit eigenen Mitteln die ausgearbeitete

[1] Vgl. V. S. Sominskij, a. a. O.

Technologie erproben und überleiten, indem ihnen die entsprechenden technischen und finanziellen Möglichkeiten geboten werden.

Die Idee der wissenschaftlich-technischen Firma an sich ist nicht neu.[1] Es wurde vorgeschlagen, die Form der auf der Grundlage der wirtschaftlichen Rechnungsführung basierenden Beziehungen zwischen den Forschungsinstituten und den Industriebetrieben zu verändern, die materielle Verantwortung der Forschungsinstitute für die Effektivität der erzielten Ergebnisse festzulegen, den Gewinn zum Hauptanreiz für die Tätigkeit der Institute zu machen und zu einem System des Kaufs und Verkaufs wissenschaftlich-technischer Entwicklungen überzugehen.

Als neue Form der Produktions- und Leitungsorganisation haben die Industriezweig-, Produktions- und wissenschaftlichen Produktionsvereinigungen in der Sowjetunion bereits sehr weite Verbreitung gefunden. Sie sind nahezu in allen Industriezweigen und in vielen Gebieten des Landes entstanden. Das Studium ihrer Erfahrungen, der Organisations- und Leitungsstrukturen sowie der ökonomischen Formen der Arbeit sind von bedeutendem Interesse.

Die Analyse der gegenwärtigen Tendenzen in der Leitung der gesellschaftlichen Produktion zeigt, daß jetzt Systeme von Betrieben unter Einbeziehung von Forschungsinstituten und Konstruktionsbüros in immer größerem Maße zu einer wichtigen Organisationsform in der Produktion werden, die die größte Effektivität gewährleistet. In heutiger Zeit werden wissenschaftliche Produktionsvereinigungen und Produktionsvereinigungen in der Regel im Rahmen eines Industriezweiges gebildet. Eine Firma oder Vereinigung solcher Art wird dem Wesen nach zum „Monopolisten“ bei der Entwicklung und Herstellung der einen oder anderen Erzeugnisse. Als Beispiel für solche Vereinigungen können die Betriebe der Rechen- und Organisationstechnik „Sigma“ oder die Firma „Neris“ dienen. In diese Vereinigungen wurden alle Betriebe des betreffenden Industriezweiges in Litauen und die Projektierungs- und Konstruktionsorganisationen einbezogen. Infolgedessen erhöht sich die Rolle der wissenschaftlichen Produktionsfirma. Die Firma ist nicht nur für die Herstellung eines bestimmten Erzeugnisses verantwortlich, sondern auch in bedeutendem Maße für die wissenschaftliche und technische Politik, die Technologie und die Organisation der Produktion.

Davon zeugen auch die Arbeitserfahrungen einiger wissenschaft-

[1] Vgl. G. A. Lachtin, Taktika nauki, Novosibirsk 1970; V. S. Sominskij, a. a. O.

licher Produktionsvereinigungen. Sie umfassen Forschungs-, Projektierungs-, Konstruktions- und technologische Abteilungen, aber auch die Produktion, die nicht selbständig bilanziert wird. Die Vereinigungen erfüllen folgende Hauptaufgaben:

1. sie planen und realisieren Maßnahmen für eine einheitliche technische Politik auf ihrem Gebiet der Technik und für hohe technisch-ökonomische Kennziffern der Erzeugnisse, die sowohl durch die Produktionsvereinigungen als auch durch andere Betriebe des Industriezweiges hergestellt werden;

2. sie führen Forschungs-, Versuchs- und Konstruktionsarbeiten zur Verbesserung der Meßmethoden und zur Schaffung neuer Gerätearten für die Kontrolle und Regelung des technologischen Zyklus durch;

3. sie leisten Arbeiten zur Entwicklung moderner technologischer Prozesse für die Fertigung der Erzeugnisse und Geräte, die für dieses Ziel der technologischen Ausstattung benötigt werden, und für nicht standardisierte technologische Ausrüstungen und Kontroll- und Prüfgeräte;

4. sie koordinieren alle Arbeiten zur Entwicklung und Produktion der Geräte, die durch die Betriebe des Ministeriums ausgeführt werden;

5. sie realisieren die Lieferung der festgelegten Mengen von Erzeugnissen und Geräten, die Übergabe der durchgearbeiteten Konstruktionen zusammen mit der technischen Dokumentation, den Vorrichtungen und nicht standardisierten Ausrüstungen für die Serienproduktion an die anderen Betriebe des Industriezweiges und erweisen bei der Überleitung technische Hilfe;

6. sie ermitteln den Bedarf an Erzeugnissen und Geräten und helfen den Betrieben und Organisationen verschiedener Zweige der Volkswirtschaft durch wissenschaftliche und technische Konsultationen bei der Auswahl der Methoden und Mittel für die Kontrolle und Regelung der gelieferten Ausrüstungen;

7. sie stellen Kleinserien von Geräten her.

Entsprechend den dargelegten Aufgaben wurde einer wissenschaftlich-technischen Vereinigung die Verantwortung für folgende Probleme übertragen:

1. die systematische Erhöhung des technischen Niveaus und der Qualität der hergestellten Erzeugnisse;

2. die Entwicklung von Erzeugnissen und Geräten, die in bezug auf die technischen Parameter, insbesondere die Güteklasse, die Störfreiheit, die dynamischen und anderen Bedingungen dem Weltstand der Technik entsprechen;

3. die Sicherung der Patentfähigkeit der Konstruktionen und Prozesse, die Aufstellung der Patentformulare, die Durchführung der Patentierung der Geräte einzelner Baugruppen und Schaltungen durch die entsprechenden Organisationen, die Vorbereitung von Empfehlungen zum Kauf von Lizenzen und zur Patentierung der Geräte im Ausland;

4. die Gewährleistung der Langlebigkeit, der hohen Qualität und der Nutzungscharakteristiken der konstruierten Geräte, Baugruppen und Bauteile;

5. die Gewährleistung der Konstruktionen der Geräte, Baugruppen und Bauteile;

6. die Ausarbeitung und Einführung progressiver technologischer Prozesse für die Herstellung der Erzeugnisse, die die Erhöhung der Qualität, die Senkung der Selbstkosten und die Verkürzung des Produktionszyklus gewährleisten;

7. die Ausarbeitung, Herstellung und Überleitung der technologischen Vorrichtungen und der nicht standardisierten Ausrüstungen, die für die Sicherung der Produktionsprozesse zur Herstellung der Erzeugnisse benötigt werden;

8. die Untersuchung der technologischen Prozesse, der Organisation und der Ökonomik der Produktion und die Ausarbeitung von Empfehlungen und technologisch-organisatorischen Maßnahmen, die auf eine Verbesserung der technisch-ökonomischen Kennziffern der einzelnen Abschnitte, Abteilungen und Betriebe der Vereinigung gerichtet sind;

9. die Anwendung progressiver Materialien und Komplettierungsteile, die es erlauben, die Qualität zu erhöhen, den Arbeitsaufwand und die Selbstkosten der Erzeugnisse im Produktionsprozeß zu senken;

10. die rationelle Lösung von Fragen der industriellen Ästhetik, des Arbeitsschutzes und der Arbeitshygiene bei der Konstruktion der Erzeugnisse und Geräte;

11. die Gewährleistung einer maximalen gruppenweisen Typisierung der Konstruktionen und der Vereinheitlichung der Abmessungen der Bauteile, Baugruppen und technologischen Prozesse, die umfassende Anwendung von genormten Bauteilen, Baugruppen und Aggregaten;

12. die Ausarbeitung von Entwürfen für staatliche Standards und Normen für die Erzeugnisse;

13. das systematische Studium und die Verallgemeinerung der Erfahrungen bei der Benutzung der entsprechenden Erzeugnistypen, die Bewertung ihres technischen Niveaus und die rechtzeitige Unter-

breitung von Vorschlägen zu deren Herausnahme aus der Produktion, zur Modernisierung und zur Entwicklung neuer Baumuster;

14. die Vorbereitung und Unterbreitung – und zwar in der festgelegten Ordnung und unter Berücksichtigung des Bedarfs der Volkswirtschaft – von Vorschlägen in bezug auf die Nomenklatur, den Umfang und die Typen der neuen Erzeugnismuster für die Aufstellung der laufenden und der Perspektivpläne der neuen Technik und der industriellen Produktion;

15. die Leistung technischer Hilfe für die betrieblichen Konstruktions- und technologischen Abteilungen bei der Modernisierung der serienmäßig hergestellten Erzeugnisse und bei der Organisation der technologischen Produktionsvorbereitung neuer Geräte;

16. die Durchführung von Arbeiten zur Überleitung von Erfindungen, technischen Verbesserungen und Rationalisierungsvorschlägen;

17. die Ausarbeitung von Normativ- und Anleitungsunterlagen für die Berechnung, Konstruktion und Benutzung der Erzeugnisse sowie technologischer Konstruktionen, Arbeitsaufwands- und Materialverbrauchsnormative;

18. die Vervollkommnung der Methoden und Formen für die Durchführung der Forschungs-, Versuchs-, Konstruktions- und technologischen Arbeiten zur Entwicklung neuer Erzeugnisse und Geräte und zur Verkürzung der Entwicklungszeiten;

19. die Herausgabe und Verbreitung von Arbeiten der Vereinigung, Auskunftsunterlagen, Katalogen und anderer technischer Informationsmaterialien in der festgelegten Ordnung;

20. die Herausgabe und Verbreitung technischer Informationen über die durchgeführten und abgeschlossenen Forschungs-, Versuchs- und Konstruktionsarbeiten;

21. die Organisation und Durchführung wissenschaftlich-technischer und Verbraucherkonferenzen über die eigenen Erzeugnisse;

22. die Ausarbeitung, Abstimmung und Bestätigung der Koordinierungspläne für die Entwicklung und Einführung neuer Erzeugnisse in die Produktion in der festgelegten Ordnung;

23. die Erteilung von Auflagen für die Ausarbeitung, Herstellung und Lieferung neuer Arten von Materialien, Komplettierungsteilen, Anlagen und Geräten, die für die Entwicklung der Vereinigung benötigt werden, an spezialisierte Ministerien sowie an verwandte Industriezweige in der festgelegten Ordnung;

24. die Ausübung der Kontrolle über die Anwendung der geltenden Industriezweignormen in den Gerätekonstruktionen sowie die Durch-

führung von Überprüfungen der Zeichnungen für Massenteile und -baugruppen auf deren Vereinheitlichungs- und Normungsgrad;

25. die Realisierung der einheitlichen Ordnung für die Gestaltung technischer Dokumentationen, für die Verzeichnung der Erzeugnisse, für die Vornahme von Veränderungen in den technischen Dokumentationen und für die Einhaltung der anderen Bedingungen, die zu den Projektierungs- und Konstruktionsarbeiten gehören, entsprechend der geltenden Gesetzgebung, den staatlichen Standards und den Direktiven im Industriezweig.

Die Vereinigung ist beteiligt an Maßnahmen für die Entwicklung der wissenschaftlich-technischen Zusammenarbeit mit den Mitgliedsländern des Rates für Gegenseitige Wirtschaftshilfe und für den Austausch wissenschaftlich-technischer Erfahrungen mit anderen Ländern.

Der Direktor leitet die gesamte Tätigkeit der genannten Vereinigung und ist für die Durchführung der ihr übertragenen Aufgaben verantwortlich. Die Vereinigung löst selbständig eine Reihe funktionaler Fragen und hat das Recht:

1. von den Industriebetrieben und Auftraggeber-Organisationen die notwendigen Angaben über die Anzahl und Zuverlässigkeit der in Benutzung befindlichen Erzeugnisse zu erhalten;

2. die Durchführung der Entwicklungsarbeit für die hergestellte Erzeugnisart, die die betrieblichen Konstruktionsbüros und andere Betriebe des Ministeriums durchführen, unabhängig von deren Unterstellung zu kontrollieren und, falls Abweichungen von den bestätigten Koordinierungsplänen, den bestätigten technischen Auflagen, den technischen Projekten, Normen und Standards auftreten oder Forderungen des Arbeitsschutzes, der Arbeitshygiene und der industriellen Ästhetik nicht erfüllt werden, der Leitung des Ministeriums Vorschläge über den Abbruch der weiteren Entwicklungsarbeit zu unterbreiten;

3. von den Organisationen und Betrieben des Ministeriums statistische und Planungsangaben zu erhalten, die für die Aufstellung der perspektivischen wissenschaftlichen und Produktionspläne notwendig sind;

4. alle Entwicklungsarbeiten, die dem Profil der Vereinigung entsprechen und die durch Betriebe des Industriezweiges durchgeführt werden, unabhängig von deren Unterstellung durch Abstimmung der Vorschläge für die Aufnahme der Entwicklungsarbeiten in die Koordinierungspläne sowie durch Abstimmung der technischen Auflagen, der Vorprojekte, der technischen Projekte und der technischen Bedingungen für die zu entwickelnden Geräte zu kontrollieren;

5. von den Betrieben des Ministeriums, die Entwicklungsarbeiten zu analogen Erzeugnisarten leisten, alle notwendigen Angaben über die zu entwickelnden Geräte und Erzeugnisse zu erhalten, einschließlich der technischen Berichte, der Versuchsprotokolle, der technischen Beschreibungen, Berechnungen, Schaltungen, Zeichnungen und anderen technischen Dokumentationen;

6. entsprechend der festgelegten Ordnung für die Ausführung der Entwicklungsarbeiten spezialisierte Organisationen anderer Industriezweige, Hochschulen sowie Wissenschaftler und Spezialisten heranzuziehen;

7. Vorschläge zur Prämiierung von Mitarbeitern der Vereinigung und anderer Betriebe des Industriezweiges zu unterbreiten, die aktiv an der Entwicklung und Überleitung neuer Technologien beteiligt waren;

8. entsprechend der festgelegten Ordnung wissenschaftliche Arbeiten, Informations- und andere Materialien herauszugeben;

9. entsprechend der festgelegten Ordnung Ausschreibungen für die Besetzung freier Stellen für Leiter von Abteilungen und Laboratorien und für leitende Spezialisten vorzunehmen.

Das Arbeitsergebnis einer Vereinigung sind die hergestellten Baumuster, die Null- und Kleinserien. Dadurch wird die Planung und Leitung der Vereinigung bestimmt. Eine gangbare Wirtschaftsform der Vereinigung ist ein System, das auf der Ausnutzung des Gewinns als Hauptquelle für die Bildung der Fonds für ökonomische Stimulierung beruht. Für die hergestellten Produkte und Erzeugnisse legt die wissenschaftliche Produktionsvereinigung Preise fest, die die planmäßigen Akkumulationen enthalten. Im Plan der Vereinigung werden folgende Kennziffern festgelegt:

1. das Gesamtvolumen des Absatzes der Erzeugnisse;

2. die Produktion der wichtigsten Erzeugnisarten in Naturalausdruck;

3. die Gesamtsumme des Gewinns;

4. die Zahlungen und Zuwendungen an den Haushalt;

5. der Gesamtlohnfonds;

6. die Höhe der zentralisierten Investitionen;

7. die Inbetriebnahme der Grundfonds und Produktionskapazitäten auf Kosten der zentralisierten Investitionen;

8. der Umfang der Lieferungen von Rohstoffen, Materialien und Ausrüstungen, die durch die übergeordnete Organisation verteilt werden, an die Vereinigung.

Die Tätigkeit der Vereinigung wird an Hand der Ergebnisse der Planerfüllung für den Zeitraum der Arbeiten bewertet, und zwar jeweils quartalsweise nach folgenden Kennziffern:

1. nach dem Umfang der abgesetzten Erzeugnisse;
2. nach der Produktion der wichtigsten Erzeugnisarten in Naturalausdruck;
3. nach dem Gewinn.

In der Vereinigung werden folgende Fonds für ökonomische Stimulierung gebildet:

1. der Fonds für materiellen Anreiz;
2. der Fonds für soziale und kulturelle Maßnahmen und für Wohnungsbau;
3. der Fonds für die Entwicklung der Vereinigung (einschließlich des Valutateils des Fonds).

Die Quelle für die Bildung des Fonds für materiellen Anreiz ist der Gewinn, der Fonds für die Entwicklung der Vereinigung wird aus dem Gewinn, den Amortisationsabführungen von den Grundmitteln und dem Erlös aus dem Verkauf von Besitz gebildet. Der planmäßige Gewinn aus der Lösung der Arbeiten verbleibt vollständig in der Verfügung der Vereinigung und ist allein die Quelle für die Finanzierung der Fonds für ökonomische Stimulierung.

Die Strukturen der wissenschaftlichen Produktionsvereinigungen sind verschieden. Eine Typenstruktur zeigt Abbildung 12. Es gibt jedoch auch andere. V. S. Sominskij ist beispielsweise der Auffassung, daß es möglich ist, eine spezialisierte, auf der Grundlage der wirtschaftlichen Rechnungsführung arbeitende produktionstechnische Vereinigung zu schaffen. Diese müßte Projektierungs-, Konstruktions- und technologische Organisationen sowie Betriebe für Entwicklungsarbeiten und für die Anwendung abgeschlossener Verfahren und Methoden der Arbeits- und Produktionsorganisation in den Betrieben und den Organisationen umfassen, die über keine eigenen Ingenieur- und ökonomischen Dienste verfügen. Vorschläge gibt es auch über die vorrangige Entwicklung von Projektierungs- und Konstruktionsorganisationen unmittelbar in den Industriebetrieben; über die Bildung komplexer und spezieller Dienste in den Instituten, die sich nur mit der Überleitung beschäftigen werden; über die Entwicklung eigener Forschungsabteilungen der Industriebetriebe; über die Bildung wissenschaftlich-technischer Vereinigungen, die mit eigenen Kräften und Mitteln die von ihnen entwickelten Erzeugnisse erproben und überleiten würden, wofür ihnen die entsprechenden technischen und finanziellen Mittel zugewiesen werden müßten.

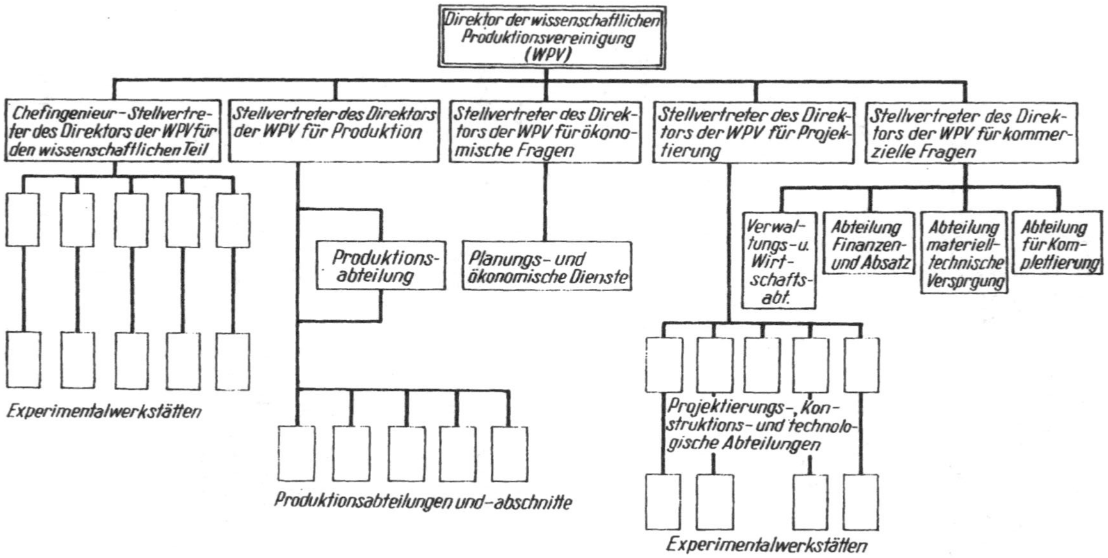

Abb. 12. Typenstruktur einer wissenschaftlichen Produktionsvereinigung

Um die Fristen für die Überleitung der Ergebnisse der Wissenschaft zu verkürzen, kann man in zwei Richtungen vorgehen:[1]

1. kann man Versuchsbasen bei den großen Komplexen bilden und erweitern, die sich mit Forschungsarbeiten und der vollständigen Entwicklung ihrer Ergebnisse beschäftigen;

2. kann man Erprobungs- und experimentelle Abteilungen und ganze Produktionen in den Basisbetrieben einrichten, die sich nur mit der Herstellung und Erprobung industrieller Baumuster der neuen Technik und deren Einführung beschäftigen würden und die mit der Erfüllung des Produktionsprogramms nichts zu tun hätten.

Viele Ökonomen schlagen vor, angewandte Forschungs- und die Konstruktionsarbeiten in erster Linie durch Wirtschaftsverträge zu finanzieren, die die Forschungsinstitute und Konstruktionsbüros unmittelbar mit Industriebetrieben abschließen. Die Praxis zeigt, daß dies nicht die vorherrschende Methode sein kann, da das zu einer Einengung der Problematik führt und die Betriebe umfassende Forschungsthemen nicht finanzieren können.

Somit kann folgende Schlußfolgerung gezogen werden. Die Leitung des Systems Wissenschaft – Technik – Produktion muß unter unseren Bedingungen die wissenschaftlich-technische Entwicklung stimulieren, und zwar besonders jener Richtungen, die breite Möglichkeiten für eine absolute und relative Einsparung an gesellschaftlicher Arbeit (Material, Brennstoff, Energie, Arbeitskräfte) schaffen und die die Effektivität der Investitionen erhöhen. Um die Ergebnisse der Wissenschaft, die die Grundlage bildet für die ökonomische Effektivität der Produktion, realisieren zu können, muß das gesamte Leitungssystem eingesetzt werden.

[1] Vgl. G. A. Lachtin, a. a. O.

KAPITEL IV

Die Leitung im System eines Forschungsinstituts der Akademie

1. Die Klassifizierung der Forschungsarbeiten

Die Organisationsstruktur des Zweiges „Wissenschaft“ bildete sich in der UdSSR heraus, indem Forschungsinstitute von den Betrieben getrennt und nach dem technologischen Merkmal spezialisiert wurden. So entstanden Akademie-Forschungsinstitute, Industriezweig-Forschungsinstitute, Forschungslaboratorien der Hochschulen, Forschungslaboratorien der Betriebe und Projektierungsinstitute. Diese Organisationen werden durch Hauptmerkmale charakterisiert wie die Spezifik der Arbeitsmittel und des Endprodukts, den Charakter des technologischen Prozesses und die Zusammensetzung der Kader.

Die Untersuchungen, deren Ergebnisse im vorliegenden Kapitel dargelegt werden, stellen einen Versuch dar, wissenschaftliche Methoden für die Leitung in einem Forschungsinstitut auszuarbeiten.

Wie in den vorhergehenden Kapiteln geklärt wurde, wird es in der Epoche der beschleunigten Entwicklung der Wissenschaft objektiv notwendig, den Mechanismus, die Tendenzen und die Gesetzmäßigkeiten des wissenschaftlichen Prozesses zu erkennen und sie leiten zu lernen. Das ist auch durch jene Rolle bedingt, die die Wissenschaft in der heutigen Welt spielt, sowie durch jene Ressourcen, die sie verbraucht. Um die Probleme zu lösen, die sich aus der Leitung der Verbindungen des Systems Wissenschaft – Technik – Produktion und aus der Leitung innerhalb eines einzelnen Forschungsinstituts ergeben, reichen jetzt bereits allgemeine Urteile und persönliche Erfahrungen der Wissenschaftler und Leiter nicht mehr aus. Notwendig sind vielmehr selbständige zielgerichtete Untersuchungen, als deren Objekt die einen oder anderen Seiten der Forschungstätigkeit dienen, die als besonderes und spezifisches Gebiet der gesellschaftlichen Produktion zu betrachten und die zu leiten ist.

Noch sind die Verluste aus dem nichtoptimalen Funktionieren des Organisationssystems der Wissenschaft und aus ineffektiven Maßnahmen bei der Leitung im Rahmen der einzelnen Forschungsinstitute sehr groß.

Manchmal liegen zwischen einer Idee und einem industriellen Baumuster 15 bis 20 Jahre und mehr. Manche wichtigen wissenschaftlichen Untersuchungen hinterlassen überhaupt nur in den wissenschaftlichen Berichten und Publikationen ihre Spur.

Allein infolge unvollständiger Informationsnutzung, die zur Wiederholung von Entdeckungen und Erfindungen führt, erreicht der Anteil mehrfach ausgeführter Entwicklungsarbeiten 60 bis 85 Prozent des Gesamtumfanges der geleisteten Arbeiten. Daher belaufen sich in den USA und in England die direkten Verluste jährlich auf 1 bis 1,25 Mrd. Dollar.

Jeder beliebige künftige Nutzeffekt aus der Berechnung einer Optimierungsaufgabe der Leitung kann nur mit einer gewissen Wahrscheinlichkeit beurteilt werden, die weitgehend auf der Grundlage statistischer, aus der Vergangenheit stammender Daten ermittelt wird. Man braucht jedoch für die Berechnungen eine Methodologie, die für die Leitung und die Leitenden überzeugend und zuverlässig ist. In der Forschungstätigkeit werden bisher Entscheidungen nicht durch Berechnungen herbeigeführt, wissenschaftliche Leitungsmethoden werden nicht angewandt.

R. Zejler unterscheidet vor allem drei Bereiche für die Leitung der Forschungs- und Entwicklungsarbeiten: die Forschungsanmeldungen (die Entstehung von Forschungsideen, die Sammlung von Informationen für deren Einschätzung, die Sicherung des Vorhandenseins und der Richtigkeit aller Angaben, die Wahl der aussichtsreichsten Projekte), die Realisierung des Projekts (graphischer Plan für die Arbeit am Projekt, Überprüfung dieser Arbeit, deren Abbruch) und die Entwicklung des Produkts oder Prozesses.

In den sozialistischen Ländern erfolgt die Leitung der Forschungsarbeiten anders, obwohl einzelne Momente aus der Praxis des Auslandes auch in der sowjetischen Praxis anwendbar sind.

Gleichzeitig ergibt sich die Notwendigkeit einer allseitigen, gründlichen Analyse und Festlegung der Methoden für die Leitung eines Forschungsinstituts unserer Ansicht nach aus der gleichzeitigen Erkenntnis der allgemeinen ökonomischen Entwicklungsgesetze der Wissenschaft und Produktion im Sozialismus. Natürlich kann nicht der gesamte Fragenkomplex erfaßt werden, der auf der Ebene der Leitung von Forschungseinrichtungen zu lösen ist. Deshalb ist es zweckmäßig, die Aufmerksamkeit auf die wichtigsten taktischen Fragen zu konzentrieren, die den Erfolg einer Forschungsarbeit bestimmen und unserer Meinung nach die erstrangigen sind. Das ist vor allem die Planung des Aufwandes für die Durchführung der Forschungsarbeiten. Hierbei geht es um die Handlungsweise, die die größte Exaktheit der Planung und den höchsten Grad der Übereinstimmung von Plan- und Istaufwand (Geld, Arbeit, Zeit) sichert. Die wachsenden Kosten für die Durchführung der Forschungsarbeiten und das ständige Bestreben, sie zu erweitern, zwingen dazu, die Methoden für die Planung des Aufwandes in Ordnung zu bringen.

Die Hauptaufgabe besteht darin, eine hinreichend exakte Methode für die Festlegung der finanziellen Mittel zu finden, die in Gegenwart und Zukunft in die Forschungsarbeiten investiert werden sollen. Das ist eines der wesentlichsten Probleme der Leitung und Planung der Volkswirtschaft. Die nächste Aufgabe besteht in der Wahl der Organisationsstruktur eines Forschungsinstituts, die den festgelegten Forschungszielen entsprechen und die die bestmögliche Leitung, die größtmögliche Arbeitsproduktivität der Wissenschaftler und eine optimale Kaderpolitik gewährleisten muß. Da ein funktionierendes Forschungsinstitut jedoch kein Selbstzweck, sondern ein Mittel ist, um bestimmte volkswirtschaftliche Ziele zu erreichen, ist nicht nur eine optimale innere Organisation notwendig, sondern auch das beste Organisationssystem für die Wechselwirkungen des Forschungsinstituts mit dem Verbraucher seiner Ergebnisse – der Produktion. Die informationelle und die technische Absicherung der Forschungsarbeiten in einem einzelnen Forschungsinstitut, die Leitung des wissenschaftlichen Experiments sind die wesentlichen Aufgaben, deren Lösung dringend erforderlich ist.

Bevor wir die konkreten Forschungsergebnisse zu den genannten Problemen analysieren, wollen wir einige Definitionen und eine Klassifizierung der Forschungsarbeiten anführen.

In der in- und ausländischen Literatur und in der wissenschaftlichen und praktischen Alltagsarbeit gibt es keine einheitliche Klassifizierung; man geht von unterschiedlichen Gesichtspunkten an den Begriff und die Bewertung der Grundlagen- und der angewandten Forschungen heran. Häufig rechnet man ein und dieselbe wissenschaftliche Arbeit in dem einen Falle zur theoretischen und im anderen Falle zur angewandten Forschung. Eine solche Situation erschwert die Planung und die Abrechnung der Forschungsarbeiten. Beim Lesen der Literatur über Organisation und Planung der Forschungsarbeiten entstehen gewisse Schwierigkeiten, die sich aus der uneinheitlich angewandten Terminologie ergeben.

Die einfachste und am häufigsten gebrauchte Klassifizierung in Akademie-Instituten ist die Einteilung der Forschungsarbeiten in theoretische (Grundlagen-) und angewandte Forschungen. Unter den ersteren verstehen wir die Theorie und die Beobachtung, unter den zweiten die Erfahrung und die Anwendung. Verschiedene Autoren (P. Auger, M. L. Bašin, V. D. Lavrov, N. D. Tjamšanskij, G. A. Lachtin, V. S. Sominskij und andere) führen eigene Klassifizierungen ein, von denen sie sich in ihren Untersuchungen leiten lassen. Die Klassifizierung in den „Methodischen Grundsätzen zur Ermittlung des ökonomischen Nutzeffekts wissenschaftlicher Forschungsarbeiten" basiert auf den Verbindungen zur materiellen Produktion und kann bei der Planung und Leitung nicht angewandt werden.

Außerdem gibt es eine Einteilung nach Finanzierungsquellen (durch den Staatshaushalt und durch Wirtschaftsverträge), nach der Dauer der Forschungsarbeiten (kurzfristige und perspektivische) und nach den Entscheidungsebenen (Arbeiten des Staatsplans der UdSSR oder einer Unionsrepublik, Auftragsarbeiten der Ministerien und Dienststellen oder Arbeiten auf Initiative der Institute).

Wir wissen, daß eine Klassifizierung von einem bestimmten Merkmal ausgehen muß, daß sie erschöpfend oder ausschließlich sein muß. Die Summe der Teilmengen bildet also die zu klassifizierende Menge und sie gewährleistet, daß sich die Teilmengen nicht überschneiden. Keine der in der sowjetischen Literatur verwendeten Klassifizierungen entspricht den genannten Bedingungen.

Die Wahl einer optimalen Klassifizierung folgt letzten Endes aus der Wahl des Klassifizierungsmerkmals, der optimalen Zahl der Elemente der Teilmengen. Man könnte beispielsweise eine Klassifizierung der Forschungsarbeiten und solche einheitlichen Definitionen und begrifflichen Präzisierungen in diesen Fragen vorschlagen, die in einer konkreten Untersuchung mehrerer Forschungsinstitute chemischen Profils angewandt werden.

Obgleich es schwierig ist, exakte Grenzen zwischen den verschiedenen Forschungsarten zu ziehen, haben wir sie nach Motiven klassifiziert, genauer gesagt, nach den Zielen, von denen sich die Forscher in jedem einzelnen Falle bei den geplanten Forschungsarbeiten leiten ließen, wobei die eingebürgerte Praxis berücksichtigt wurde. Man kann sie in vier Hauptgruppen einteilen: 1. theoretische Arbeiten; 2. angewandte Forschungen; 3. Versuchs- und Konstruktionsarbeiten; 4. produktionsbezogene Arbeiten.

Viele Autoren benutzen Begriffe wie Erkundungs- oder vorläufige, Grundlagen- oder theoretische, experimentelle Arbeiten usw. Es ist durchaus möglich, anstelle aller obengenannten einen einzigen Begriff zu setzen, nämlich theoretische Forschungen. Dieser Begriff ist im Prinzip bestimmter und bereits hinreichend fest in der Praxis der Planung und der Berichterstattung verankert. Eine Aufteilung der theoretischen Forschungen in zielgerichtete und freie oder Erkundungsarbeiten ist bei der Planung überflüssig: die freien erfordern nicht die Ausarbeitung von Methoden für die Planung. Außerdem gehört das Experiment zu den theoretischen, den angewandten und den produktionsbezogenen Forschungsarbeiten, und deshalb ist der Begriff „experimentelle“ Forschungen seinem Wesen nach unbefriedigend.

Theoretische Forschungsarbeiten verfolgen als Ziel:

1. die Schaffung und Klärung neuer Theorien, Begriffe, Probleme und Methoden;
2. die Erweiterung, Vertiefung, Systematisierung oder Klassifizierung von Kenntnissen und Begriffen zu einem bestimmten wissenschaftlichen Problem;
3. die Überprüfung, Präzisierung, Bestätigung oder Vervollkommnung bekannter Theorien, Hypothesen, Konzeptionen, Methoden und die Feststellung ihrer objektiven wissenschaftlichen Richtigkeit;
4. die Klärung neuer Prinzipien für die Ausnutzung der Gesetze und Theorien;
5. die Suche oder Auswahl eines Problems und von Methoden für dessen Lösung und Begründung;
6. die Überprüfung der Anwendungsmöglichkeiten der wissenschaftlichen Ergebnisse in einem konkreten Zweig für die Entwicklung der angewandten Forschungen;
7. die Lösung spezieller technischer Probleme.

Theoretische Forschungen werden mit Hilfe empirischer Erkundungsforschungen und Verallgemeinerungen, der deduktiven Bearbeitung, logisch-mathematischer Methoden, theoretischer und experimenteller Berechnungen durchgeführt, wobei in bestimmtem Maße die Intuition und die schöpferische Vorstellungskraft beteiligt sind. Man plant sie auf der Grundlage der Perspektivpläne für die Forschungsarbeiten, die ihrerseits nach der Intuition der Wissenschaftler, den Bedürfnissen der Technik und der Produktion aufgestellt und auf jedem bestimmtem Gebiet der Wissenschaft koordiniert werden. Genaue Fristen für theoretische Forschungsarbeiten lassen sich vorher nur schwer festlegen, deshalb werden dafür immer nur Orientierungszeiten angegeben. In dieser Gruppe von Forschungen ist ein unvorhergesehener Ausgang in hohem Grade möglich.

Theoretische Forschungen reichen von der begründeten Wahrscheinlichkeit bis zur objektiven Wahrheit. „Ideen erwerben so lange kein Bürgerrecht in der Wissenschaft, wie sie nicht ausgearbeitet und auf einen Stand gebracht worden sind, der eine Überprüfung zuläßt."[1]

Angewandte Forschungen verfolgen als Ziel:

1. die praktische Anwendung der Ergebnisse der theoretischen Forschungen;
2. die Schaffung von Mustern neuer Produkte und Erzeugnisse entsprechend den vorher festgelegten technischen Forderungen;
3. die experimentelle Überprüfung theoretischer Berechnungen und Schlußfolgerungen in einer konkreten Richtung für ein bestimmtes wissenschaftliches Thema;
4. die Ausarbeitung oder Vervollkommnung der Technologie und der Produktionsorganisation, die Modifikation von Werkstoffen, die Modernisierung der Erzeugnisse;
5. die Erhöhung der technisch-ökonomischen Effektivität der wissenschaftlichen Forschungsarbeiten, die Vervollkommnung der vorhandenen Technologie;
6. die Verbesserung der Standardmethoden für die Erprobung und den Betrieb, die Erhöhung der Genauigkeit komplizierter Messungen;
7. die Untersuchung und die Überleitung der neuesten Errungenschaften der ausländischen Technik;
8. die Untersuchung der Faktoren, die die Qualität und die Betriebseigenschaften von Werkstoffen und Erzeugnissen bestimmen;
9. die Unterstützung der Standardisierung;
10. die Lösung spezieller Probleme, um der Produktion oder anderen Organisationen organisatorisch-methodische und technische Hilfe zu gewähren.

Die angewandten Forschungen werden auf der Grundlage der Perspektivpläne der Forschungsinstitute, der Aufträge, der Anordnungen und Bestellungen übergeordneter Organisationen und der Regierung sowie von Initiativvorschlägen geplant. Sie werden in Übereinstimmung mit dem geplanten Programm durchgeführt, sind auf die Erreichung des vorher festgelegten praktischen Zieles gerichtet und gewährleisten ein konkretes Ergebnis, nämlich das Produkt oder das Erzeugnis (ein neues oder eines mit einer neuen Qualität). Zum Komplex der angewandten Forschungsarbeiten gehören Arbeiten über die Projektierung und die Fertigung von Laboratoriumsanlagen und Versuchsmustern sowie Laboratoriumserprobungen der erhaltenen Produkte und Erzeugnisse. Die Dauer der Arbeiten ist gewöhnlich begrenzt und wird vorher festgelegt.

[1] M. Bunge, Intuicija i nauka, Moskau 1967.

Versuchs- und Konstruktionsarbeiten haben folgende Aufgaben:

1. die Konstruktion, Fertigung und Erprobung der Versuchs- oder industriellen Anlagen, der technologischen Prozesse, Fertigungsstraßen und Komplexe;
2. die Fertigung von Produkten und Erzeugnissen in einer Menge, die für Betriebserprobungen ausreichend ist;
3. die Erprobung von Materialien und Erzeugnissen unter Betriebsbedingungen gemeinsam mit dem künftigen Verbraucher.

Die Dauer dieser Forschungen wird vorher festgelegt, und ihre Ergebnisse werden in die Produktion übergeleitet.

Die Methoden für die Planung der Versuchs- und Konstruktionsarbeiten sind ausführlich durch M. L. Bašin, V. D. Lavrov, A. S. Konson und V. S. Sominskij dargelegt worden.

Produktionsbezogene Arbeiten verfolgen als Ziel:

1. die Modifikation der Materialien und die Modernisierung der Erzeugnisse im Produktionsstadium;
2. die Überleitung neuer Materialien, Erzeugnisse, Ausrüstungen und Rohstoffe;
3. die Überprüfung der Standardisierungsmethoden und der Qualitätskontrolle;
4. die Untersuchung von Engpässen in der Produktion;
5. die Einführung der wissenschaftlichen Arbeitsorganisation.

2. *Die Finanzierung der Forschungsarbeiten*

Anfang 1967 faßte die Sowjetregierung einen speziellen Beschluß: „Über die Veränderung der Ordnung für die Planung des Aufwandes für Forschungsarbeiten unter Erweiterung der Rechte der Leiter von Forschungseinrichtungen“. Der genannte Beschluß schafft günstige Bedingungen für eine bessere Verteilung der materiellen und finanziellen Aufwendungen. Er gibt den Leitern das Recht, im Rahmen des Forschungsinstituts die Struktur und die Stellenpläne auszuarbeiten und zu bestätigen, die Gehälter der Mitarbeiter im Rahmen des Lohnfonds auf der Grundlage der geltenden Gesetzgebung zu verändern und festzulegen, innerhalb der Gesamtaufwandssumme die Höhe der Ausgaben in bezug auf die Positionen des Kostenplanes (außer Lohnfonds) zu bestimmen und Veränderungen am Ausgabenplan unter Berücksichtigung der Planerfüllung bei den einzelnen Forschungsarbeiten vorzunehmen. Nach der Annahme des erwähnten Beschlusses boten sich neue Möglichkeiten dafür, die Arbeitseffektivität eines Forschungsinstituts zu erhöhen, und bestätigte sich, daß die Verbindung von zentralisierter staatlicher Planung mit der Initiative der wissenschaftlichen Einrichtungen und der Projektierungsorganisationen richtig ist. Der Übergang der Forschungs- und Konstruktionsorganisationen der Industrie, des Verkehrs- und Nachrichtenwesens, des Handels und anderer Zweige zu den Prinzipien der wirtschaftlichen Rechnungsführung im Jahre 1961 hat ebenfalls in bestimmter Weise die Verantwortung der Industriezweig-Forschungsinstitute für die rechtzeitige und qualitätsgerechte Durchführung der Forschungs-, Versuchs- und Konstruktionsarbeiten und für eine effektivere Ausnutzung der zugeteilten Mittel erhöht.

Forschungsarbeiten werden unter Berücksichtigung ihrer spezifischen Besonderheiten aus dem Staatshaushalt, aus Eigenmitteln der Betriebe und aus Krediten der Staatsbank finanziert (die letzteren werden noch zu wenig genutzt). Als Kriterium für die Festlegung der Höhe dieser Aufwendungen dienen die wissenschaftlichen Probleme, die im Planungszeitraum gelöst werden. Die Pläne für die Forschungsarbeiten sind faktisch die Grundlage für die Ausarbeitung der Finanzpläne.

Um ein hohes Entwicklungsniveau der Forschungsarbeiten in der Sowjetunion zu gewährleisten, werden seit dem Jahre 1962 die Finanzpläne im Rahmen der Jahres- und Perspektivpläne für die Entwicklung der Volkswirtschaft und des Staatshaushaltes ausgearbeitet und bestätigt. Das alles unterstreicht die gewachsene Rolle des Staates bei der Realisierung der Forschungspolitik, die sich im System der Finanzierung und in der Schaffung entsprechender Organe im Staatsapparat widerspiegelt.

Große Bedeutung erlangen mit der Wirtschaftsreform Fragen der weiteren Vervollkommnung des Systems für die Finanzierung der Forschungsarbeiten. Die Planung des Aufwandes für Forschungsarbeiten ist sowohl in den Industriezweig-Forschungsinstituten als auch in denen der Akademie bisher noch nicht optimal und weist ernste Mängel auf. Die angewandten Finanzierungsmethoden entsprechen heute bereits nicht mehr dem Entwicklungstempo der Wissenschaft und bremsen dieses teilweise sogar. Deshalb verdient die Analyse der Methoden, auf die sich die Finanzierung der Forschungsarbeiten und die Aufwandsberechnungen stützen, besondere Aufmerksamkeit.

In der gegenwärtigen Praxis richten sich die Aufwendungen nach den ausgewählten Forschungsthemen. Dazu kommen auch Themen im Rahmen der geplanten Mittel. Diese beiden Methoden ergänzen einander. Den Leitern der Forschungsinstitute wird verbindlich mitgeteilt, welche Vergrößerung des Haushalts für das kommende Jahr im Vergleich zum laufenden Jahr vorgesehen ist. Im Forschungsinstitut werden jetzt die Einzelheiten des Planungsvorschlages für das kommende Jahr zu einem Ganzen vereinigt, indem Forschungsthemen ausgewählt oder die Aufwendungen des ablaufenden Jahres etwas erhöht werden.

Den Jahreshaushalt einer Forschungseinrichtung kann man sowohl als die Summe der Kostenpläne in bezug auf die auszuführenden Arbeiten als auch als die Summe der Aufwendungen betrachten, die sich auf Lohn, Dienstleistungen, Materialien usw. verteilen, das heißt als ein Finanzierungslimit, in dessen Grenzen die Ausführung der geplanten Themen erfolgt.

Über die Priorität der verschiedenen Prinzipien für die Finanzierung der Forschungsarbeiten und über die Methoden der Aufwandsberechnung gibt es verschiedene Auffassungen. N. D. Tjamšanskij[1] hält es nicht für richtig, zunächst den Haushalt des Instituts festzulegen, um dann das geplante Volumen auf die gewählten Themen zu verteilen. Er behauptet, daß bei einer solchen Ordnung in den Plan kleine Themen aufgenommen werden, daß es gleichzeitig aber keinen Grund gibt, erstrangige Themen aufzunehmen, weil die Existenz ungelöster Probleme immer die Möglichkeit für ihre Bearbeitung übersteigt. Einen ähnlichen Standpunkt vertritt V. Sokolov[2], der ein System für falsch hält, in dem die Planung der Arbeit, des Finanzaufwandes und der materiell-technischen Ressourcen ohne Verbindung mit der wissenschaftlichen Thematik erfolgt. Er weist darauf hin, daß heute nicht die wissenschaftliche Einrichtung insgesamt, sondern jedes Forschungsthema zum Hauptobjekt der Planung werden muß. Nach den Ansichten der genannten Autoren soll der Haushalt eines Instituts die arithmetische Summe der Aufwendungen für die einzelnen Themen sein. Einer solchen Einstellung wirkt die Tendenz entgegen, die Stabilität der Institute zu erhalten, und zwar besonders in der Akademie der Wissenschaften.

G. A. Lachtin, der die Planung des Aufwandes für Forschungs- und Entwicklungsarbeiten analysiert[3], schreibt, daß die beiden dargelegten Methoden im wesentlichen zwei mögliche Aufgabenstellungen

[1] Vgl. N. D. Tjamšanskij, in: Trudy Leningradskogo Politechničeskogo Instituta, Nr. 227, Leningrad 1965.

[2] Vgl. V. I. Sokolov, in: Finansy SSSR, Jg. 1963, Heft 12.

[3] Vgl. G. A. Lachtin, Taktika nauki, Novosibirsk 1970.

für eine Optimierung darstellen. Bei theoretischen Forschungen ist die Unbestimmtheit der Ergebnisse am größten; vorgegebene Ergebnisse der Planung zugrunde zu legen, ist am wenigsten gerechtfertigt. Die Planung muß mit der Festlegung eines Gesamtlimits der Mittel (von Kontrollziffern) beginnen.

Da der Aufwand in bezug auf die wichtigsten Positionen ungefähr der zahlenmäßigen Zunahme der Wissenschaftler proportional ist, kann auch der Haushalt keine großen Schwankungen vertragen. Diese Stabilität wird außerdem in der Sowjetunion durch die Gesetzgebung unterstützt.

Viele Autoren betrachten die verbindlichen Kontrollziffern bei der Aufstellung des Planes als den Ausgangspunkt. V. S. Sominskij, G. A. Lachtin und andere bewerten aggregierte Normativplanungsmethoden als positiv, wobei sie vom Wahrscheinlichkeitscharakter der wissenschaftlichen Tätigkeit ausgehen.

Um eine mögliche Methode für die Aufwandsberechnung zu ermitteln, wurden von uns sieben chemisch-technologische Institute für einen Zeitraum von 17 Jahren untersucht. Am wichtigsten und kompliziertesten ist bekanntlich die Frage nach dem Verhältnis zwischen theoretischen und angewandten Forschungen, deren Umfang bei der Planung praktisch durch die Finanzierung bestimmt wird.

Die Optimierung der Relationen zwischen den Ausgaben entsprechend den Etappen der wissenschaftlichen Forschungsarbeiten ist nach Auffassung von V. S. Sominskij ein ziemlich kompliziertes Problem: Die theoretischen Arbeiten bestimmen die Zukunft der Wissenschaft, die angewandten sichern die Gegenwart und die Versuchs- und Konstruktionsarbeiten die Überleitung in die Produktion. Es ist durchaus verständlich, daß auf jedem Gebiet der Naturwissenschaften das Optimum einer solchen Relation verschieden sein wird. Das aufgeworfene Problem kann nur auf wissenschaftlicher Grundlage gelöst werden. Wenn man den Umfang der Aufwendungen für theoretische Forschungsarbeiten gleich 1 setzt und die Relationen zwischen den angeführten Gruppen von Forschungsarbeiten in der gleichen Reihenfolge aufzählt, in der sie erwähnt wurden, dann wird diese Relation nach Angaben von P. Auger[1] ungefähr so aussehen: 1:6:100. Der Umfang des Aufwandes für angewandte Forschungen einschließlich der Summe für die Versuchs- und Konstruktionsarbeiten ist 106mal so groß wie der für theoretische Forschungen.

[1] Vgl. P. Auger, Die modernen Strömungen in der wissenschaftlichen Forschung, Westberlin 1962.

In den Instituten der Akademien der Wissenschaften der UdSSR und der Ukrainischen SSR ist diese Relation unterschiedlich. Beispielsweise werden im Institut für Chemie der hochmolekularen Verbindungen der Akademie der Wissenschaften der Ukrainischen SSR die Ausgaben für theoretische Forschungen fast doppelt so hoch (66 Prozent) wie für die angewandten Forschungsarbeiten (34 Prozent) geplant, obwohl die Anzahl der angewandten Themen dreimal so groß ist wie die der theoretischen. Die Kosten für die angewandten Themen sind folglich bedeutend niedriger als die für die theoretischen.

In anderen Instituten verteilen sich die Ausgaben nach dem Charakter der Forschungsarbeiten wie folgt:

Tabelle 5. Verteilung der Ausgaben für theoretische und angewandte Forschungsarbeiten

Institute	Ausgaben, in Prozent	
	für theoretische Forschungsarbeiten	für angewandte Forschungsarbeiten
1	93	7
2	82	18
3	85	15
4	68	32
5	71	29
6	89	11
7	66	34

Auf diese Frage: „Welche Forschungsarbeit führen Sie vorwiegend durch?“ antworteten 38 Prozent der Wissenschaftler, daß es eine theoretische und 62 Prozent, daß es eine angewandte sei.

Zum Vergleich werden in Tabelle 6 die Ausgaben der USA-Regierung insgesamt für Forschungsarbeiten in Prozent angegeben. Wir erkennen eine Tendenz zur Vergrößerung der Aufwendungen für theoretische Forschungen von 6,5 Prozent im Jahre 1957 auf 12,4 Prozent im Jahre 1965. Zum Vergleich können die Angaben über die Verteilung der Aufwendungen für Forschungsarbeiten in den USA nach Wirtschaftszweigen angeführt werden, und zwar ohne Berücksichtigung der produktionsbezogenen Forschungsarbeiten (Tabelle 7).[1]

[1] Vgl. Reviews of National Science Policy. United States, Paris 1968 (dt. Ausgabe: Wissenschaftspolitik in den Vereinigten Staaten. Eine Studie der OECD, o. O., o. J. [1969]).

Tabelle 6. Ausgaben der Regierung der USA für Forschungsarbeiten

Charakter der Arbeiten	Aufwand, in Prozent								
	1957	1958	1959	1960	1961	1962	1963	1964	1965
Forschungsarbeiten insgesamt	100	100	100	100	100	100	100	100	100
theoretische	6,5	7,2	7,2	7,3	8,8	10,6	10,9	11,2	12,4
angewandte	17,8	16,2	14,4	17,4	20,4	21,6	21,7	20,1	21,5
Versuchs- und Konstruktionsarbeiten	75,7	76,6	78,4	75,3	70,8	67,8	67,4	68,7	66,1

Tabelle 7. Verteilung der Forschungsausgaben in den USA nach dem Charakter der Forschungsarbeit.

Sektor	Forschungsaufwand, in Prozent für		
	theoretische Arbeiten	angewandte Arbeiten	Versuchs- und Konstruktionsarbeiten
Privater, kommerzieller	5	23	72
allgemein staatlicher	10	30	60
höhere Lehranstalten	75	25	—
privater, nichtkommerzieller	25	25	50

Die absolute Höhe der Ausgaben für theoretische Arbeiten übersteigt in der Akademie der Wissenschaften der UdSSR 400 Mill. Rubel nicht, während sie in den USA über 2 Mrd. Dollar beträgt (beide Zahlen enthalten nicht die Investitionen).

Informationen über den Aufwand für die Wissenschaft in der UdSSR nach den Angaben des Instituts für konkrete soziale Forschungen der Akademie der Wissenschaften der UdSSR sind in Tabelle 8 angeführt.

Tabelle 8. Aufwand für die Wissenschaft in der UdSSR

	Aufwendungen, in Prozent	
	1967	1968
Aufwand für die Wissenschaft, ohne Investitionen für die Entwicklung der Wissenschaft	100,0	100,0
davon:		
für Grundlagenwissenschaften	12,7	12,9
für wissenschaftlich-technische (angewandte) Forschungen	60,0	60,5
für Entwicklungsarbeiten	27,3	26,6

Es ist zu erkennen, daß die angewandten Forschungen den Hauptteil der Aufwendungen beanspruchen, wobei sich dieser Anteil im Jahre 1968 gegenüber 1967 um 0,5 Prozent erhöht hat, während sich die Ausgaben für die Grundlagenwissenschaften lediglich um 0,2 Prozent vergrößert und die für Entwicklungsarbeiten sogar um 0,7 Prozent verringert haben.

Die Ausgaben, die mit produktionsbezogenen Forschungen und der Errichtung experimenteller Basen zusammenhängen, lassen sich an Hand der vorhandenen statistischen Angaben äußerst schwer feststellen. In den USA schwanken beispielsweise die genannten Ausgaben um 15 Prozent aller Ausgaben für Forschungsarbeiten.[1] Die entsprechenden Ausgaben der einzelnen Unternehmen sind jedoch ihren eigenen Berichten zufolge unterschiedlich. So wendet beispielsweise die Firma Monsanto Chemical Co. etwa 10 Prozent und die Firma Hercules Powder Co. bis zu 20 Prozent aller Forschungsausgaben für die Unterhaltung von Versuchskapazitäten auf. Die Spezialunternehmen California Research Co. und Esso Research and Engineering verbrauchen für die Versuchsproduktion 30 bzw. 50 Prozent ihrer Forschungsbudgets. Aus den angeführten Daten ist ersichtlich, daß der Anteil der Forschungsausgaben, die für Versuchskapazitäten bei der Überleitung neuer Erzeugnisse verwendet werden, sehr bedeutend ist, wobei sich eine stabile Wachstumstendenz beobachten läßt.

Es wird in Zukunft durchaus möglich sein, eine optimale Ausgabenhöhe für produktionsbezogene Forschungsarbeiten und den

[1] Ebenda.

Aufbau neuer Produktionen zu ermitteln. Wenn man bei der Finanzierung die Nichtannullierbarkeit der Planung der Mittel in voller Höhe für den gesamten Forschungszyklus (der theoretischen, der angewandten, der Versuchs- und Konstruktions- sowie der produktionsbezogenen Arbeiten) bei Verteilung dieser Mittel nach der tatsächlichen Erfüllung berücksichtigt, dann ergibt sich an Hand unserer vorherigen Berechnungen auf der Grundlage der Untersuchungsdaten für die chemischen Institute folgendes Bild, das Tabelle 9 zeigt (ohne Investitionsbauten):

Tabelle 9. Struktur der Forschungsausgaben in chemischen Instituten

Unterstellung der Forschungsorganisation	Forschungsausgaben für einzelne Arbeiten, in Prozent				
	Zyklus insgesamt	theoretische	angewandte	Versuchs- u. Konstruktionsarb.	produktionsbezogene
Akademie	100	60	10	25	5
Behörden	100	10	25	60	5

Die Wahrscheinlichkeit, im Stadium der theoretischen Forschungen Ergebnisse zu erzielen, ist gering. Nach Angaben von Spezialisten können nur 5 bis 10 Prozent des Umfanges der Aufwendungen in den angewandten Forschungsarbeiten realisiert werden. Die Wahrscheinlichkeit, die gewünschten Ergebnisse zu erzielen, beträgt bei den angewandten Forschungsarbeiten 85 bis 90 Prozent und bei den Versuchs- und Konstruktionsarbeiten 95 bis 97 Prozent.

Die Planung des Aufwandes nach Themen in der einen oder anderen Etappe der Forschungsarbeiten stellt eine schwierige Aufgabe dar. Um sie zu lösen, wurden die statistischen Angaben der genannten Institute über die Aufwendungen untersucht. Davon ausgehend, daß die Institute auf Grund ihres „technologischen" Profils vergleichbar sind, werden die Angaben auf einen einzigen wissenschaftlichen Mitarbeiter umgerechnet (Tabelle 10).

Aus den Angaben der Tabelle ist erkennbar, daß sich die Kosten für die Forschungsarbeiten, berechnet für je einen Wissenschaftler, ständig erhöht haben. Obwohl die Institute gleiche Profile haben, läßt sich eine bedeutende Differenz in den Aufwendungen (zwischen 5240 und 10000 Rubel im Jahre 1967) beobachten.

In der Abbildung 13 sind die Kurven für den Kostenaufwand der Forschungsarbeiten, umgerechnet auf jeweils einen Wissenschaftler,

Tabelle 10. Kosten für die Durchführung von Forschungsarbeiten (berechnet für je einen Wissenschaftler, in Rubel)

Institute	1950	1955	1960	1965	1967
1	3000	3700	4600	4800	5600
2	7500	7200	5800	5800	6800
3	4300	5400	10000	11500	5240
4	5420	9220	7330	9500	8750
5	4500	5000	8000	12000	7300
6	3700	5150	7490	7750	5600
7	—	—	6600	7800	10000

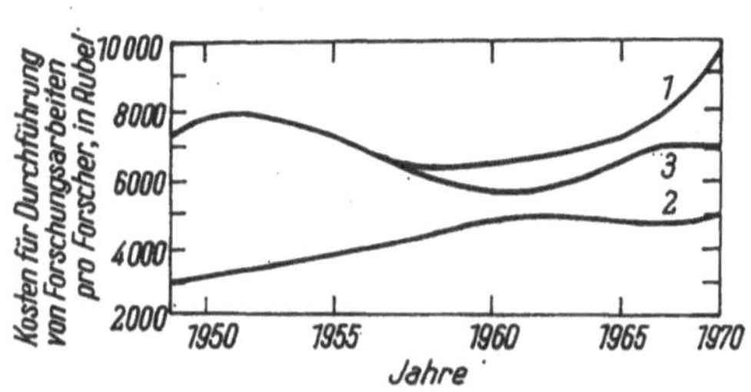

Abb. 13. Kosten für die Durchführung von Forschungsarbeiten pro Forscher (in Rubel)
1 – Institut für Chemie der hochmolekularen Verbindungen der Akademie der Wissenschaften der Ukrainischen SSR;
2 – Institut für Chemie der hochmolekularen Verbindungen der Akademie der Wissenschaften der UdSSR;
3 – Physikalisch-chemisches Institut „Karpov" der Akademie der Wissenschaften der UdSSR

in drei Instituten dargestellt, die über hochmolekulare Verbindungen arbeiten. Im Institut für hochmolekulare Verbindungen der Akademie der Wissenschaften der UdSSR gibt es doppelt soviel Kandidaten und Doktoren der Wissenschaften wie in dem entsprechenden Institut der Akademie der Wissenschaften der Ukrainischen SSR, jedoch wurden die Kosten nur halb so hoch geplant. Eine ähnliche Situation gibt es auch bei den Aufwendungen für Ausrüstungen (Tabelle 11).

Daß Gesetzmäßigkeiten und ein System der Aufwendungen sowohl zeitlich als auch konkret nach Instituten nicht existieren, ergibt sich aus den Mängeln der geltenden Methoden für die Planung des Aufwandes für Forschungsarbeiten. Die Planung beruht auf willkürlichen Entscheidungen, was den Verlauf und die Effektivität der Forschungsarbeiten wesentlich beeinflußt.

Tabelle 11. Aufwendungen für Ausrüstungen, in Rubel

Institute	1950	1955	1960	1965	1967
1	1150	310	2100	1150	1400
2	3700	3900	1120	670	500
3	1670	860	10000	1780	345
4	300	640	750	1300	1100
5	250	540	900	530	800
6	220	590	500	350	430
7	—	—	960	870	960

Die Angaben der Tabelle 11 kennzeichnen den technischen Ausstattungs- oder Ausrüstungsgrad der Wissenschaftler. Die Ausgaben pro Wissenschaftler zeigen, daß es keinerlei Gesetzmäßigkeit bei der Ausstattung von Forschungsarbeiten mit den notwendigen Ausrüstungen gibt.

Die Erhöhung der Zuwendungen für den Kauf von Ausrüstungen und Geräten für Forschungsarbeiten (ohne Ausrüstungen für Investitionsbauten) machte im Jahre 1965 in der Sowjetunion 16 Prozent gegenüber 3,8 Prozent im Jahre 1963 aus. Der Aufwand für diese Zwecke, umgerechnet auf einen Wissenschaftler, wuchs im Landesmaßstab bis zum Jahre 1967 gegenüber 1959 um 12 Prozent. Hierbei vergrößerte sich die Zahl der in der Wissenschaft Beschäftigten im Jahre 1966 im Vergleich zu 1959 auf das Zweifache.

Nach Auffassung von Spezialisten ist eine Struktur, die einen sinkenden Anteil des Lohnfonds und einen etwas wachsenden Anteil des Aufwandes für technische Ausstattung vorsieht, am zweckmäßigsten für die Wissenschaft. Als Bestätigung dafür können die folgenden Kennziffern dienen, die in Tabelle 12 angeführt sind.

Die Tendenz des vorrangigen Wachstumstempos der Aufwendungen für die technische Ausstattung der Forschungsorganisationen hat im Jahre 1970 im Vergleich zu 1968 eine Weiterentwicklung erfahren. Entsprechend der Tabelle 12 betrug diese Steigerung bei der ersten Art 14,4 Prozent, bei der zweiten Art 7,2 und bei der dritten Art 18,3 Prozent. Jedoch bleibt die UdSSR in bezug auf die materielle Ausstattung der Forschungsarbeiten dennoch hinter einigen Ländern zurück (Tabelle 13).

Die unbefriedigende Ausstattung der wissenschaftlichen Einrichtungen mit modernen Geräten und Ausrüstungen erlaubt es in einer Reihe von Fällen nicht, die Forschungen auf einem hohen technischen Niveau durchzuführen, und trägt zur Verlängerung der Entwicklungszeiten bei.

Tabelle 12. Anteil der verschiedenen Fonds am Wachstum der Aufwendungen für die Wissenschaft

Aufwandsart	Aufwand, in Prozent 1965	1968	Durchschnittlicher Jahreszuwachs des Aufwandes, in Prozent
für die Wissenschaft, ohne Investitionen für den Bau von Objekten der Wissenschaft	100	136,8	11,0
Lohnfonds	100	131,0	9,4
Ausrüstungen, Geräte, Modelle, Materialien und andere Ausgaben für wissenschaftliche Zwecke	100	140,2	11,9

Tabelle 13. Materielle Ausstattung der Forschungsarbeiten (berechnet für je einen Wissenschaftler, in Rubel)

Land	Aufwand pro Wissenschaftler unter Berücksichtigung des Lohnes, in Rubel	Technische Ausrüstung, in Rubel
UdSSR (1965)	10000	5000
Akademie der Wissenschaften der UdSSR (1965)	7650	3820
USA (1965)	41000	11070
England (1964)	22200	6120
Frankreich (1964)	39150	10575
BRD (1964)	32720	5760
Japan (1963)	7080	1972

Die Kosten für die Forschungsarbeiten pro Forscher (auf dem Gebiet der Chemie) sind in der Sowjetunion bedeutend geringer als in den USA. In Abbildung 14 sind die Kosten pro Forscher insgesamt und für die chemische Industrie der USA angeführt. Es ist zu erkennen, daß diese Ausgaben im Zeitraum von 1957 bis 1963 um 28 Prozent gestiegen sind, in der UdSSR beträgt diese Steigerung nach näherungsweisen Berechnungen 17 Prozent.

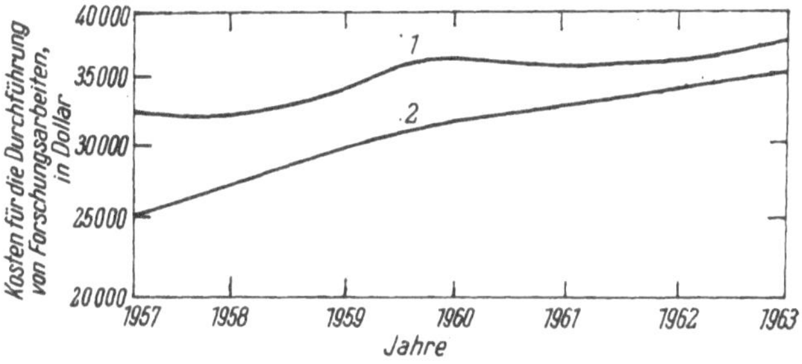

Abb. 14. Kosten für die Durchführung von Forschungsarbeiten pro Forscher in den USA (in Dollar)
1 – im Durchschnitt der gesamten Industrie;
2 – für die chemische Industrie

Die Planung jeder beliebigen Art von Ausgaben ist im Prinzip nach zwei Methoden möglich. Es sind dies: die direkte (oder faktische) Berechnung und die normative Methode. Die Unterschiede zwischen ihnen sind bekannt. Beim Aufwand für Forschungsarbeiten werden beide Methoden angewandt, sie sind jedoch in jedem einzelnen Falle verschieden, sie basieren nicht auf einer ausgearbeiteten und konstanten Methodologie und sind nicht direktiv festgelegt.

Die erste Methode ist ein ziemlich aufwendiges System von Versuchen, alle Ausgaben für einen längeren Zeitraum zu berechnen: für Ausrüstungen, Geräte, Reagenzien usw. Das erfordert einen großen Arbeitsaufwand bei der Ausfüllung zahlreicher Formblätter. Außerdem weisen alle Arten wissenschaftlicher Arbeiten, besonders die theoretischen, eine gewisse Unbestimmtheit auf: Entsprechend dem Ablauf der Forschungsarbeiten entsteht ein Bedarf an diesen oder jenen Reagenzien bzw. Geräten.

Wie festgestellt wurde, ist die Summe der dem Forschungsinstitut insgesamt zur Verfügung gestellten Mittel weder eine festgelegte noch eine veränderliche Größe, sie kann mehr als rein diskrete Größe angesehen werden. Eine echte direkte oder faktische Berechnung in der Aufwendungsplanung für Einzelthemen gibt es nicht. In allen untersuchten Instituten werden spezielle Methoden bei der Festlegung der Kostenanschläge nicht verwendet.

Im wesentlichen werden bei den Berechnungen Erfahrungen und Analogieschlüsse ausgenutzt. Die Gesamtsumme, die im Verlaufe irgendeines Jahres verbraucht wird und einmal festgelegt worden ist, ist ein gewisser Maßstab für die Jahreszuwendungen an das Forschungsinstitut und für die einzelnen Entwicklungsarbeiten. In Tabelle 14 sind die Ausgaben im Durchschnitt aller Institute für die Jahre 1966 und 1967 als Verhältnis der tatsächlichen Ausgaben nach Positionen zum Gesamthaushalt der Institute (ohne Investitionsbauten) und die korrelative Abhängigkeit von der Zunahme der Zahl der Wissenschaftler sowie die Abweichung des wirklichen Aufwandes vom geplanten dargestellt.

Tabelle 14. Ausgaben der wissenschaftlichen Institute

Position des Aufwands	Abweichung der tatsächlichen Ausgaben von den geplanten, in Prozent	Tatsächliche Ausgaben nach Positionen im Verhältnis zum Gesamthaushalt, in Prozent		Abhängigkeit der Ausgaben von der Zunahme der Zahl der Wissenschaftler, in Prozent
		1966	1967	
1	+4	52	53,8	linear
5	von −4,8 bis +7	16	14	2
12	von −3 bis +5,4	11	11,3	12
3	−2	4,5	3,9	4
4	±1	1,4	1,7	fehlt

Aus der Tabelle ist ersichtlich, daß der Lohn (Position 1), der von der Zahl der Mitarbeiter direkt abhängig ist, den Hauptaufwand darstellt. Auf alle Positionen bezogen ist diese Abhängigkeit gering (2 bis 12 Prozent). Die Plan- und Istgröße des Aufwandes unterscheidet sich am stärksten bei den Positionen 5 und 12 (Material und Ausrüstungen).

Untersuchungen haben gezeigt, daß in ein und derselben Abteilung eines Instituts gleichzeitg mehrere wissenschaftliche Themen bearbeitet werden, die zu den theoretischen und zu den angewandten Arbeiten gerechnet werden können. In allen Instituten läßt sich die Tendenz beobachten, mehr angewandte Themen zu erforschen. Es entsteht die Schwierigkeit, Abrechnung und Kontrolle der Aufwendungen zu unterscheiden. In der Praxis ist jede direkte und faktische Berechnung letzten Endes eine normative. Die Unbestimmtheit, die allen Arten wissenschaftlicher Arbeiten eigen ist, stellt praktisch eine Barriere für die faktische Berechnung dar. Aus diesen Gründen ist die Methode der direkten Berechnung für die Akademie-Institute wie auch wahrscheinlich für Industriezweig-Institute nicht geeignet.

Annehmbarer ist hier die normative Methode. In den Empfehlungen von G. A. Lachtin, L. A. Černov und anderen ist sie jedoch für die

Abrechnung und Kontrolle kompliziert, und sie berücksichtigt nicht das Anwachsen des Aufwandes in der Zeit. Unserer Auffassung nach ist der Ausgangspunkt von ihnen nicht glücklich gewählt, nämlich die Zahl des gesamten arbeitenden Personals. Ein Normativ ist ein statistisches Verhältnis zweier Größen, worin der Zähler den Verbrauch einer bestimmten Ressource und der Nenner die Basiseinheit der Verrechnung darstellt, das heißt „den Bezug auf die Einheit". Als Einheit sollte besser der wissenschaftliche Mitarbeiter gewählt werden.

Der wissenschaftliche Leiter der Arbeiten an diesem oder jenem Thema kann den vermuteten Aufwand nicht genau voraussehen, er kennt jedoch die Anzahl der notwendigen wissenschaftlichen Mitarbeiter und deren Qualifikation. Aus der Tabelle mit der Analyse der Kosten und des Aufwandes pro Wissenschaftler erkennen wir, daß eine solche Variante durchaus möglich ist. Man kann die Genauigkeit der Planung und der Kontrolle des Aufwandes nur dann erhöhen, wenn man frühere Erfahrungen ausnutzt. Es ist eine Planungsmethodik notwendig, die ein Minimum an Arbeitszeitaufwand erfordert, dem wahrscheinlichen Charakter der Forschungsarbeit entspricht und es erlaubt, den Aufwand auf allen Strukturebenen zu kontrollieren und zu regulieren und die Abrechnungen nach Themen operativ durchzuführen.

Die vorgeschlagene Methodik des „aggregierten" Normativs entspricht den gestellten Forderungen. Das Wesen dieser Methodik umfaßt folgendes:

1. die Festlegung der „aggregierten" und wichtigsten normativen Ausgaben in den Instituten eines bestimmten Profils pro Wissenschaftler;

2. die Berechnung des Verhältnisses für jede Position des Aufwands in Prozent zum „aggregierten" Normativ;

3. die Ermittlung des Koeffizienten für den zeitlichen Vergleich

$$N_{\text{aggr.}} = \frac{S}{d}.$$

Hierin sind:

$N_{\text{aggr.}}$ – das „aggregierte" Normativ des Wissenschaftszweiges;

S – die Aufwendungen des Instituts;

d – die Anzahl der Wissenschaftler.

Wenn in einem Institut 100 Wissenschaftler beschäftigt sind, dann beträgt das Budget des Instituts für ein Jahr 835000 Rubel und

$$S = N_{\text{aggr.}}\, dk_1,$$

wobei k_1 der Koeffizient des Qualifikationsgrades der Wissenschaftler ist.

In gleicher Weise können auch die Berechnungen des Aufwandes je Thema erfolgen. Wenn uns die Anzahl der Mitarbeiter, die an den Forschungsarbeiten beteiligt sind, und die Dauer der Forschungen bekannt sind, dann erfolgt die Berechnung nach der Formel:

$$S_T = N_{\text{aggr.}}\, d_T\, t\, k_2.$$

Dabei sind:

S_T – der Aufwand je Thema;

d_T – die Anzahl der Mitarbeiter, die an den Forschungen über das Thema beteiligt sind;

t – die zeitliche Dauer der Forschungen in Jahren;

k_2 – der Koeffizient für den zeitlichen Vergleich (Anwachsen des „aggregierten" Normativs in Prozent im Durchschnitt nach Jahren).

Das „aggregierte" Normativ muß direkt auf eine bestimmte Zeit festgelegt werden.

Somit wird es die Festlegung des „aggregierten" Normativs erlauben, eine vorherige Bewertung eines Themas vorzunehmen und dessen ökonomische Aussichten an Hand einfacher Formeln zu ermitteln und, was das wichtigste ist, eine finanzielle Kontrolle auszuüben sowie Kostenvoranschläge für künftige Forschungsarbeiten aufzustellen. Außerdem empfiehlt es sich, folgende Hauptnormative innerhalb jedes Forschungsinstituts unter Berücksichtigung dieser Spezifik festzulegen:

N_{AG} – für Ausrüstungen und Geräte;

N_{L} – für den Durchschnittslohn;

N_{M} – für Materialien und Reagenzien.

Die Normative spiegeln die wichtigsten Aufwendungen wider, die kontrolliert werden müssen, und das bedeutet, daß sie in jedem Institut direktiv festzulegen sind. Die Normative können quartalsweise oder monatlich eingeführt werden, jedoch ist in den Jahresnormativen eine relative Stabilität der Aufwandsstruktur besser, weil in der vorgeschlagenen Methodik ein Jahr als Planungszeitraum gewählt wurde.

In den Tabellen des Aufwandes pro Wissenschaftler erweist sich die Abhängigkeit zwischen dem Aufwand und dem Wachstum der Institute im Stadium der Organisation und des schnellen Wachstums der letzteren als wesentlich. Folglich ist die Anwendung der vorgeschlagenen Normativplanung in der Periode des intensiven Wachstums der Institute etwas eingeschränkt und voll anwendbar bei einer gewissen Stabilisierung ihrer Tätigkeit. Das gilt besonders für Einrichtungen, die zentral finanziert werden, beispielsweise für Institute der Akademie der Wissenschaften. Eine derartige Methodik wird es erlauben, den ökonomischen Nutzeffekt der Institute und der Forschungsthemen in Analogie zum Aufwand zu vergleichen.

Die Berechnung des Verhältnisses jeder Position des Aufwandes in Prozent zum „aggregierten" Normativ wird innerhalb des Instituts vorgenommen und ist Aufgabe der Direktion; die einzelnen Aufwandsarten direktiv festzulegen ist nicht möglich und hat auch keinen Sinn. Da der Institutshaushalt und die Kostenpläne für die einzelnen Forschungsarbeiten vor allem für die Planung bestimmt sind, ist eine hinreichend gründliche Anwendung der vorliegenden Methode notwendig, und zwar besonders bei der Ermittlung der genannten Koeffizienten, um die Kluft zwischen Finanzplan und realen Forschungsausgaben zu vermindern, die materielle Interessiertheit des wissenschaftlichen Personals zu erhöhen und die wachsende Qualifikation der Kader zu berücksichtigen sowie eine hohe Effektivität der Forschungsergebnisse zu gewährleisten. Wir möchten bemerken, daß wir hauptsächlich Akademie-Institute untersucht haben, deren Forschungen (den Aufwendungen nach) vorwiegend theoretischen Charakter tragen. Das bedingt den Umfang der Aufwendungen und beeinflußt die Größe des „aggregierten" Normativs.

Außerdem spiegelt die ausgewählte Anzahl der Forschungsobjekte (sieben) für die Berechnung des „aggregierten" Normativs und der genannten Koeffizienten nicht die Gesamtheit aller chemischen Institute der UdSSR wider. Deshalb wird im vorliegenden Kapitel das „aggregierte" Normativ nur behandelt, um das Wesen der vorgeschlagenen Methode für die Planung und die Berechnung des Forschungsaufwandes zu erläutern. Eine wichtige Ausgabenposition ist der Lohn der Wissenschaftler.

3. *Die Leitung der Arbeitsorganisation*

Das ökonomische Potential eines Staates hing früher niemals in solchem Maße vom Entwicklungsniveau der Wissenschaft ab wie heute. Deshalb steht vor den Planungs- und Leitungsorganen der Wissenschaft immer dringlicher die Aufgabe, die Effektivität der Arbeit der Wissenschaftler zu erhöhen. Von den Wissenschaftlern wird heute verlangt, diese oder jene wissenschaftlichen Probleme in bestimmten Fristen bis zur vollständigen Überleitung der Forschungsergebnisse in die Praxis zu lösen.

Diese Umstände haben den Charakter der wissenschaftlichen Arbeit wesentlich verändert. In einem relativ kurzen Zeitraum sind die Prinzipien der Wissenschaftsorganisation grundlegend umgestaltet worden. Hierbei begannen kollektive Formen der wissenschaftlichen Arbeit eine besondere Rolle zu spielen, da Kardinalprobleme durch

Tabelle 15. Veränderung der durchschnittlichen Größe eines wissenschaftlichen Kollektivs

Kategorie	1940 absolut	in Prozent	1950 absolut	in Prozent	1960 absolut	in Prozent	1965 absolut	in Prozent	1968 absolut	in Prozent
UdSSR										
wissenschaftliche Einrichtungen	2359	100	3347	142	4196	178	4724	200	4865	206
durchschnittliche Anzahl der Mitarbeiter in einer wissenschaftlichen Einrichtung, Personen	154	100	213	138	420	278	555	360	615	400
Ukrainische SSR										
wissenschaftliche Einrichtungen	323	100	462	143	597	185	740	229	758	234
durchschnittliche Anzahl der Mitarbeiter in einer wissenschaftlichen Einrichtung, Personen	124	100	154	124	334	270	450	362	510	410

große wissenschaftliche Kollektive bearbeitet werden. Davon zeugen die Angaben über das schnelle Wachstum der durchschnittlichen Größe eines wissenschaftlichen Kollektivs in der UdSSR und der Ukrainischen SSR (Tabelle 15).[1]

Während die Gesamtzahl der Wissenschaftler in der UdSSR bis zum Jahre 1967 im Vergleich zum Jahre 1940 auf das 7,83 fache und die Anzahl der in der Sphäre der Wissenschaft Beschäftigten auf das 7,87fache gewachsen ist, vergrößerte sich die Zahl der wissenschaftlichen Einrichtungen auf das 3,3fache.[2] Das vorrangige Wachstumstempo der Größen wissenschaftlicher Kollektive führte in Verbindung mit dem Komplizierterwerden des eigentlichen wissenschaftlichen Prozesses zu einem kolossalen Anwachsen des Umfanges, der Kompliziertheit und der Verantwortlichkeit der Leitungsaufgaben bei der Tätigkeit dieser Kollektive.

Für die gegenwärtige Entwicklungstendenz der organisatorischen Formen der Arbeit im Bereich der Wissenschaft ist charakteristisch, daß sich hier immer stärker ein Schlüsselprinzip der Arbeitsorganisation ausbreitet, das für die Sphäre der materiellen Produktion kennzeichnend ist – die Arbeitsteilung und Kooperation. Heutzutage wächst die Mitarbeiterzahl im Bereich der Wissenschaft und der wissenschaftlichen Betreuung bedeutend schneller als in den anderen Volkswirtschaftszweigen der UdSSR. Es ist äußerst bemerkenswert, daß sich die Zahl des ingenieurtechnischen und des Hilfspersonals in einem Tempo vergrößert hat, das offensichtlich höher ist als bei den Wissenschaftlern. Abbildung 15 bringt Angaben, die diese Erscheinung am Beispiel der Ukrainischen SSR charakterisieren. In dem betrachteten Zeitraum von 1940 bis 1968 wuchs die Zahl der Wissenschaftler in der Ukrainischen SSR auf das Sechsfache, während die Zahl des ingenieurtechnischen und des Hilfspersonals auf das 12,9fache stieg.[3]

Die hochqualifizierten Kader – Doktoren und Kandidaten der Wissenschaften – stellten in der Ukrainischen SSR im Jahre 1968 nur 7,8 Prozent der Mitarbeiter, die im Bereich der Wissenschaft und der wissenschaftlichen Betreuung beschäftigt waren. In dem Zeitraum von 1950 bis 1968 wuchs die Gesamtzahl der Wissenschaftler in der

[1] Vgl. D. M. Gvišiani in: Upravlenie, planirovanie i organizacija naučnych i techničeskich issledovanij, Bd. 1, Moskau 1970; SSSR i zarubežnye strany posle Velikoj Oktjabr'skoj socialističeskoj revoljucii, Moskau 1966.

[2] Vgl. Narodnoe chozjajstvo SSSR v 1967 g., Moskau 1968.

[3] Vgl. Organizacija naučnoj dejatel'nosti, Sammelband, Moskau 1968.

Ukrainischen SSR auf das 5,1fache, die Zahl der Kandidaten der Wissenschaften auf das 4,45fache und die der Doktoren der Wissenschaften auf das 2,9fache.[1]

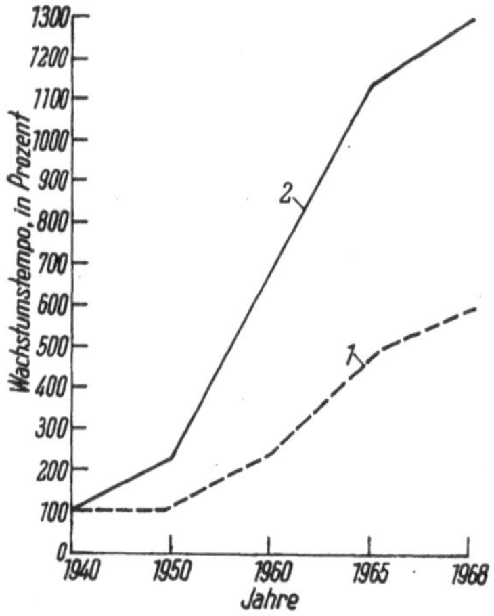

Abb. 15. Wachstumstempo der Zahl der wissenschaftlichen Mitarbeiter (1) und des ingenieurtechnischen und Hilfspersonals (2) in der Ukrainischen SSR

Der Prozeß der Arbeitsteilung in der Wissenschaft ist untrennbar verbunden mit der Umrüstung der materiell-technischen Basis der Wissenschaft, mit der Mechanisierung und der Automatisierung der Forschungsarbeiten. Die Wissenschaftler benutzen heute bei den Forschungsarbeiten vollkommenere wissenschaftliche Apparaturen und Ausrüstungen und das reiche Arsenal der Digital- und Analogrechner. Größe und Wert bestimmter einmaliger Ausführungen wissenschaftlicher Ausrüstungen, zum Beispiel eines Synchrophasotrons, sind durchaus mit der Größe und dem Wert von Industrieobjekten vergleichbar.

Es ist durchaus verständlich, daß angesichts großer wissenschaftlicher Kollektive, denen häufig 2000 bis 3000 Personen angehören und die mit teuren wissenschaftlichen Ausrüstungen ausgestattet sind, Probleme der Planung, Organisation und Leitung der Forschungsarbeiten nur mit Hilfe wahrhaft wissenschaftlicher Methoden gelöst werden können. All das macht notwendig, umfassende wissenschaftliche Forschungen durchzuführen, um die in der UdSSR und im Ausland gesammelten Erfahrungen über die Arbeitsorganisation der Wissenschaftler zu verallgemeinern und um Formen für den organisatorischen Aufbau der in den verschiedenen Bereichen der Wissenschaft existierenden wissenschaftlichen Kollektive festzulegen.

[11] Vgl. ebenda.

Ein wissenschaftliches Kollektiv ist keine einfache Vereinigung einer bestimmten Anzahl von Wissenschaftlern verschiedener Qualifikation. Die Struktur wissenschaftlicher Kollektive ist entschieden komplizierter. Ein modernes wissenschaftliches Kollektiv vereinigt in der Regel wissenschaftliche Mitarbeiter verschiedener Fachrichtungen, Ingenieure, Techniker und Bedienungspersonal. Eine solche Struktur eines wissenschaftlichen Kollektivs gilt nicht nur für die Forschungsgebiete, die mit Experimenten verbunden sind, sondern auch für theoretische Forschungen, darunter auch auf dem Gebiet der Gesellschaftswissenschaften.

Die beschleunigte Entwicklung der Wissenschaft und die Existenz großer wissenschaftlicher Kollektive machen es notwendig, Prinzipien für die Komplettierung moderner wissenschaftlicher Kollektive auszuarbeiten und neue Organisationsformen für das Zusammenwirken der Wissenschaftler bei der Lösung wissenschaftlicher Probleme ausfindig zu machen. Die Hauptaufgabe der Optimierung der Kaderstruktur in einem Forschungsinstitut ist die zweckmäßigste Verteilung der Institutsmitarbeiter auf die einzelnen Arbeitsabschnitte, um die Effektivität der Tätigkeit des wissenschaftlichen Kollektivs insgesamt zu erhöhen und das schöpferische Potential eines jeden einzelnen Wissenschaftlers maximal zu nutzen.

Nachstehend werden Ergebnisse einer Untersuchung der Kaderstruktur in zahlreichen Forschungsinstituten der Ukrainischen SSR angeführt. Um die Kaderstruktur charakterisieren zu können, muß ein breites Spektrum von Parametern berücksichtigt werden. Besonders wichtig sind die Gesamtzahl und die Zusammensetzung der Wissenschaftler nach Qualifikation und Alter.

Das Wesen der Kaderpolitik darf nicht so sehr in einer Vergrößerung der wissenschaftlichen Kollektive bestehen, sondern vielmehr in einer optimalen Kaderstruktur, wobei die Spezifik der wissenschaftlichen Richtungen und die konkreten technischen und organisatorischen Arbeitsbedingungen der betreffenden Gruppe des Forschungsinstituts berücksichtigt werden müssen. In diesem Zusammenhang ist die Ausbildung von Doktoren der Wissenschaften besonders wichtig für den Staat. Welche Perspektiven die Lösung dieses Problems eröffnet, das bestätigen überzeugend die Erfahrungen der wissenschaftlichen Einrichtungen der Akademie.

Als Beispiel, das die hohe Qualifikation der wissenschaftlichen Mitarbeiter der Akademie-Institute illustriert, kann die Akademie der Wissenschaften der Ukrainischen SSR dienen. Unter den Republiksakademien der UdSSR ist sie sowohl nach den Maßstäben der geleisteten Forschungsarbeit als auch nach der Anzahl der Doktoren und Kandidaten der Wissenschaften am repräsentativsten. Obwohl die Mitarbeiter der Akademie der Wissenschaften der Ukrainischen SSR nur 6,7 Prozent (1968) der Gesamtzahl der Menschen ausmachen, die in der Ukraine wissenschaftlich tätig sind, sind in den Akademie-Instituten 11,5 Prozent der Kandidaten und 18,5 Prozent der Doktoren der Wissenschaften der Republik konzentriert. Insgesamt sind die Institute der Akademie der Wissenschaften der Ukrainischen SSR 2,5mal so gut mit graduierten Wissenschaftlern (besonders Doktoren der Wissenschaften) versorgt wie die Industriezweig-Forschungsinstitute.

In der gegenwärtigen Etappe kommt der rationellen Verteilung und dem Einsatz der wissenschaftlichen Kader höchster Qualifikation – der Doktoren der Wissenschaften – deshalb besondere Bedeutung zu, weil die Wissenschaftler dieser Kategorie auf die weitere Entwicklung der Wissenschaft bestimmenden Einfluß ausüben.

Auf jeden Doktor der Wissenschaften entfallen im Durchschnitt der Akademie der Wissenschaften der Ukrainischen SSR 17 wissenschaftliche Mitarbeiter. In der Akademie der Wissenschaften der UdSSR sind es 12, in der Akademie der Wissenschaften der Belorussischen SSR 30, in der Akademie der Wissenschaften der Grusinischen SSR 19 und der Akademie der Wissenschaften der Kasachischen SSR 24.[1] In einigen Fällen gibt es in einem Institut, in dem in 13 wissenschaftlichen Abteilungen und vier wissenschaftlichen Laboratorien (die größenmäßig mit Abteilungen vergleichbar sind) etwa 400 Mitarbeiter beschäftigt sind, ganze vier Doktoren der Wissenschaften. Deshalb wird völlig logisch die Forderung erhoben, die Zahl der Wissenschaftler dieser Kategorie in den Instituten zu vergrößern. Die zwingende Notwendigkeit dafür folgt aus der Tatsache, daß wissenschaftliche Probleme (für deren Lösung der Wissenschaftler eine hohe wissenschaftliche Qualifikation besitzen muß) ständig komplizierter werden und der Bereich der Forschungsarbeiten sich erweitert.

Wichtig ist dabei, auch eine optimale Altersstruktur der Doktoren der Wissenschaften zu gewährleisten. Unzureichende Aufmerksamkeit bei der Optimierung dieses Parameters kann zu ernsten Schwierigkeiten in der künftigen Leitung der Forschungsarbeiten führen. Bei der in der Perspektive vorgesehenen Erweiterung der Forschungsarbeiten in der Akademie der Wissenschaften der Ukrainischen SSR muß unbedingt berücksichtigt werden, daß 70 Prozent der jetzigen Doktoren der

[1] Vgl. ebenda.

Wissenschaften bis zum Jahre 1980 das Pensionsalter erreichen. Wir fügen hinzu, daß sich die Zahl der Kandidaten der Wissenschaften 1968 auf das 1,18fache und die Zahl der Doktoren der Wissenschaften auf das 1,12fache vergrößert hat. Die Analyse der Wachstumstempi der Personalstärke der Akademie der Wissenschaften der Ukrainischen SSR in den letzten beiden Jahrzehnten läßt erwarten, daß selbst dann, wenn das Tempo ein wenig abnimmt, die Zahl der Akademiemitarbeiter bis zum Jahre 1980 auf 60000 Personen anwachsen wird. Unter dieser Voraussetzung ist es erforderlich, etwa 1000 neue Doktoren auszubilden, wenn nur der gegenwärtige Anteil von Doktoren der Wissenschaften unter den wissenschaftlichen Mitarbeitern (5,5 Prozent) gehalten werden soll. Das sind weit mehr Doktoren, als seit 1945 in der Akademie der Wissenschaften der Ukrainischen SSR ausgebildet wurden.

Bei der Ausbildung der Kader höchster Qualifikation darf sich die Analyse der Altersstruktur nicht nur auf die Akademie der Wissenschaften als Gesamtinstitution erstrecken, sie muß auch auf die einzelnen Institute ausgedehnt werden. Wie die folgende Aufstellung zeigt, verteidigen die meisten Wissenschaftler (31,2 Prozent) ihre Doktordissertationen im Alter von über 50 Jahren:

Altersgruppen	bis 30	31 bis 35	36 bis 40	41 bis 45	46 bis 50	älter als 50
Anzahl der Doktoranden, in Prozent	2,8	8,5	15,3	22,0	20,2	31,2

Diese Erscheinungen sind noch deutlicher in den Industriezweig-Instituten, insbesondere in den ukrainischen, zu beobachten. Während in der Akademie der Wissenschaften der Ukrainischen SSR sowohl die Durchschnittsgröße eines wissenschaftlichen Kollektivs als auch die Zahl der graduierten Wissenschaftler, und zwar besonders der Doktoren der Wissenschaften (Abbildung 16a) anstieg, läßt sich insgesamt für die Forschungsinstitute der Ukrainischen SSR eine entgegengesetzte Erscheinung beobachten: das wissenschaftliche Kollektiv wird größer, die Anzahl der hochqualifizierten Wissenschaftler darin nimmt ab (Abbildung 16b). Erst in den letzten drei Jahren trat eine Tendenz zu einer besseren qualifikationsmäßigen Zusammensetzung der Mitarbeiter zutage. Deshalb müssen sich die Akademieeinrichtungen allseitig um die Ausbildung von Doktoren der Wissenschaften kümmern, da sie nicht nur den eigenen Bedarf decken, sondern auch für die

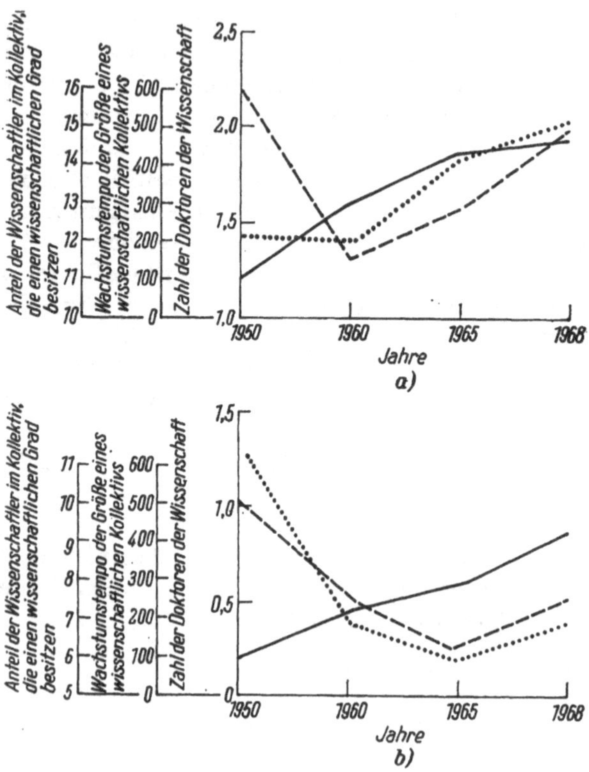

Abb. 16. Vergleich der Wachstumstempi eines wissenschaftlichen Kollektivs (–) und der Anzahl der Wissenschaftler, die einen wissenschaftlichen Grad besitzen (– – –) und der Doktoren der Wissenschaften (. . . .):

a) – in den Instituten der Akademie der Wissenschaften der Ukrainischen SSR;

b) – in den Forschungsinstituten der Ukrainischen SSR

(alle Angaben in Prozent)

Industriezweig-Forschungsinstitute hochqualifizierte Wissenschaftler zur Verfügung stellen müssen.

Das Durchschnittsalter der Leiter wissenschaftlicher Abteilungen ist nur um 3,7 Jahre geringer als die entsprechende Kennziffer bei den Doktoren der Wissenschaften. Die Praxis bei der Auswahl von Leitungskadern zeugt davon, daß als Abteilungsleiter vorwiegend Mitarbeiter im Alter von 40 bis 50 Jahren ausgewählt werden. In dieser Hinsicht ist die in Tabelle 16 angeführte Situation ziemlich typisch.

Tabelle 16. Altersstruktur der Mitarbeiter wissenschaftlicher Institute

Institut	Anzahl der Mitarbeiter je Altersstufe, in Prozent						
	bis 30	31–35	36–40	41–45	46–50	älter als 50 Jahre	Insgesamt
technischen Profils	11,0	5,5	5,5	28,4	44,1	5,5	100
medizinischen Profils		15	5	20	25	35	100

Man kann den Bedarf der Institute an Spezialisten mit dem Grad eines Doktors der Wissenschaften nur dann vollständiger befriedigen, wenn man die Perspektivpläne der Forschungsarbeiten mit den Plänen für die Ausbildung von Spezialisten dieser Kategorie abstimmt, die auf einer Analyse der laufenden und künftigen Sicherung der wissenschaftlichen Richtungen basieren.

Insbesondere bei der Aufstellung der Pläne für die Ausbildung von Doktoren der Wissenschaften muß der große Bedarf der Institute physikalisch-technischen Profils berücksichtigt werden, weil in diesen Instituten ein Doktor der Wissenschaften auf 22 wissenschaftliche Mitarbeiter kommt, während es in den chemischen und biologischen Instituten 13 und in den gesellschaftswissenschaftlichen Instituten 11 wissenschaftliche Mitarbeiter sind.

Zu den anderen wichtigen Parametern, die die Struktur eines wissenschaftlichen Kollektivs charakterisieren, muß die quantitative und qualifikative Zusammensetzung des Mitarbeiterbestandes in den wissenschaftlichen Abteilungen gerechnet werden. Es ist durchaus verständlich, daß unter sonst gleichen Bedingungen ein wissenschaftliches Kollektiv, dessen quantitative Zusammensetzung begrenzt ist, durch eine größere Arbeitsproduktivität hervorstechen wird. Dort lassen sich die schöpferischen Fähigkeiten jedes Kollektivmitglieds rationeller einsetzen, und es wird wirksam die Möglichkeit einer Steuerung des Kollektivs seitens des Leiters gewährleistet, da er real in der Lage ist, die Tätigkeit der Kollektivmitglieder zu kontrollieren und zu koordinieren. Für die meisten jetzt bestehenden wissenschaftlichen Kollektive ist kennzeichnend, daß sich ihre quantitative Zusammensetzung innerhalb weiter Grenzen verändert. Dabei lassen sich nicht nur in den ihrem wissenschaftlichen Profil nach unterschiedlichen Akademie-Instituten, sondern auch innerhalb eines einzelnen Instituts wesentliche Unterschiede in der quantitativen Zusammensetzung der Abteilungen beobachten. Verallgemeinerte Daten aus Fragebogen und aus der Literatur und Angaben, die durch die Interview-Methode erhalten wurden, zeigen, daß eine Forschungsabteilung mit einer Gesamtmitarbeiterzahl von 20 bis 40 Personen in einem Akademie-Institut auf dem Gebiet der Naturwissenschaften als annähernd optimal strukturiert betrachtet werden kann.[1] Dabei muß man anstreben, daß Wissenschaftler hoher Qualifikation – Doktoren der Wissenschaften – solche Kollektive leiten. Die Anzahl der Mitarbeiter, die zu den Kategorien der wissenschaftlichen Grundarbeiter gehören, soll innerhalb einer Abteilung in der Größenordnung von 10 bis 15 Personen liegen. Etwa die Hälfte davon soll den wissenschaftlichen Grad eines Doktors oder Kandidaten der Wissenschaften besitzen. In Einzelfällen sollte man die Schwierigkeiten bei der Bildung neuer wissenschaftlicher Abteilungen oder die Kompliziertheit und Dringlichkeit auszuführender Forschungsarbeiten berücksichtigen und zulassen, die Anzahl der Mitarbeiter in einer Abteilung um 20 Prozent des Gesamtbestandes gegenüber den Orientierungsdaten zu verringern (zu vergrößern). Dann kann die Zahl der Mitarbeiter in einer Abteilung 15 bis 50 Personen betragen. Die Zahl solcher Abteilungen darf jedoch 15 bis 20 Prozent der Zahl aller Abteilungen im Institut nicht übersteigen.

Untersuchungen über die personelle Stärke wissenschaftlicher Abteilungen zahlreicher Akademie-Institute zeigen, daß die Anzahl der Mitarbeiter in den Abteilungen zwischen 8 und 80 Personen schwankt. Eine derartige Situation ist für die Praxis der Akademie-Institute in der Sowjetunion ziemlich typisch. Die Abteilungen der chemischen Institute in den untersuchten wissenschaftlichen Einrichtungen zeichnen sich durch relativ stabile Größen aus. Die Anzahl der Mitarbeiter in den Abteilungen dieser Institute beträgt 13 bis 48 Personen. Bei einer Gesamtzahl von 25 Abteilungen in den beiden Instituten entsprechen 20 Abteilungen der optimalen Größe des Kollektivs (20 bis 40 Personen). In vier Abteilungen liegt die Zahl der Mitarbeiter unter der optimalen (13 bis 18 Personen) und in einer mit 48 Personen darüber. Wenn man aber in Betracht zieht, daß die Grenzen der ungefähren Abteilungsgröße für einige Abteilungen erweitert werden können (15 bis 50 Personen), dann entspricht nur eine einzige Abteilung (13 Personen) nicht der zulässigen optimalen Größe des Kollektivs.

Die Größe wissenschaftlicher Abteilungen schwankt in den tech-

[1] Vgl. ebenda.

nischen Instituten wesentlicher (10 bis 80 Personen), und die Anzahl der Abteilungen, die selbst unter Berücksichtigung der zulässigen Abweichungen nicht dem Optimum entsprechen, beträgt in einigen Instituten etwa 30 Prozent der Gesamtzahl.

Etwas anders steht es bei der Mitarbeiterzahl in den gesellschaftswissenschaftlichen Instituten, in denen die überwiegende Anzahl der Abteilungen aus 8 bis 10 Personen besteht. Allem Anschein nach muß man für Institute dieses Typs die Existenz kleiner Abteilungen als zweckmäßig anerkennen. Indessen wirken sich starke Abweichungen der Mitarbeiterzahl in wissenschaftlichen Abteilungen anderer Institute negativ auf die Tätigkeit des wissenschaftlichen Leiters und des Kollektivs aus, wenn einige Abteilungen ihrer Größe nach mit Laboratorien (8 bis 10 Personen) vergleichbar und andere Abteilungsgiganten mit einer Mitarbeiterzahl von 60 bis 80 Personen sind. In einer kleinen Abteilung mit wenigen Mitarbeitern verfügen nicht alle hochqualifizierten Wissenschaftler über Hilfspersonal und sind gezwungen, ihre Arbeitszeit unrationell für Arbeiten zu verwenden, die keine hohe Qualifikation erfordern. Bei einer großen Anzahl von Mitarbeitern läßt sich das andere Extrem beobachten: Dem Leiter fällt es schwer, die Arbeit seiner Untergebenen zu verfolgen, ihnen Empfehlungen zu geben, d. h., faktisch wird das Kollektiv nicht geleitet.

Um zu einer vollkommneren Struktur wissenschaftlicher Kollektive zu gelangen, ist nicht nur eine Optimierung der quantitativen Zusammensetzung einer Abteilung erforderlich, sondern auch die Herstellung eines bestimmten quantitativen Verhältnisses zwschen den verschiedenen Mitarbeiterkategorien. Strenge quantitative Proportionen sind gegenwärtig noch nicht festgelegt, nichtsdestoweniger sollte für wissenschaftliche Einrichtungen mit vorwiegend experimentellen Forschungen im allgemeinen die Proportion in der Größenordnung von 1 : 2 : 4 liegen. Diese Relation bedeutet, daß einer elementaren wissenschaftlichen Gruppe, die ein verantwortlicher wissenschaftlicher Mitarbeiter leitet, zwei untere wissenschaftliche Mitarbeiter und vier ingenieur-technische Mitarbeiter angehören sollen. Diese Struktur darf man natürlich nicht starr auffassen. Sie muß hinreichend elastisch sein, damit sie vollständiger den sich verändernden Bedingungen des Forschungsablaufes entsprechen kann. Selbst bei einer Anzahl von sieben Personen in einer Gruppe kann ihre Struktur beispielsweise 1 : 3 : 3; 1 : 2 : 4 bzw. 1 : 1 : 5 sein. Am annehmbarsten ist eine Struktur von 1 : 2 : 4, aber die übrigen sind als Ausnahmen zulässig. Deshalb muß man selbst bei einer Vergrößerung der Mitarbeiterzahl in einer Gruppe auf über sieben Personen bestrebt sein, eine solche Struktur beizubehalten. Das Vorhandensein derartiger Gruppen in der Struktur einer Abteilung vereinfacht beträchtlich die Leitung des wissenschaftlichen Kollektivs und läßt sich gut mit der oben genannten ungefähren Mitarbeiterzahl in einer Abteilung abstimmen. So kann eine Abteilung mit einer Stärke von 20 Personen aus drei bis vier und eine Abteilung mit einer Stärke von 40 Personen aus fünf bis sieben elementaren Kollektiven bestehen. Das entspricht voll und ganz den heutigen Forderungen, hochqualifizierten Wissenschaftlern Hilfspersonal zur Verfügung zu stellen. Es steht auch in Übereinstimmung mit den wissenschaftswissenschaftlichen Prinzipien für die optimale Leitung eines Kollektivs.

Das bestehende System der durch die Mitarbeiter ausgeübten Funktionen erlaubt es nicht, korrekt eine Analyse der Struktur der Abteilungen durchzuführen, ohne die funktionalen Pflichten der Mitarbeiter zu untersuchen. Nicht selten bearbeiten nämlich Ingenieure ein wissenschaftliches Thema, während untere wissenschaftliche Mitarbeiter (besonders zu Beginn der wissenschaftlichen Tätigkeit) die Funktionen von Laboranten ausüben.

Desungeachtet können nach dem Studium der formalen quantitativen Zusammensetzung der Mitarbeiter in den elementaren Gruppen bestimmte Schlußfolgerungen gezogen werden. Eine Vergrößerung der Zahl des wissenschaftlichen Hilfspersonals ist unbedingt ein wirksames Mittel, um die Kaderstruktur einer Abteilung zu verbessern und den Anteil der zweckmäßig genutzten Arbeitszeit bei den hochqualifizierten Wissenschaftlern zu erhöhen. Die Mitarbeiterzahl in einer elementaren Gruppe darf jedoch bei einem verantwortlichen wissenschaftlichen Mitarbeiter fünf bis sieben Personen nicht übersteigen. Zur Regelung der Arbeiten, die Hilfskräfte ausführen können, müssen überall Funktionspläne eingeführt und ein Qualifizierungssystem ausgearbeitet werden, da eine zahlenmäßige Vergrößerung des Hilfspersonals an sich, die nicht von einer Erhöhung seines Qualifikationsniveaus begleitet wird, das betreffende Problem noch nicht löst.

Die nächste wesentliche Kennziffer, die die Qualifikationsstruktur der wissenschaftlichen Kader des Instituts charakterisiert, ist die Anzahl der Doktoren und Kandidaten der Wissenschaften unter den Institutsmitarbeitern und ihre Verteilung auf die wissenschaftlichen Abteilungen. Entsprechend den komplizierten Entwicklungstendenzen der Wissenschaft muß der Anteil der Mitarbeiter dieser Kategorie 20 bis 30 Prozent der Gesamtzahl der Mitarbeiter betragen, die in den wissenschaftlichen Abteilungen arbeiten. Die obere Grenze ist am typischsten für Institute mit vorwiegend theoretischen Forschungen und die untere Grenze für Institute, in denen die experimentellen Arbeiten sehr umfangreich sind. Wenn die Anzahl der hochqualifizierten Wissenschaftler dem genannten Wert nahekommt, dann verfügen die Doktoren und Kandidaten der Wissenschaften über genügend ingenieurtechnisches Personal, weil auf jeden qualifizierten wissenschaftlichen Mitarbeiter zwei bis vier Mitarbeiter geringerer Qualifikation entfallen.

In den von uns untersuchten Instituten schwankt die Zahl der wissenschaftlichen Mitarbeiter der genannten Kategorie zwischen 12 Prozent (technisches Institut) und 43 Prozent (Institut gesellschaftswissenschaftlichen Profils). Ziemlich gut versorgt mit hochqualifizierten Kadern sind die chemischen Institute, in denen ihr Anteil 24 bis 34 Prozent an der Gesamtzahl der Mitarbeiter der wissenschaftlichen Abteilungen im Institut beträgt; das gleiche gilt auch für biologische und medizinische Institute, für die die Kennziffer 29 bzw. 35 Prozent lautet. Die Anzahl der Wissenschaftler dieser Kategorie ist in den technischen Instituten etwas geringer (12 bis 16 Prozent).

KAPITEL V

Die Optimierung der Struktur und der Leitung von Industriezweig-Forschungsinstituten

1. *Eine Methodik zur Untersuchung des Niveaus der Arbeits- und Leitungsorganisation in Forschungsinstituten*

Die Vervollkommnung der Arbeits- und Leitungsorganisation in wissenschaftlichen Forschungseinrichtungen ist eines der wichtigsten Probleme bei der Erhöhung der Effektivität der wissenschaftlichen Tätigkeit. Seine Lösung setzt sich das Ziel, günstigste Bedingungen für die fruchtbare Tätigkeit der Wissenschaftler und für die effektivste Ausnutzung der Möglichkeiten jedes Menschen zu schaffen, der in einem bestimmten Bereich der Wissenschaft oder auf einem mit ihr verbundenen Gebiet tätig ist.

Die Erfahrungen der wissenschaftswissenschaftlichen Forschungen auf dem Gebiet der Organisation der wissenschaftlichen Arbeit und der Leitung wissenschaftlicher Kollektive weisen folgende Hauptwege, um die Effektivität der Tätigkeit wissenschaftlicher Abteilungen zu erhöhen:

– die Festlegung einer rationellen Arbeitsteilung nach der Qualifikation der Mitarbeiter, dem Charakter der ausgeübten Funktionen, den Arbeitsarten und den Operationen des Forschungsprozesses;

– die Anwendung progressiver Formen der Kooperation im Prozeß der Forschungs- und Entwicklungsarbeiten;

– die Festlegung der notwendigen Proportionen in der Struktur der Personalstärke der verschiedenen Kategorien;

– die Gewährleistung einer rationellen Organisation, Ausstattung und Versorgung der Arbeitsplätze der Mitarbeiter;

– die Anwendung einer progressiven Technologie, von Mitteln für die Mechanisierung und Automatisierung der arbeitsaufwendigsten Prozesse der Forschungs- und Entwicklungsarbeiten (der Suche und Verarbeitung der notwendigen Angaben sowie der Formulierung ihrer Ergebnisse);

– die Schaffung günstiger hygienischer und psychophysiologischer Arbeitsbedingungen sowie die Entwicklung der materiellen und moralischen Interessiertheit der Mitarbeiter, um hohe individuelle und kollektive Arbeitsergebnisse zu erzielen.

Da die Vervollkommnung der Arbeits- und Leitungsorganisation in Forschungsinstituten so außerordentlich kompliziert ist und da die dazugehörigen Aufgaben wechselseitig zusammenhängen, muß man komplex, systemtheoretisch an ihre Lösung herangehen. Praktisch kann das im Prozeß spezieller Untersuchungen durchgesetzt werden, die unter dem Begriff „Projektierung der Arbeits- und Leitungsorganisation" zusammengefaßt werden. In diesem Falle besteht die Projektierung in der Ausarbeitung einer unter den gegebenen Bedingungen wirtschaftlichsten und annehmbarsten Variante eines Projekts für die Rationalisierung der Arbeit.

Die Ausarbeitung solcher Projekte für Forschungseinrichtungen ist bereits in der gegenwärtigen Entwicklungsetappe der Wissenschaftswissenschaft möglich. Die Wissenschaftswissenschaft untersucht die Bedingungen und Formen der Organisation der wissenschaftlichen Arbeit, den Einfluß der verschiedenen Faktoren auf deren Produktivität, die effektive Wirksamkeit wissenschaftlicher Einrichtungen und das Niveau ihres wissenschaftlichen Potentials, und sie ermittelt die grundlegenden Gesetzmäßigkeiten und Tendenzen in der Entwicklung der Formen und Methoden der Arbeitsorganisation im Bereich der wissenschaftlichen Tätigkeit sowie die Prinzipien und Richtungen für die Vervollkommnung der letzteren.

Auf Grund ihres Charakters befindet sich die Arbeit in der Sphäre der Wissenschaft heute in einer Übergangsphase zu einer qualitativ neuen Entwicklung. Dieser Umstand erschwert natürlich die Lösung der Aufgabe, die Arbeit der Wissenschaftler zu optimieren.

Die Projektierung der Arbeitsorganisation und der Leitungsstruktur in einer wissenschaftlichen Einrichtung verlangt wie jede andere Projektierung auf wissenschaftlicher Grundlage die Anwendung von speziellen Methoden bei der Untersuchung und Analyse des Objekts, von Verfahren und Methoden bei der Berechnung der Kennziffern, von speziellen Instruktionen, Grundsätzen, Anweisungen usw. Die Ausarbeitung und Einführung dieser Methoden ist eine der aktuellsten Aufgaben der heutigen Wissenschaftswissenschaft. Das gilt in erster Linie für solche Bereiche der Wissenschaftswissenschaft wie die Ökonomik der Wissenschaft, die Wissenschaftsorganisation und die Wissenschaftsleitung.

Die sowjetischen Wissenschaftswissenschaftler haben bereits bedeutende Erfahrungen bei der Ausarbeitung einer Methodik für die Untersuchung und Analyse der Arbeitsorganisation von Mitarbeitern der Forschungs- und Projektierungsinstitute gesammelt. Es wurden die entsprechenden Schlußfolgerungen und Empfehlungen für die

Vervollkommnung der Arbeitsorganisation und der Leitungsstruktur erarbeitet.[1] Die Forschungs- und Entwicklungsarbeiten in dieser Richtung sind jedoch noch längst nicht abgeschlossen. Sie erlangen indessen immer größere Aktualität in dem Maße, wie die praktischen Bemühungen um vervollkommnete Methoden der Arbeits- und Leitungsorganisation in den wissenschaftlichen Einrichtungen umfassender werden.

Die Projektierung einer rationelleren Organisation der Arbeit des wissenschaftlichen Personals und der Leitungsstruktur kann heute in der Hauptsache durch die Abteilungen für wissenschaftliche Arbeitsorganisation der Forschungsinstitute unter Einbeziehung derjenigen wissenschaftlichen Mitarbeiter und Spezialisten der betreffenden Einrichtung erfolgen, die an der wissenschaftlichen Arbeitsorganisation interessiert sind. Die Erfahrungen und Kenntnisse solcher Mitarbeiter führen meist dazu, Mängel der bestehenden Arbeitsorganisation kritisch zu betrachten und Wege für deren Beseitigung zu weisen.

Die Projektierung der Arbeitsorganisation und Leitungsstruktur erfordert eine bestimmte Reihenfolge und Kontinuität der durchzuführenden Arbeiten. In bestehenden wissenschaftlichen Einrichtungen erweist sich folgende Reihenfolge der Entwicklungsstadien eines Projekts für die Rationalisierung der Arbeit in einem Forschungsinstitut als zweckmäßig:

Erstes Stadium. Ausarbeitung der technischen Aufgabenstellung oder des Vorprojekts. Dazu gehören die Untersuchung des bestehenden Niveaus der Organisation und der Leitung, der Struktur des Arbeitsaufwandes, der Arbeitszeit des Personals, das in den wichtigsten Strukturabteilungen der Einrichtung beschäftigt ist, sowie die Ar-

[1] Vgl. G. M. Dobrov u. a., Issledovanie organizacionnych faktorov rezul'tativnosti truda učenych, Kiev 1969 (teilweise deutsch: G. M. Dobrov, Wissenschaftsorganisation und Effektivität, Berlin 1971); Organizacija naučnoj dejatel'nosti, Sammelband, Moskau 1968; A. I. Ščerbakov, Puti soveršenstvovanija organizacii truda učenych, Novosibirsk 1966; A. P. Solov'ev, Opyt izmerenija zatrat vremeni v naučno-issledovatel'skich i proektno-konstruktorskich organizacijach, Leningrad 1967; P. N. Zavlin, Opyt izučenija zatrat rabočego vremeni sotrudnikov naučno-issledovatel'skich organizacij, Leningrad 1968; Ju. V. Pošechonov, Naučnyj kollektiv kak ob-ekt social'nogo issledovanija i planirovanija, Moskau 1968; V. K. Kuročkin, in: Vestnik Moskovskogo Universiteta, Jg. 1968, Heft 5; G. M. Dobrov, A. A. Korennoj, in: Teoretičeskie problemy informatiki, Moskau 1968.

beitsorganisation der Hilfs- und Betreuungsabteilungen. Aus dem Vergleich der ermittelten Werte mit vorhandenen Angaben und Meinungen über rationellere Formen und Methoden der Arbeitsorganisation ergeben sich Vorstellungen über notwendige Maßnahmen für die Arbeitsteilung und die Kooperation, die Mechanisierung und die Automatisierung der arbeitsaufwendigsten Prozesse sowie über die Spezialisierung der Abteilungen, Dienste und einzelnen Mitarbeiter auf die Ausführung bestimmter Arbeitsarten, -operationen und -elemente. Dadurch ist es möglich, das Niveau der bestehenden Arbeitsorganisation allgemein einzuschätzen und auch einige technisch-ökonomische Kennziffern für das Projekt annähernd zu berechnen.

Zweites Stadium. Die Ausarbeitung des technischen Projekts, mit dessen Hilfe die technischen und organisatorischen Lösungen für die geplanten Maßnahmen festgelegt und begründet werden können. Das technische Projekt muß eine endgültige Vorstellung von der Arbeitsorganisation und der Leitungsstruktur in allen seinen Elementen und von deren Wechselbeziehung vermitteln und entsprechende Beschreibungen, schematische Darstellungen, Skizzen, Gesamtansichten, Verzeichnisse, Spezifikationen, Kostenvoranschläge usw. enthalten. In diesem Stadium ist es nicht ausgeschlossen, daß einige präzisierende oder zusätzliche Untersuchungen einzelner Arbeitsprozesse durchgeführt werden müssen, und zwar besonders über die Arbeit des Personals in den Hilfs- und Betreuungsabteilungen und -diensten.

Drittes Stadium. Die Ausarbeitung des Arbeitsprojekts. Dazu gehört die Aufstellung detaillierter Grundsätze, Vorschriften und Instruktionen, die die Formen, den Inhalt, die Verfahren und die Methoden der Arbeit der Mitarbeiter in den verschiedenen Kategorien und Funktionen, Abteilungen und Diensten der Einrichtung bestimmen. Die Pflichten und Rechte, aber auch die Bedingungen für die Förderung der einzelnen Mitarbeiter oder Abteilungen und Dienste insgesamt werden in diesem Stadium formuliert. Für eine Reihe von Hilfs- und Betreuungsarbeiten werden die Formen für die Abrechnung aufgestellt und die Leistungs- und Betreuungsnormen bei entsprechender Ausstattung mit Mechanisierungs- und Automatisierungsmitteln für die Durchführung dieser oder jener Arbeiten festgelegt. Es werden die Pläne für die Arbeitsplätze und deren Ausstattung aufgestellt. Es erfolgt die Festlegung der Arbeitsregelung, des Wechsels von Arbeit und Erholung usw.

Nachstehend werden die Erfahrungen, die Methodik und die Ergebnisse einer Untersuchung über das Niveau der wissenschaftlichen

Arbeitsorganisation in einem Industriezweig-Forschungsinstitut angewandten Profils dargelegt.[1] Da die Autoren nicht auf alle Aspekte der durchgeführten Untersuchung eingehen können, beschränken sie sich auf Ausführungen über das erste Stadium der Ausarbeitung eines Projekts für die Arbeitsorganisation und die Leitungsstruktur, weil dieses die wichtigste Arbeitsetappe bei der Vervollkommnung der Tätigkeit eines Industriezweig-Forschungsinstituts ist.

Entsprechend dem oben Dargelegten umfaßte dieses erste Stadium der Ausarbeitung des Projekts (der technischen Aufgabenstellung) nacheinander folgende Arbeitsetappen:

– die Durchführung der vorbereitenden organisatorischen Maßnahmen, die Wahl (oder Ausarbeitung) der Methodik für die Untersuchung und die Analyse des Arbeitsaufwandes (der Arbeitszeit);

– die Durchführung einer Untersuchung der Struktur des Arbeitszeitaufwandes des Personals der Grundabteilungen;

– die Ermittlung einer rationellen Verteilung der Arbeitsarten, -operationen und -elemente auf die Mitarbeiter der verschiedenen Kategorien, Funktionen und Dienste der Einrichtung;

– die Bearbeitung und Systematisierung der gewonnenen Daten, die Festlegung rationeller Formen für die Arbeitsteilung und die Kooperation, für die Anwendung der progressiven Technologie und der Mittel für die Mechanisierung und Automatisierung der Arbeitsprozesse;

– die Analyse der Daten, die Ermittlung der Kennziffern und die Bewertung des Niveaus der Arbeitsorganisation, des Personals und der Leitungsstruktur der Grundabteilungen des Instituts;

– die Ermittlung der technisch-ökonomischen Kennziffern des Projekts für eine rationelle Arbeitsorganisation und Leitungsstruktur.

Charakter und Struktur unseres Forschungsobjekts sahen so aus: Industriezweig-Forschungs- und Konstruktions- und technologisches Institut, das 27 selbstständige Struktureinheiten zählt (20 Abteilungen, 7 Laboratorien) mit einer Personalstärke von über 1200 Mitarbeitern (ohne Hilfs- und Betreuungsabteilungen). Die Forderungen nach einer operativen und mit geringem Arbeitsaufwand verbundenen Durchführung der Arbeit bedingten die Anwendung bestimmter Untersuchungsmethoden.

So umfaßten die vorbereitenden organisatorischen Maßnahmen

[1] Die in diesem Kapitel dargelegten Materialien sind das Ergebnis einer Untersuchung, die gemeinsam mit dem Ingenieur J. A. Romaško durchgeführt wurde.

die Auswahl und Benennung eines Mitarbeiters, der für die Durchführung der Arbeit verantwortlich war (des verantwortlichen Beauftragten) sowie die Auswahl und Benennung von Beauftragten in den Strukturabteilungen aus den Gruppen, Brigaden oder Neuerern der wissenschaftlichen Arbeitsorganisation. Dem verantwortlichen Beauftragten wurden übertragen: die Ausarbeitung der Methodik für die Durchführung der Arbeit, die Auswahl und Ausarbeitung der Untersuchungsmethoden, die Bearbeitung der Daten und deren Analyse, die Ausarbeitung von Verfahren und Methoden für die Berechnung der Kennziffern des Vorprojekts für die Vervollkommnung der Arbeitsorganisation und der Leitungsstruktur. Zu den Pflichten der Beauftragten in den Strukturabteilungen gehörten die Erläuterung der Ziele der Untersuchung, die Unterstützung ihrer Durchführung, die Befragung der Mitarbeiter, die Teilnahme an der Sammlung der Daten, die Unterstützung bei deren Erfassung usw.

Die ungenügende Arbeitsteilung, die schlechte Kooperation und als eine Folge davon der geringe Mechanisierungs- und Automatisierungsgrad bei einigen Arbeitsarten und -operationen im Arbeitsprozeß des wissenschaftlichen und Hilfspersonals sind allgemein bekannt. Die Unvollkommenheit der bestehenden Arbeitsorganisation des Forschungspersonals in wissenschaftlichen Einrichtungen findet vor allem in dem beträchtlichen unrationellen Arbeitszeitaufwand ihren Ausdruck.

Infolgedessen erfordern die Ausarbeitung des Vorprojekts für die Vervollkommnung der Arbeitsorganisation und der Leitungsstruktur und die Untersuchung des Arbeitszeitbudgets und der Verteilung des Arbeitszeitaufwandes eine entsprechende Klassifizierung und Differenzierung der Arten von Arbeitsoperationen und -elementen, die durch die Mitarbeiter der Grundabteilungen des Instituts ausgeführt werden. Durch eine derartige Differenzierung und Aussonderung der einzelnen Arbeitsarten muß die Grundlage geschaffen werden, um den Arbeitszeitaufwand für die einzelnen Arbeitsarten und -elemente zu ermitteln, die bei der Durchführung entsprechender technisch-organisatorischer Maßnahmen weniger aufwendig durchgeführt werden können oder auf die ganz verzichtet werden kann. Zugleich wird dabei der Zeitaufwand für Arbeiten festgestellt, die durch Mitarbeiter einer bestimmten Kategorie und Funktion ausgeführt werden könnten, wobei von der Notwendigkeit des effektiven Einsatzes jedes Mitarbeiters unter Berücksichtigung seiner Qualifikation und Spezialisierung für die Durchführung der entsprechenden Arbeitsarten auszugehen ist.

Das auf der Grundlage dieser Überlegungen aufgestellte Verzeichnis der ausgeführten Arbeitsarten, -operationen und -elemente hat gezeigt, daß bei der bestehenden Arbeitsorganisation und Leitungsstruktur praktisch das gesamte Personal der wissenschaftlichen Abteilungen (von den Leitern der Abteilungen und Laboratorien bis zu den Laboranten und Präparatoren) in diesem oder jenem Maße an der Durchführung der meisten Arbeitsarten, -operationen und -elemente dieses Verzeichnisses beteiligt ist.

Die in diesem Falle angewandte Methode der Selbsteinschätzung für die Untersuchung der Struktur des Arbeitszeitaufwandes verlangte nun die Aufstellung einer äußerst umfangreichen Übersicht. Eine vorherige Analyse zeigte auch, daß bei der Erfassung der durchschnittlichen Dauer bestimmter Arbeitsarten des Forschungsprozesses selbst eine sich über eine Woche und sogar einen Monat erstreckende Selbsteinschätzung keine hinreichend repräsentativen und unverzerrten Angaben über die Struktur des Arbeitszeitaufwandes bei den Mitarbeitern einer Reihe von Funktionen in jeder Struktur-Abteilung des Instituts liefert.

Deshalb wurde von uns die Fragebogenmethode für die Untersuchung der Struktur des Arbeitszeitaufwandes angewandt. Dabei war vorgesehen, daß die Mitarbeiter, die den Fragebogen ausfüllen, den durchschnittlichen Arbeitszeitaufwand (in Arbeitstagen bezogen auf ein Jahr) für diese oder jene von ihnen auszuführenden Arbeitsarten, -operationen und -elemente selbst angeben.

Diese Methode für die Untersuchung der Struktur des Arbeitszeitaufwandes ist durchaus gangbar, wenn man folgende Faktoren berücksichtigt: das hohe Bildungsniveau der Mitarbeiter des Instituts, die über bedeutende Erfahrungen und Fertigkeiten in der Planung und Analyse des Arbeitsaufwandes für die Durchführung dieser oder jener Arbeiten verfügen; die Dynamik, den Unbestimmtheitsgrad und den Wahrscheinlichkeitscharakter sowohl des Inhalts der Arbeiten selbst als auch des Zeitaufwandes für deren Durchführung. Verzerrungen, die sich aus dem Zeitintervall der Selbsteinschätzung ergeben, treten hierbei bereits nicht mehr auf. Die möglichst vollständige Erfassung der Mitarbeiter durch die Fragebogenaktion führt zu Angaben, die mit hinreichender Wahrscheinlichkeit die Struktur des Arbeitszeitfonds der Mitarbeiter jeder Funktion in jeder Strukturabteilung widerspiegeln.

Über die Verfahrensweise und die Methoden der Befragung, das Ausfüllen der Fragebogen, ihre Korrektur und ihre Kontrolle, die Ordnung der Konsultationen, die Ausgabe und das Einsammeln der Fragebogen, deren Erfassung und Bearbeitung wurden spezielle Merkblätter für die Beauftragten und diejenigen ausgegeben, die die Fragebogen ausfüllten (siehe Anlagen 1 und 2). Sie wurden ausgearbeitet, um den Einfluß verschiedener indirekter Faktoren auf die Qualität und Zuverlässigkeit der gewonnenen Angaben auf ein Minimum zu beschränken.

In die Fragebogen konnten auch Bemerkungen und Vorschläge der Mitarbeiter über die Struktur ihres Arbeitszeitaufwandes, über die Rationalisierung und Mechanisierung der Arbeitsprozesse eingetragen werden.

Wenn man über hinreichend differenzierte Angaben über die Verteilung des jährlichen Arbeitszeitfonds der Mitarbeiter verschiedener Kategorien und Funktionen auf die einen oder anderen Elemente, Operationen und Arten der von ihnen ausgeführten Arbeiten verfügt und wenn man diese Werte mit den vorhandenen Angaben über eine rationellere qualifikationsmäßige, funktionale und operationsbezogene Aufteilung der Arbeitsprozesse auf die Mitarbeiter der wichtigsten Abteilungen und Dienste des Instituts vergleicht, dann kann man unter Verwendung von Umwandlungsmatrizen den Umfang und den Inhalt des unrationellen Aufwandes ermitteln, das Niveau der Arbeitsorganisation überschlagsmäßig bewerten und die Hauptparameter für das Projekt zur Rationalisierung der Arbeit berechnen. Zu den letzteren gehören: die notwendige Zahl der Mitarbeiter verschiedener Funktionen und Kategorien in den Grund- und Nebenabteilungen, die voraussichtliche Effektivität des Projekts (im Stadium des Vorprojekts) usw. Zu diesem Zweck wurden spezielle Formen von Umwandlungsmatrizen ausgearbeitet – die Matrix für die Umwandlung des Stellenplanes (MUS) und die Matrix für die Spezialisierung des Stellenplanes (MSS), die in allgemeiner Form in den Tabellen 17 und 18 dargestellt sind.

Die der Zahl der bestehenden (j) und der projektierten (i) Funktionen von Mitarbeitern entsprechende Anzahl der Spalten und Zeilen der MUS erlaubt es, den Arbeitszeitaufwand der Mitarbeiter jeder Funktion j entsprechend einer als rationell anerkannten Verteilung der Arbeitselemente, -operationen und -arten unter den Mitarbeitern von i verschiedenen Funktionen und Kategorien umzuverteilen.

Wenn $\sum_{j=1}^{n} j = \sum_{i=1}^{n} i = n$, das heißt, wenn sich die Funktionsstruktur nicht verändert, kann der Arbeitszeitfonds aller Mitarbeiter in $n(n+1)$ Matrixelementen dargestellt werden. Hierbei ist die $(n+1)$-te Zeile der MUS speziell für die direkten im Fragebogen festgehaltenen Ver-

Tabelle 17. Matrix für die Umwandlung des Stellenplanes (MUS)

Chiffre der Funktion			j-Funktionen der Mitarbeiter													F_i	
			1		2		…	j		…	n		K		
i-Funktionen der Mitarbeiter	I	1 II	… …		… …		…	… …		…	… …		K_I K_{II}		
		Σ	A_{11}	$A_{II}K$	A_{12}	$A_{12}K$		A_{1j}	$A_{ij}K$		A_{1n}	$A_{in}K$	$\Sigma\Sigma$	F_1	F_1K
	2	I II	… …		… …		…	… …		…	… …		K_I K_{II}		
		Σ	A_{21}	$A_{21}K$	A_{22}	$A_{22}K$		A_{2j}	$A_{2j}K$		A_{2n}	$A_{2n}K$	$\Sigma\Sigma$	F_2	F_2K
	…	…	…		…		…	…		…	…		…	…	
	i	I II	… …		… …								K_I K_{II}		
		Σ	A_{i1}	$A_{i1}K$	A_{i2}	$A_{i2}K$		A_{ij}	$A_{ij}K$		A_{in}	$A_{in}K$	$\Sigma\Sigma$	F_i	F_iK
	…	…	…		..		…	…		…	…		…		
	n	I II	… …		… …		…	… …		…			K_I K_{II}		
		Σ	A_{1n}	$A_{1n}K$	A_{n2}	$A_{n2}K$		A_{nj}	$A_{ij}K$		A_{nn}	$A_{nn}K$	$\Sigma\Sigma$	F_n	F_nK
$n+1$			…		…		…	…		…	—				
		Σ	$A_{n+1,1}$	—	$A_{n+1,2}$	—		A_{n+1j}			$A_{n+1,2}$	—	$\Sigma\Sigma_j$	F_{n+1}	—
F_j		$\Sigma\Sigma$	F_1	F_1K	F_2	F_2K	…	F_1	F_1K	…	F_n	F_nK	$\sum_{j=1}^{n} F = \sum_{i=1}^{n+1} F_1$		

luste und den als ineffektiv erkannten Arbeitszeitaufwand bestimmt.

Die Umverteilung (Umwandlung) des Arbeitszeitfonds der Mitarbeiter der Funktionen j für die Ermittlung seiner qualitativen Struktur und des notwendigen Zeitfonds der Mitarbeiter der Funktionen i in der MUS erfolgt in folgender Weise: Der Zeitaufwand der Mitarbeiter der Funktion j für diese oder jene Arbeitsarten, die zweckmäßigerweise durch Mitarbeiter anderer $i \neq j$ Funktionen ausgeführt werden sollen, werden dementsprechend in die Elemente $i \neq j$ der Spalte j der MUS eingetragen. In den diagonal gelegenen

Tabelle 18. Matrix für die Spezialisierung des Stellenplanes (MSS)

	Chiffre		*j*-Funktionen der Mitarbeiter												$F_i^{a \div f}$	
			1		2		…	j		…	n		K			
c—a	…	…	…		…		…	…			…		…		…	
c—a	i	I	…		…			…			…		K_{I}			
c—a	i	II	…		…		…	…		…	…		…			
c—a	i	Σ	A_{i1}^a	$A_{i1}^a K$	A_{i2}^a	$A_2^a K$		A_{ij}^a	$A_{ij}^a K$		A_{in}^a	$A_{in}^a K$	$\Sigma\Sigma$		F_i^a	$F_i^a K$
c—a	…	…	…		…			…			…		…		…	
c—b	…	…	…		…			…			…		…		…	
c—b	i	I	…		…								K_{I}			
c—b	i	II	…		…								K_{II}			
c—b	i	Σ	A_{i1}^b	$A_{i1}^b K$	A_{i2}^b	$A_{i2}^b K$		A_{ij}^b	$A_{ij}^b K$		A_{in}^b	$A_{in}^b K$	$\Sigma\Sigma$		F_i^b	$F_i^b K$
c—b	…	…	…		…			…			…		…		…	
	…	…	…		…		…	…		…	…		…		…	
c—f	…	…	…		…			…			…		…		…	
c—f	i	I	…		…			…			…		K_{I}			
c—f	i	II	…		…		…	…		…	…		K_{II}			
c—f	i	Σ	A_{i1}^f	A_{i1}^f K	A_{i2}^f	$A_{i2}^f K$		A_{if}^f	$A_{if}^f K$		A_{in}^f	$A_{in}^f K$	$\Sigma\Sigma$		F_i^f	$F_i^f K$
c—f	…	…	…		…			…			…		…		…	

Matrixelementen (wo $i = j$) wird der Arbeitszeitaufwand für jene Arbeitsarten und -elemente untergebracht, die für die Mitarbeiter der betrachteten Funktionen (A_{i-j}) als rationell anerkannt wurden. Dann kann der gesamte jährliche Arbeitszeitfonds der Mitarbeiter der Funktion j (F_j), der in den $n + 1$ Elementen der Spalte j der MUS (auf ihrer linken Seite) untergebracht ist, durch folgende Gleichung ermittelt werden:

$$F_j = A_{i-j} + \sum_{i=1}^{n} A_{i \neq j} + A_{n+1}\, j.$$

Hierin sind:

A_{i-j} – der Zeitaufwand für die Arbeiten, deren Ausführung für die Mitarbeiter der Funktion j als rationell anerkannt wurde;

$\sum_{i=1}^{n} A_{i \neq j}$ – der Zeitaufwand für die Arbeiten, deren Durchführung durch Mitarbeiter anderer Funktionen $i \neq j$ als rationell anerkannt wurde;

A_{n+1}, j – die direkten, im Fragebogen festgehaltenen Verluste und der als ineffektiv anerkannte Arbeitszeitaufwand.

Die Matrix für die Spezialisierung des Stellenplanes (MSS) enthält das bestehende und projektierte Verzeichnis der Abteilungen und Dienste mit Hilfs- und Betreuungscharakter (c — *a*, c — *b*, . . ., c — *f*). Infolgedessen kann in den Elementen der MSS der Zeitaufwand der Mitarbeiter der Funktionen *j* für jene Arbeitselemente, -operationen und -arten ermittelt werden, die bei einer rationellen Arbeitsorganisation eine entsprechende Spezialisierung der Mitarbeiter der einen oder anderen Funktion *i* (aus der Zahl der in der MSS berücksichtigten) erfordern.

Der auf diese Weise umverteilte Zeitaufwand erlaubt es, wenn man ihn längs der Zeilen *i* der Matrix summiert, im allgemeinen Falle den erforderlichen Arbeitszeitfonds der Mitarbeiter der Funktionen $i(F_i, F_i^{a \div f})$ und damit (unter Verwendung der durchschnittlichen Jahresarbeitszeitnorm) die erforderliche Zahl der Mitarbeiter der verschiedenen Kategorien und Funktionen zu erhalten. Man kann auch die fehlende Anzahl von Personal für die Hilfs- und Betreuungsabteilungen ermitteln.

Bekanntlich führen jedoch eine Arbeitsteilung und Spezialisierung der Mitarbeiter bei der Ausführung bestimmter Arbeitsoperationen und -arten, die unter Einsatz entsprechender Mechanisierungsmittel erfolgen, zu bedeutenden Verkürzungen des Zeitaufwandes bei der Ausführung von Arbeiten gleichen Umfangs. Infolgedessen kann man das Verzeichnis der Arbeitsoperationen und -arten, die durch Mitarbeiter der Funktionen *j* ausgeführt werden, und die entsprechenden Arbeitszeitaufwendungen bei ihrer Umverteilung in den Elementen der Matrixspalten *j* bedingt in zwei Gruppen aufteilen:

Die erste Gruppe (I) umfaßt den Teil der Arbeitsoperationen und -arten, für deren Ausführung selbst bei einer Rationalisierung der Arbeit die aufgewandte Zeit praktisch konstant bleibt.

Die zweite Gruppe (II) umfaßt jenen Teil der Arbeitselemente, -operationen und -arten, für deren Ausführung sich der Zeitaufwand nach der Rationalisierung der Arbeit in bestimmtem Maße vermindert.

Dementsprechend werden bei der Errechnung des erforderlichen Zeitaufwandes ($A_{i-j}K$) in jedem Element der Matrix (auf ihrer linken Seite) die Größen des Zeitaufwandes für die einen oder anderen

Arbeiten genommen, vermehrt um die Koeffizienten der voraussichtlichen Verkürzung des Zeitaufwandes $K_I = 1$ und $K_{II} < 1$. Die Größe K_{II} ist natürlich nicht konstant und wurde bedingt eingeführt, um die Form der MUS und MSS zu vereinfachen und sie anschaulicher zu machen. Die zweite Gruppe der Arbeitselemente, -operationen und -arten kann faktisch im äußersten Falle aus drei Teilen bestehen: Es sind dies:

– die Arbeiten, für die der Zeitaufwand nur durch Spezialisierung der Mitarbeiter verringert werden kann; dementsprechend wird der Koeffizient für die Senkung des Zeitaufwandes K_S eingeführt;

– die Arbeiten, für die der Zeitaufwand durch die Spezialisierung der Mitarbeiter, durch die Teilmechanisierung der einen oder anderen Arbeitsoperationen und -elemente und durch deren Zusammenlegung bei entsprechenden Formen der Arbeitsorganisation und einem entsprechenden Qualifikationsniveau der Mitarbeiter verringert wird; es wird der Koeffizient K_{SM} eingeführt;

– die Arbeitsoperationen und -arten, für die der Zeitaufwand durch die Vollmechanisierung praktisch entfällt; es wird der Koeffizient K_M ($K_M \cong 0$) eingeführt.

Die genannte Gruppierung der Arbeitselemente, -operationen und -arten und die entsprechenden Koeffizienten (K_S, K_{SM} und K_M) werden im Stadium des Vorprojekts auf dem Expertenwege ermittelt; sie wird für die Elemente einer jeden Zeile der Matrix eingeführt. Eine Ausnahme bildet die Zeile $n + 1$, in der die direkten (fixierten) Verluste und der nach der Durchführung technisch-organisatorischer Maßnahmen als ineffektiv anerkannte Zeitaufwand auf Null reduziert werden muß.

Unter Berücksichtigung des Dargelegten kann der Gesamtarbeitszeitfonds der Mitarbeiter der Funktion j in einer für die detailliertere Analyse nutzbaren Form durch folgende Gleichung dargestellt werden:

$$F_j = A_{i=j}\,K + \sum_{i=1}^{n} A_{i\neq j}\,K + \sum_{i=1}^{n} (A_{ij} - A_{ij}K) + A_{n+1,\,j}.$$

Hierin sind:

$A_{i=j}\,K$ – der notwendige Zeitaufwand für die Ausführung der Arbeiten, die für die betreffende Funktion der Mitarbeiter bei einer rationellen Arbeitsorganisation rationell sind;

$\sum_{i=1}^{n} A_{i\neq j}\,K$ – der notwendige Zeitaufwand für die Ausführung der Arbeiten durch Mitarbeiter anderer Funktionen $i \neq j$ bei einer rationellen Arbeitsorganisation;

$\sum_{i=1}^{n} (A_{ij} - A_{ij}K)$ – der ineffektive Zeitaufwand für die Ausführung der Arbeiten infolge ungenügender Spezialisierung der Mitarbeiter und unzureichender Mechanisierung der Arbeitsprozesse (das heißt, dem Wesen nach sind das verdeckte Zeitverluste).

Die Summe des zweiten, dritten und vierten Gliedes der gegebenen Gleichung kennzeichnet die Größe der unrationellen und ineffektiven Aufwendungen sowie der Arbeitszeitverluste der Mitarbeiter der Funktion j. Als Kennziffer, die in erster Näherung das Niveau der Arbeitsorganisation der Mitarbeiter der Funktion j charakterisiert, kann die Größe des effektiven Arbeitszeitaufwandes genommen werden.

Die Angaben der MUS und MSS über den notwendigen Zeitaufwand bei einer rationelleren Arbeitsorganisation ($A_{i+j} K$, $A_{i+j}^{a \div j} K$) und bei deren Summierung längs der Matrixzeilen liefern den notwendigen Arbeitszeitfonds der Mitarbeiter der verschiedenen Kategorien und Funktionen, darunter auch für die Ausführung der entsprechenden Arbeitsoperationen und -arten mit Hilfs- und Betreuungscharakter ($F_i^{a \div j} K$). Die voraussichtliche Verringerung der Personalstärke und die Lohnfondseinsparung können leicht an Hand der Daten der MUS als Differenz zwischen der bestehenden und der projektierten Personalstärke ermittelt werden.

Die Struktur des Arbeitszeitaufwandes bei den Mitarbeitern der Grundabteilungen des Instituts wurde mit Hilfe eines speziell aufgestellten Fragebogens (siehe Anlage 3) ermittelt. Der Fragebogen enthält Angaben über den Zeitaufwand für die einen und anderen Arbeitsarten (durchschnittlich pro Jahr) in Arbeitstagen.

Die Arbeitsarten und -elemente wurden im Fragebogen in der Reihenfolge angegeben, die bei der Ausführung von Forschungsarbeiten üblich ist und die es dem Befragten erleichtert, sich den Zeitaufwand für diese Arbeiten in Erinnerung zu rufen. Hierbei ließ sich die Zeit für die Ausführung der Arbeitselemente, die einen beträchtlichen Arbeitszeitaufwand erfordern, relativ leicht in Arbeitstagen bewerten. Für die Arbeitselemente periodischen und episodischen Charakters (Konsultationen von Besuchern usw.), die Teile des Arbeitstages beanspruchen, ließ sich die Summe des Zeitaufwandes unter Berücksichtigung der Häufigkeit und der Dauer solcher Arbeiten leicht durch eine Überschlagsberechnung ermitteln und in Arbeitstagen im Jahresdurchschnitt angeben.

Nach Ausfüllen des Fragebogens war die Möglichkeit vorgesehen, die Angaben zu präzisieren und zu korrigieren (siehe „Merkblatt zur Ausfüllung des Fragebogens“, Anlage 2).

Um unbeabsichtigte Fehler zu vermeiden, die aus einer nicht richtigen Beantwortung einzelner Punkte des Fragebogens entstehen können, wurde besonders beim Hilfspersonal auch eine Kontrolle durchgeführt, ob der Arbeitszeitaufwand den entsprechenden Arbeitselementen richtig zugeordnet wurde. Um diese Kontrolle zu erleichtern, wurden spezielle Kontrollvordrucke aus durchsichtigem Pauspapier benutzt, die nach den Spalten des Fragebogens für die verschiedenen Funktionen der Mitarbeiter unterteilt waren. Ein Vergleich des Kontrollvordrucks mit dem Fragebogen erlaubte es, die Aufmerksamkeit auf jene Arbeitselemente und -arten zu konzentrieren, deren Lösung eigentlich nicht Aufgabe der betreffenden Mitarbeiterkategorie ist und die von ihnen nur wegen der unvollkommenen Arbeitsorganisation ausgeführt werden. Der Vergleich zeigte auch, ob die entsprechenden Spalten richtig ausgefüllt wurden. Verbesserungen im Fragebogen wurden in solchen Fällen von den Befragten selbst (oder mit ihrer Zustimmung) vorgenommen, wodurch die als zweckmäßig anerkannte Anonymität der Befragung nicht verletzt wurde.

Durch die Fragebogenaktion wurden 1180 Mitarbeiter erfaßt, das heißt 97 Prozent der Mitarbeiter in den Grundabteilungen (Forschungs- und Konstruktionsabteilungen des Instituts). Für die Funktionen wurden folgende Chiffren gewählt:

– wissenschaftliches Personal: Abteilungsleiter (1), Laboratoriumsleiter (2), Sektoren- und Gruppenleiter (3), höhere wissenschaftliche Mitarbeiter (4), untere wissenschaftliche Mitarbeiter (5)[1];

– wissenschaftlich-technisches Personal: Oberingenieure (6), Ingenieure (7);

– wissenschaftliches Hilfspersonal: Laboranten der ersten Kategorie (8), Laboranten der zweiten Kategorie und Präparatoren (9).

Der Anteil der Mitarbeiter der Konstruktionsgruppe der Abteilungen machte etwa 8 Prozent der Gesamtmitarbeiterzahl in den Grundabteilungen des Instituts aus.

In den meisten Forschungsinstituten fehlen gegenwärtig spezielle Funktionspläne, die die Pflichten der verschiedenen Mitarbeiterkategorien und jene Arbeitsarten und -elemente festlegen, die von ihnen ausgeführt werden sollen. Deshalb mußte der Bearbeiter des

[1] Vgl. zu den Termini höhere bzw. untere wissenschaftliche Mitarbeiter: G. M. Dobrov, Wissenschaftsorganisation und Effektivität, Berlin 1971, S. 32 Anmerkung.

Projekts für die Arbeitsorganisation und die Leitungsstruktur eine vorläufige rationelle Verteilung der Arbeitsarten und -elemente auf die Mitarbeiter der entsprechenden Kategorien und Funktionen der Grundabteilungen und Hilfsdienste des Instituts ermitteln. Bei der Lösung dieser Aufgabe wurden die Kenntnisse, Meinungen und Vorstellungen erfahrener Mitarbeiter und Spezialisten des Instituts über die zweckmäßige Verteilung der Pflichten auf die Mitarbeiter der verschiedenen Kategorien und Funktionen bei der Ausführung der einen oder anderen Arbeitsarten und -elemente durch sie berücksichtigt.

Im Zusammenhang damit erfolgte eine Stichprobenbefragung, die Mitarbeiter der führenden Funktionsgruppe erfaßte (die höheren wissenschaftlichen Mitarbeiter, die Sektoren-, Laboratoriums- und Abteilungsleiter). Befragt wurden dabei 15 bis 40 Prozent der Mitarbeiter der genannten Kategorien, das heißt 75 Personen, die vereinbarungsgemäß in zwei zahlenmäßig ungefähr gleichstarke Gruppen aufgegliedert wurden: die Führungsgruppe, die die Abteilungs- und Laboratoriumsleiter umfaßte, und die Leitungsgruppe, zu der die Sektoren(Gruppen-)Leiter und die höheren wissenschaftlichen Mitarbeiter gehörten.

Für die vorliegende Untersuchung wurde ein Fragebogen verwendet, in dessen Spalten (anstelle der jährlichen Arbeitstage) Chiffren für die Funktionen der Mitarbeiter sowie für die Dienste des Instituts eingesetzt wurden, die die betreffenden Arbeitselemente bei effektivster Ausnutzung der Arbeitszeit und bei rationellster Verteilung der Pflichten unter den Bedingungen einer optimalen Arbeitsorganisation und eines optimalen Struktur- und Stellenplans eigentlich ausführen müßten.

Auf der ersten Seite des Fragebogens war die Aufgabe der Stichprobenbefragung dargelegt, und neben den Chiffren für die Funktionen standen die Chiffren der Hilfs- und Betreuungsabteilungen des Instituts.

Es bedeuteten beispielsweise:

c — *a* — Planungsabteilung;
c — *b* — Bibliothek;
c — *c* — Patentabteilung;
c — *d* — Versorgungsabteilung;
c — *e* — Abteilung für Ausrüstungen usw.

Auf der letzten Seite des Fragebogens konnte sich der Befragte über die Zweckmäßigkeit neuer Dienste und Abteilungen oder zusätzlich notwendiger Funktionen für die Verbesserung der Arbeitsorganisation äußern.

Die Anonymität wurde bei der Stichprobenbefragung nicht eingehalten. Daher konnte, falls notwendig, über unerwartet auftretende Meinungen und Vorschläge der Befragten Klarheit geschaffen werden.

Nachdem die ermittelten Angaben bearbeitet, systematisiert und analysiert waren, konnte die (nach Meinung der Mehrheit der erfahrensten und sachkundigsten Mitarbeiter) rationelle Verteilung der Pflichten, Arbeitsarten und -elemente auf die Mitarbeiter der verschiedenen Kategorien und Funktionen und konnten die Funktionen der Hilfsdienste des Instituts festgelegt werden.

2. *Die Analyse des Niveaus der Arbeitsorganisation, der Arbeitsverteilung und der Kooperation*

Bei unseren Untersuchungen wurden die Fragebogenangaben über die Struktur des Arbeitszeitaufwandes mit der elektronischen Rechenmaschine vom Typ „Minsk-22" bearbeitet und analysiert. Vorläufig wurden die Daten auf 80spaltige Lochkarten übertragen. Für die Übertragung der Informationen von einem Fragebogen wurden 5 Lochkarten gebraucht (wegen der Umrechnung in dreistellige Zahlen zu jedem Kode der Arbeitsarten und -elemente). Das Ablochen der Karten wurde entsprechend dem Eingang der Fragebogen von der Sammelstelle vorgenommen.

Die Dateneingabe in die elektronische Rechenanlage und die Ausgabe der Ergebnisse in systematischer Form in Gestalt eines Tabellenausdrucks erfolgten nach speziell ausgearbeiteten Programmen. Die Angaben über den Gesamtzeitaufwand für die Ausführung der im Fragebogen genannten Arbeitsarten und -elemente bei den Mitarbeitern der verschiedenen Funktionen sowie der (prozentuale) Anteil dieses Aufwandes wurden in den einzelnen Tabellen sowohl für das Institut insgesamt als auch für jede seiner (Grund-)Strukturabteilungen dargestellt (Tabelle 19).

Die Tabellenangaben dienten als Grundlage für die Korrektur und die Präzisierung der Angaben über die rationelle Verteilung der Arbeitsarten und -elemente, die aus der Auswertung der Stichprobenbefragung gewonnen wurden. Sie wurden anschließend in Verbindung mit einem speziellen Matrixvordruck verwendet, um die Arbeitsorganisation zu analysieren und die Größe der wichtigsten technisch-ökonomischen Kennziffern des Projekts zu ermitteln.

Bei der statistischen Auswertung der Stichprobenbefragung wurden für jedes im Fragebogen kodierte Arbeitselement Diagramme über

Tabelle 19. Struktur des Arbeitszeitaufwandes der Mitarbeiter eines Instituts (Tabellenausdruck der Ergebnisse der Fragebogenaktion, s. Anlage 3)

Kode der Arbeitsoperationen und -elemente	Chiffre der Funktione[n]				
	1	2	3	4	5
	Arbeitstage	Arbeitstage	Arbeitstage	Arbeitstage	Arbeitstage
10	$A_{10,1}$	$A_{10,2}$	$A_{10,3}$	$A_{10,4}$	$A_{10,5}$
11	$A_{11,1}$	$A_{11,2}$	$A_{11,3}$	$A_{11,4}$	$A_{11,5}$
12	$A_{12,1}$	$A_{12,2}$	$A_{12,3}$	$A_{12,4}$	$A_{12,5}$
13	$A_{13,1}$	$A_{13,2}$	$A_{13,3}$	$A_{13,4}$	$A_{13,5}$
14	$A_{14,1}$	$A_{14,2}$	$A_{14,3}$	.	.
15	$A_{15,1}$	$A_{15,2}$	$A_{15,3}$	.	.
16	$A_{16,1}$	$A_{16,2}$	$A_{16,3}$	.	.
17	$A_{17,1}$	$A_{17,2}$	.	.	.
18	$A_{18,1}$	$A_{18,2}$	.	.	.
19	$A_{19,1}$	$A_{19,2}$	.	.	.
20	$A_{20,1}$	$A_{20,2}$	.	.	.
21	$A_{21,1}$	.	.	.	.
22	$A_{22,1}$	.	.	.	.
23	$A_{23,1}$	.	.	.	.
24	$A_{24,1}$	.	.	.	.
.	.	.	.	.	.
.	.	.	.	.	.
.	.	.	.	.	.
107	$A_{107,1}$	$A_{107,2}$	$A_{107,3}$	.	.
108	$A_{108,1}$	$A_{108,2}$	$A_{108,3}$	$A_{108,4}$	$A_{108,5}$
109	$A_{109,1}$	$A_{109,2}$	$A_{109,3}$	$A_{109,4}$	$A_{109,5}$
insgesamt	$\sum_{10}^{109} A_1 = F_1$	$\sum_{10}^{109} A_2 = F_2$	$\sum_{10}^{109} A_3 = F_3$	$\sum_{10}^{109} A_4 = F_4$	$\sum_{10}^{109} A_5 = F_5$

er Mitarbeiter				insgesamt
6	7	8	9	
Arbeitstage	Arbeitstage	Arbeitstage	Arbeitstage	Arbeitstage
$A_{10,6}$	$A_{10,7}$	$A_{10,8}$	$A_{10,9}$	$\Sigma A_{10,1-9}$
$A_{11,6}$	$A_{11,7}$	$A_{11,8}$	$A_{11,9}$	$\Sigma A_{11,1-9}$
$A_{12,6}$	$A_{12,7}$	$A_{12,8}$	$A_{12,9}$	$\Sigma A_{12,1-9}$
$A_{13,6}$	$A_{13,7}$	$A_{13,8}$	$A_{13,9}$	$\Sigma A_{13,1-9}$
.	.	.	.	.
.	.	.	.	.
.	.	.	.	.
.	.	.	.	.
.	.	.	.	.
.	.	.	.	.
.		.	.	.
.	.	.	.	.
.	.	.	.	.
.	.	.	.	.
.	.	.	.	.
.	.	.	.	.
.	.	.	.	.
.	.	.	.	.
$A_{108,6}$	$A_{108,7}$	$A_{108,8}$	$A_{108,9}$	$\Sigma A_{108,1-9}$
$A_{109,6}$	$A_{109,7}$	$A_{109,8}$	$A_{109,9}$	$\Sigma A_{109,1-9}$
$\sum_{10}^{109} A_6 = F_6$	$\sum_{10}^{109} A_7 = F_7$	$\sum_{10}^{109} A_8 = F_8$	$\sum_{10}^{109} A_9 = F_9$	$\sum_{10}^{109} A_{109,1-9}$

die Verteilung der Fragebogenangaben (Meinungen) aufgestellt, ob die Ausführung des einen oder anderen Arbeitselements durch Mitarbeiter der entsprechenden Funktionen und Hilfsdienste des Instituts rationell ist oder nicht. Die Fragebogenangaben wurden nach den beiden Gruppen (der Führungs- und der Leitungsgruppe) der Befragten in das Diagramm eingetragen.

Die Priorität, die die Mehrheit der Befragten entweder der einen oder der anderen Kategorie und Funktion für die Ausführung einer gegebenen Arbeit zuwies, wurde – wenn wesentliche Unterschiede in den Meinungen der beiden Gruppen nicht vorhanden waren – als Grundlage für die rationelle Verteilung der Arbeitsarten und -elemente auf die Mitarbeiter genommen. So kann auf Grund des Verteilungsdiagramms (Abbildung 17) angenommen werden, daß die Ausführung des gegebenen Arbeitselements für die Mitarbeiterfunktionen unter den Chiffren „5" und „6" des Dienstes c — *e* rationell ist.

Die Verteilungsdiagramme in Verbindung mit den Informationen, die sich aus den Vorschlägen und Wünschen der Mitarbeiter ergaben,

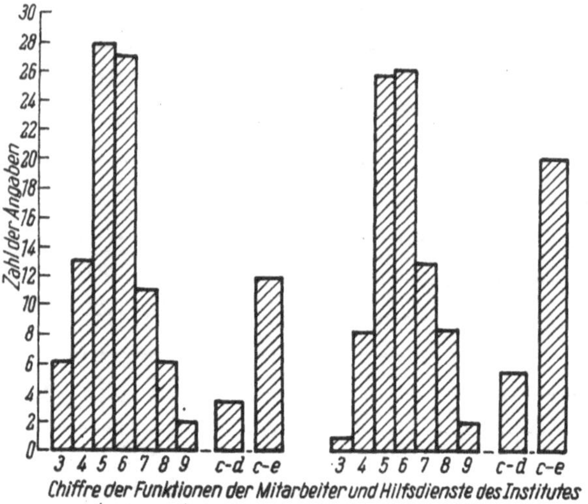

Abb. 17. **Verteilung der Angaben (Meinungen) aus der Stichprobenbefragung über die Rationalität der Ausführung des *n*-ten (entsprechend dem Kode) Arbeitselementes durch Mitarbeiter der entsprechenden Funktionen und Dienste des Instituts, bezogen auf die Gruppe der Abteilungs- und Laboratoriumsleiter (a) sowie der Leiter der Sektoren (Gruppen) und der höheren wissenschaftlichen Mitarbeiter (b)**

boten die Möglichkeit, Prinzipien und wichtige Grundsätze für eine rationelle Arbeitsorganisation im Institut auszuarbeiten. Diese Vorstellungen, die durch die Daten über den Zeitaufwand und durch die Tabelle für die Struktur des Arbeitszeitaufwandes präzisiert wurden, bildeten die Grundlage für die Aufstellung der Matrizen für die Umgestaltung und Spezialisierung des Stellenplanes. Wenn sich aus der Tabelle ergab, daß diese oder jene Arbeitsarten und -elemente auch von anderen (außer den als rationell anerkannten) Mitarbeiterkategorien ausgeführt werden können, dann wurde diese Tatsache als Mangel der bestehenden Arbeitsorganisation angesehen, und er wurde beseitigt.

Als rationell durchgeführt konnte man solche Arbeiten nicht betrachten, die eine bestimmte Ausbildung, Fertigkeiten und ein Qualifikationsniveau erfordern, worüber die Mitarbeiter der Grundabteilungen in der Regel nicht in dem notwendigen Maße verfügen (zum Beispiel Schreibmaschinenarbeiten – Kode 92 – durch wissenschaftliches Personal, Arbeiten zur materiell-technischen Versorgung – Kode 12, 13, 15 – durch Laboranten der Strukturabteilungen usw.). Das verursacht Zeitverluste und eine nicht qualitätsgerechte Ausführung solcher Arbeiten.

Ausgehend von der Analyse wurde eine Spezialisierung der Mitarbeiter auf solche Arbeitsarten mit Hilfs- und Betreuungscharakter als rationell angesehen, die in der gegenwärtigen Entwicklungsetappe der Technik, der Technologie und der Organisation eine Spezialausbildung und ein bestimmtes Wissen verlangen, um sie qualifiziert und effektiv ausführen zu können. Zu solchen Arbeiten wurde in erster Linie die Bereitstellung wissenschaftlich-technischer Informationen gerechnet.

Die Durchsicht der Informationsmaterialien, die die Bibliothek des Instituts zur Verfügung stellt (Kode 21), die Durchsicht der Karteien, der Neueingänge und der Bibliotheksbestände (Kode 20) sowie die Suche und die vorläufige Kenntnisnahme der Literatur in anderen Bibliotheken der Stadt und in den zentralen Bibliotheken des Landes (Kode 23, 24) müssen Mitarbeiter ausführen, die Funktionen vom Oberingenieur bis zum Laboranten der ersten Kategorie ausüben, die eine (höhere oder mittlere) Bildung auf dem entsprechenden Wissensgebiet besitzen und die eine bestimmte Ausbildung auf dem Gebiet der Informations- und der bibliographischen Arbeit erhalten haben.

Solche Mitarbeiter werden, wenn sie den entsprechenden Grundabteilungen angehören, sowohl über die durchzuführenden als auch über die beabsichtigten Arbeiten in ihren zuständigen Laboratorien und Sektoren (oder Gruppen) der Abteilungen gut informiert sein. Sie arbeiten in engem Kontakt mit den Führungs- und Leitungskräften und sind an der Durchführung der Arbeiten (insbesondere im Rahmen der Informationsbeschaffung und der Begründung ihrer Methodik) unmittelbar beteiligt, angefangen von der Formulierung des Themas bis hin zum Abschluß der Arbeit, ihrer Diskussion und ihrer Veröffentlichung.

Technische Funktionen der Informationsbeschaffung – zum Beispiel die Umschrift (Vervielfältigung) bibliographischer Karteikarten für Laboratoriums- oder individuelle Karteien (Kode 25), die Durchführung von Literaturbestellungen (über die Fernleihe), die Übersetzung aus fremden Sprachen (Kode 29), die direkte Übergabe des Informationsmaterials an den Verbraucher am Arbeitsplatz und andere Arbeiten – werden ebenfalls von speziellen Mitarbeitern in den Funktionen eines Laboranten der zweiten Kategorie oder eines Präparators ausgeübt. Diese sind den Informationsingenieuren der Abteilung direkt unterstellt.

Analoge Prinzipien der Arbeitsteilung und Kooperation werden auch bei Arbeiten zur Versorgung mit Patentinformationen angewandt (Kode 26, 27, 58, 56 und 28). Diese Arbeiten werden von einer speziellen Informationsgruppe aus Mitarbeitern der Grundabteilung unter methodologischer Anleitung und unter Verwendung der technischen Mittel der Spezialdienste des Instituts – wissenschaftlich-technische Bibliothek und Patentabteilung – ausgeführt, denn sie bilden im wesentlichen einen einheitlichen Komplex von Arbeiten der wissenschaftlichen Information.

Eine Spezialisierung der Mitarbeiter wurde auch bei Arbeitsarten, -operationen und -elementen zur materiell-technischen Versorgung (Kode der Arbeiten 12, 13 und 15), bei der Reparatur und Justierung von Geräten und Ausrüstungen (Kode 17) sowie bei der Herstellung von Bauteilen, bei der Vorbereitung von Versuchsmustern usw. dann als zweckmäßig angesehen, wenn diese Arbeiten nicht von den Werkstätten oder Spezialdiensten des Versuchsbetriebes des Instituts ausgeführt werden können. Eine Gruppe von Mitarbeitern der Abteilung in der Funktion von Ingenieuren (Meistern) und deren Helfern – Laboranten der ersten Kategorie –, die mit dem Inhalt und der Spezifik der Arbeiten der Abteilung gut vertraut sind, soll sich auf die Anwendung technischer Mittel für die Durchführung der entsprechenden Forschungen und Arbeiten spezialisieren.

Büroarbeiten und Verwaltungs- und Wirtschaftsfunktionen einer

Abteilung (teilweise oder vollständig entsprechend den Kodes der Arbeiten 81, 82, 83, 85, 86 und 87) sind zweckmäßigerweise einem speziellen Mitarbeiter in der Funktion eines Ingenieurs oder eines Laboranten der ersten Kategorie zu übertragen, der der ökonomische Assistent des Abteilungsleiters ist. Ihm direkt unterstellt ist die Sekretärin und Maschinenschreiberin, die entsprechende Arbeitsoperationen und -elemente (Kode 92, 93 und 94) ausführt.

Die genannten speziellen Arten der Hilfs- und Betreuungsarbeiten leisten entsprechende Mitarbeitergruppen hauptsächlich auf Grund der Forderungen und Aufträge des wissenschaftlichen Grundpersonals der Abteilung. Diese Gruppen schätzen auch den ungefähren Arbeitsaufwand und die Qualität der ausgeführten Arbeiten (für die Errechnung der Prämien und moralischen Anreize) ein.

Die Auftragserteilung, die Entscheidung über die Auslastung und die Qualitätskontrolle der ausgeführten Arbeiten, besonders durch die Laboranten, sind Aufgaben des ökonomischen Assistenten des Abteilungsleiters, zu dessen Funktionen auch die Einweisung und Unterrichtung neu eingestellter Laborkräfte gehört, die an den wichtigsten technischen Anlagen der Abteilung arbeiten, zum Beispiel an Rechenmaschinen, an Kopier- und Vervielfältigungsgeräten, an Tonaufzeichnungs- und -wiedergabegeräten, an Reproduktions- und anderen Geräten.

Die Spezialisierung der Mitarbeiter wird die Möglichkeit schaffen, einzelne Arbeitsoperationen und -elemente zusammenzulegen, die jetzt von den Mitarbeitern individuell ausgeführt werden. Zu solchen Arbeiten gehören die Erledigung von Aufträgen für Kopier-, Vervielfältigungs- und Fotoarbeiten, der Empfang von Literatur aus der Fernleihe (Kode 28 und 47), Recherchierarbeiten, die Sichtung der eingehenden und vorhandenen wissenschaftlich-technischen Informationen (Kode 20, 21, 23 und 24) und andere.

Es gibt vielfältige Möglichkeiten, eine progressive Technologie sowie Mechanisierungs- und Automatisierungsmittel bei einzelnen Arbeitsoperationen und -elementen arbeitsaufwendiger Prozesse einzusetzen. In erster Linie wäre es zweckmäßig, die kopielose Aufstellung technischer Dokumentationen einzuführen. Das würde gestatten, den Zeitaufwand des Personals der Grundabteilungen für solche Arbeiten wie das Vergleichen der Pausen mit dem Original (Kode 105) zu beseitigen und auch die Mitarbeiterzahl im Kopierbüro des Instituts bedeutend zu verringern. Zeichnungen und graphische Arbeiten, die vom Personal der Grundabteilungen ausgeführt werden (Kode 46), müssen vollständig gestrichen und dürfen nur von Mitarbeitern des Kopierbüros ausgeführt werden.

Die Einführung moderner Dokumentationsmittel für Informationen, beispielsweise Magnetophone und Diktiergeräte, wird es erlauben, den Arbeits- und Zeitaufwand für die Anfertigung von Beratungs-, Versammlungs- und Seminarprotokollen (Kode 83) bedeutend zu senken; der Einsatz tragbarer Kopier- und Vervielfältigungsgeräte (zum Beispiel vom Typ „Thermokopier") wird den Zeitaufwand für Umschreibungsarbeiten von Texten auf der Schreibmaschine (Kode 93), für die Vervielfältigung bibliographischer Karteikarten für Laboratoriums- und individuelle Karteien (Kode 25) verringern usw.

Spezialisierung der Mitarbeiter auf bestimmte Arbeitsarten, -operationen und -elemente, persönliche Verantwortung und Interesse für eine erfolgreiche Wahrnehmung ihrer Pflichten, für ihre Qualifizierung und für die Nutzung moderner technischer Mittel im Arbeitsprozeß werden die notwendigen Bedingungen schaffen, um die Effektivität der Forschungstätigkeit auf der Grundlage progressiver Formen und Methoden der Arbeitsorganisation zu erhöhen.

Ausgehend von den dargelegten Prinzipien und Vorstellungen über rationelle Formen der Arbeitsorganisation haben wir die Angaben über die Struktur des Arbeitszeitaufwandes systematisiert und in Form einer Matrix für die Umwandlung des Stellenplanes (MUS) bzw. für die Spezialisierung des Stellenplanes (MSS) sowohl für das gesamte Personal der Grundabteilungen des Instituts (Tabellen 20 und 21) als auch für jede Strukturabteilung dargestellt.

Hierbei wurden entsprechend den für die Funktionen gewählten Chiffren die bestehenden Funktionen der Mitarbeiter j ($j = 1 \div 9$) in neun Spalten der Matrizen und die projektierten Funktionen i ($i = 1 \div 9$) in neun Zeilen der MUS angeordnet. Da keine Veränderungen in der Funktionsstruktur des Stellenplanes vorausgesetzt wurden, ergab sich

$$\sum_{l}^{n} j = \sum_{l}^{n} i = n = 9.$$

Die Kodes der Arbeitsoperationen und -elemente, die durch Mitarbeiter jeder der betrachteten Funktionen j ausgeführt werden, die jedoch zweckmäßigerweise durch Mitarbeiter irgendeiner anderen Funktion $i \neq j$ auszuführen sind, wurden in die entsprechenden Elemente der Zeile i der MUS eingetragen. Die Angaben über den Zeitaufwand für die Ausführung dieser Arbeiten wurden aus den entsprechenden Spalten j der Tabelle des Arbeitszeitaufwandes entnommen. Hierbei war in den entsprechenden Elementen der Matrix, wo $j = i$, der restliche Arbeitszeitfonds untergebracht, d. h.

die aufgewendete Zeit für die Arbeiten, deren Ausführung durch die Mitarbeiter der betrachteten Funktion j als rationell angesehen wurde. Dieser Teil des Arbeitszeitfonds wurde durch Subtraktion der Summe des Zeitaufwandes für die Ausführung der Arbeiten, die für die Mitarbeiter der anderen Funktionen $i \neq j$ als rationell anerkannt wurden, vom Gesamtarbeitszeitfonds[1] ermittelt.

In den Elementen der Zeile 10 des MUS wurden die in den Fragebogen festgehaltenen Verluste und der als ineffektiv anerkannte Arbeitszeitaufwand untergebracht.

Nach dem gleichen Prinzip wurde die Matrix für die Spezialisierung des Stellenplanes (MSS) ausgefüllt. In der MSS (Tabelle 21) wurden entsprechend der Spezialisierung der Dienste des Instituts und den Arbeitsarten mit Hilfs- und Betreuungscharakter die Kodes jener Arbeitsarten, -operationen und -elemente fixiert, die zweckmäßigerweise durch Mitarbeiter der Funktionen i auszuführen sind, die sich auf die Ausführung solcher Arbeiten spezialisiert haben.

Die entsprechenden Angaben über den Zeitaufwand der Mitarbeiter für die Ausführung derartiger Arbeiten wurden aus den Tabellen des Arbeitszeitaufwandes oder unmittelbar aus der MUS in die MSS übertragen. Somit bestimmte der Arbeitszeitfonds, der in der MSS fixiert war und der einen bestimmten Anteil des Gesamtarbeitszeitfonds der Mitarbeiter der Grundabteilungen ausmachte, den Umfang des Zeitaufwandes für die speziellen Arbeiten mit Hilfs- und Betreuungscharakter.

Die Angaben der Matrix für die Umwandlung des Stellenplanes (MUS) (Tabelle 20) zeigen, daß der Bereich der für die Mitarbeiter jeder Funktion j unrationellen Arbeitsarten, -operationen und -elemente sowie die Verluste und der ineffektive Zeitaufwand recht umfangreich sind, was dementsprechend von vornherein den beträchtlichen unrationellen Arbeitszeitaufwand bestimmt:

$$\left(\sum_{i=1}^{10} A_{i \neq j}\right).$$

Die Angaben über die Gesamthöhe des unrationellen Aufwandes, einschließlich der fixierten Arbeitszeitverluste bei den Mitarbeitern

[1] In den Gesamtarbeitszeitfonds wurden der Zeitaufwand für die Erfüllung gesellschaftlicher Aufträge (Kode 88) sowie der Zeitaufwand für die Teilnahme an Versammlungen, Sitzungen und Beratungen über gesellschaftliche Angelegenheiten (Kode 84) nicht aufgenommen, da sie entsprechend innerbetrieblichen Regelungen außerhalb der Arbeitszeit durchgeführt werden.

Tabelle 20. Matrix für die Umwandlung des Stellenplanes eines Instituts

i \ j	*j*-Funktio									
	1		2		3		4		5	
	$A_{i,1}$	$A_{i,1}K$	$A_{i,2}$	$A_{i,2}K$	$A_{i,3}$	$A_{i,3}K$	$A_{i,4}$	$A_{i,4}K$	$A_{i,5}$	$A_{i,}$
i-Funktionen der Mitarbeiter 1	$F_{j=1}$ = 2221 ΣA_{i+} = 834 1387	1387								
2	325	325	$F_{j=2}$ = 15655 ΣA_{i+j} = 5841 9814	9814						
3	218	218	2458	2444	$F_{j=3}$ = 23156 ΣA_{i+j} = 7290 15866	15754	398	398	145	14
4	64	64	919	919	2867	2867	$F_{j=4}$ = 56429 ΣA_{i+j} = 14991 41438	41265	343	34
5	—	—	74	74	260	260	1254	1254	$F_{j=5}$ = 5933 ΣA_{i+j} = 1605 43274	4312
6	55	38	789	601	1202	933	3530	2869	3792	314
7	109	88	997	804	1714	1358	5595	4856	6027	528
8	24	16	233	149	450	308	1943	1473	2973	226
9	23	14	298	184	630	383	1787	1048	2337	124
Direkte, doch uneffektive Zeitaufwendungen	16	—	73	—	167	—	484	—	440	—

… Mitarbeiter								Arbeitszeit-fonds		Zahl der Mitarbeiter		
6		7		8		9						
,6	$A_{i,6}K$	$A_{i,7}$	$A_{i,7}K$	$A_{i,8}$	$A_{i,8}K$	$A_{i,9}$	$A_{i,9}K$	F_i	F_iK	S^s	S^r	S^p
								$N_{j=1}=247$ 1387	 1387	9	6	6
								$N_{j=2}=248$ 10139	 10139	63	41	41
7	7							$N_{j=3}=244$ 19092	 18966	95	78	77
34	34	6	6					$N_{j=4}=237$ 45671	 45498	238	192	192
93	593	517	517					$N_{j=5}=228$ 45972	 45825	260	202	201
$_{=6}=22711$ $_{i+j}=8140$ 71	 14278	1901	1710	216	182			$N_{j=6}=223$ 26056	 23760	102	117	107
82	4051	$F_{j=7}=31279$ $\Sigma A_{i+j}=9045$ 22234	 21518	2894	2220	1261	953	$N_{j=7}=217$ 45513	 41137	144	210	189
72	1183	3438	2811	$F_{j=8}=34986$ $\Sigma A_{i+j}=8376$ 26610	 25352	2971	2450	$N_{j=8}=213$ 40114	 35994	164	188	169
21	756	3037	1583	4285	2584	$F_{j=9}=22930$ $\Sigma A_{i+j}=4840$ 18090	 16424	$N_{j=9}=218$ 31708	 24222	105	146	111
31	—	146	—	980	—	608	—	3045	—	—	—	—

jeder Funktion j (H_j) in Prozent zu ihrem Gesamtarbeitszeitfonds (F_j), die nach der Formel

$$H_j = \frac{100 \sum_{i=1}^{10} A_{i+j}}{F_j}$$

auf der Grundlage der Angaben der MUS errechnet wurden, sind in Abbildung 18 dargestellt.

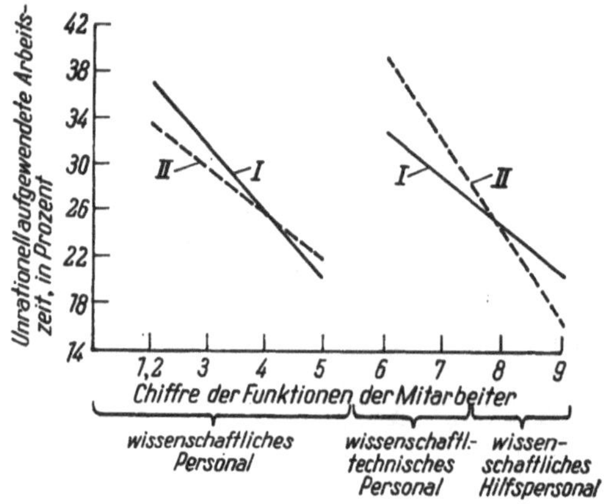

Abb. 18. Der unrationelle Aufwand und die direkten Arbeitszeitverluste bei den Mitarbeitern der Grundabteilungen des Instituts (I) und bei Mitarbeitern der technologischen Abteilungen des Instituts (II)

Die bestehende Arbeitsorganisation führt folglich zu einem beträchtlichen unrationellen Arbeitszeitaufwand, der für die verschiedenen Funktionen der Mitarbeiter in den Grundabteilungen des Instituts insgesamt zwischen 20,7 bis 21,1 Prozent (bei den unteren wissenschaftlichen Mitarbeitern, den Laboranten der zweiten Kategorie und den Präparatoren) und 33,2 bis 37,3 Prozent der Arbeitszeit (bei den Oberingenieuren und den Abteilungs- und Laboratoriumsleitern) liegt.

Charakteristischerweise läßt sich hierbei praktisch eine direkt proportionale Abhängigkeit zwischen der Größe des unrationellen Arbeitszeitaufwandes und der Dienststellung der Mitarbeiter sowohl für die Kategorie des wissenschaftlichen als auch des wissenschaftlich-technischen und des Hilfspersonals beobachten, das heißt, der Anteil der unrationell ausgenutzten Arbeitszeit ist um so größer, je höher die Funktion der Mitarbeiter jeder dieser Kategorien ist.

Eine Abhängigkeit, die der direkt proportionalen nahekommt, besteht zwischen dem unrationellen Arbeitszeitaufwand und der Dienststellung der Mitarbeiter auch in den technologischen Grundabteilungen des Instituts, in denen etwa 36 Prozent der Mitarbeiter aller Grundabteilungen beschäftigt sind (siehe Abb. 18). Hier wächst jedoch der unrationelle Aufwand mit der höheren Funktion der Mitarbeiter beim wissenschaftlich-technischen und beim Hilfspersonal etwas schneller als beim wissenschaftlichen und wesentlich schneller als in den Grundabteilungen des Instituts insgesamt.

Aus der Matrix für die Spezialisierung des Stellenplans (Tabelle 21) ergibt sich, daß das Personal der Grundabteilungen außer den Arbeiten, die unmittelbar mit dem Zyklus der Forschungs- und Entwicklungsarbeiten zusammenhängen, auch einige Arbeitsarten, -operationen und -elemente mit dem Charakter von Hilfs- und Betreuungsarbeiten ausführt (zum Beispiel Arbeiten zur informationellen und materiell-technischen Versorgung, Büroarbeit usw.).

Hilfs- und Betreuungsarbeiten werden durch das in den Grundabteilungen beschäftigte Personal sogar dann ausgeführt, wenn es im Institut bereits entsprechende spezielle Abteilungen und Dienste gibt (zum Beispiel Dienste für die Gestaltung der Berichte und Publikationen, der Patentanmeldungen, Abteilung für materiell-technische Versorgung und andere). Da die Arbeitsorganisation in solchen Abteilungen unvollkommen ist und da die Anzahl und die Qualifikation der Mitarbeiter dieser Dienste nicht ausreicht, entlasten sie das Personal der Grundabteilungen in nur äußerst ungenügendem Maße von Hilfs- und Betreuungsarbeiten. In Einzelfällen setzt man das Auftreten direkter Arbeitszeitverluste von vornherein voraus.

Die Angaben der MSS zeigen zum Beispiel, daß für Arbeiten (Kode 54) zur Gestaltung der Berichte, Publikationen und Anmeldungen (Vergleich des Textes, Eintragen der Formeln, Einkleben der Illustrationen usw.) und für die Erledigung der Aufträge für Kopier-, Vervielfältigungs- und Fotoarbeiten (Kode 47) durch das Personal der Grundabteilungen jährlich eine Zeit aufgewendet wird, die dem jährlichen Arbeitszeitfonds eines Mitarbeiters äquivalent ist und zum Teil darüber liegt. Zweifellos ist es zweckmäßiger, derartige Arbeiten bei einer rationellen Arbeitsorganisation und einem rationellen Verfahren von Mitarbeitern des Dienstes für die Gestaltung der Berichte in der Funktion eines Laboranten der zweiten Kategorie oder eines Präparators ausführen zu lassen, die das gleiche Arbeitspensum nicht nur mit einem geringeren Aufwand an gesell-

Tabelle 21. Matrix für die Spezialisierung des Stellenplanes eines Institutes

Spezielle wissenschaftliche Hilfs- und Bedienungsarbeiten	j / i		j-Funktion					
			1 und 2		3		4	
			$A_{i,1-2}$	$A_{i,1-2}K$	$A_{i,3}$	$A_{i,3}K$	$A_{i,4}$	$A_{i,4}K$	$A_{i,5}$
Materiell-technische Versorgung	i-Funktionen der Mitarbeiter	7	337	270	392	313	1348	1078	141
Versorgung mit Fahrkarten		9	70	35	105	52	279	139	27
Bedienung, Reparatur und Bereitstellung der Geräte und Ausrüstungen		7	174	139	146	117	997	797	78
		8	29	23	44	35	497	397	64
Übersetzung wissenschaftlich-technischer Literatur		6	10	5	40	20	97	48	20
Sicherung der wissenschaftlich-technischen Information		6	322	161	407	203	1005	502	11
		7	379	268	456	324	1050	780	12
		8	119	59	168	84	489	244	4
		9	87	43	144	72	341	170	4
Sicherung der Patentinformation		6	439	399	507	461	1272	1132	8
		9	26	13	40	20	96	48	1
Formulierung wissenschaftlich-technischer Berichte und Publikationen		9	68	48	137	99	549	394	7

r Mitarbeiter									Arbeits-zeitfonds		Zahl der Mitarbeiter	
	6		7		8		9					
$A_{i,5}K$	$A_{i,6}K_7$	$A_{i,6}K$	$A_{i,7}$	$A_{i,7}K$	$A_{i,8}$	$A_{i,8}K$	$A_{i,9}$	$A_{i,9}K$	F_i	F_iK	S^r	S^p
129	1671	1336	1845	1475	1348	947	615	307	$N_{j-7} = 217$		41	33
									8968	6855		
137	100	50	164	82	139	69	76	38	$N_{j-9} = 218$		6	3
									1208	601		
628	1199	959	965	772					$N_{j-7} = 217$		20	16
									4266	3411		
519	635	508	1739	1391	3447	2757	181	1456	$N_{j-8} = 213$		42	34
									8861	7086		
104	83	41	26	13					$N_{j-6} = 223$		2	1
									465	231		
566	200	100	355	177	69	34	58	29	$N_{j-6} = 223$		16	8
									3548	1771		
922	279	222	451	356					$N_{j-7} = 217$		18	13
									3836	2872		
246	141	70	129	64	296	147	261	130	$N_{j-8} = 218$		10	5
									2096	1058		
203	63	31	164	82	282	143	229	114	$N_{j-9} = 218$		8	4
									1716	858		
803	94	89	200	196					$N_{j-6} = 223$		15	14
									3351	3080		
53	16	8	37	19	20	10	22	11	$N_{j-9} = 218$		2	1
									362	182		
537	244	171	855	995	1213	860	774	559	$N_{j-9} = 218$		21	15
									4601	3263		

Fortsetzung der Tabelle 21

Spezielle wissenschaftliche Hilfs- und Bedienungsarbeiten		j / i	j-Funktio						
			1 und 2		3		4		
			$A_{i,1-2}$	$A_{i,1-2}K$	$A_{i,3}$	$A_{i,3}K$	$A_{i,4}$	$A_{i,4}K$	A
	i-Funktionen der Mitarbeiter	7			137	137	178	178	
Geschäftsführung und Sekretariatsarbeiten		8	27	13	56	28	126	63	2
		9	66	59	79	71	229	179	2
Ausführung physikalisch-chemischer Analysen und Proben		6	9	9	82	82	200	200	4
		7							
		8							
		9							
Ausführung mechanischer Proben und von Fertigkeitsproben		6	35	35	26	26	161	161	12
		7							
		8							
		9							

er Mitarbeiter									Arbeits-zeitfonds		Zahl der Mitarbeiter	
	6		7		8		9					
$A_{i,5}K$	$A_{i,6}$	$A_{i,6}K$	$A_{i,7}$	$A_{i,7}K$	$A_{i,8}$	$A_{i,8}K$	$A_{i,9}$	$A_{i,9}K$	F_i	F_iK	S^r	S_p
96	574	574	326	326	93	93	6	6	$N_{j=7} = 217$ 1410	 1410	7	7
111	45	22	87	43	270	238	52	26	$N_{j=8} = 213$ 885	 544	4	3
172	247	222	806	596	2322	2055	3369	2985	$N_{j=9} = 218$ 7392	 6339	34	29
468	1330	1330							$N_{j=6} = 223$ 2089	 2089	9	9
			2272	2272					$N_{j=7} = 217$ 2272	 2272	10	10
					1383	1383			$N_{j=8} = 213$ 1383	 1383	7	7
							1227	1227	$N_{j=9} = 218$ 1227	 1227	6	6
128	271	271							$N_{j=6} = 213$ 621	 621	3	3
			457	457					$N_{j=7} = 217$ 457	 457	2	2
					2089	2089			$N_{j=8} = 213$ 2089	 2089	10	10
							1999	1999	$N_{j=9} = 218$ 1999	 1999	9	9

schaftlicher Arbeit, sondern auch auf einem qualitativ höheren Niveau entsprechend ihrer Fachausbildung erbringen können.

Für die Zusammenstellung, Abstimmung, Gestaltung und Entgegennahme von Aufträgen für die Lieferung von Materialien, Geräten und Ausrüstungen sowie für Dienstleistungen des Versuchsbetriebes, der Abteilungen und Dienste des Instituts (Kodes 12, 13 und 15) verbraucht das Personal der Grundabteilungen eine Zeit, die dem jährlichen Arbeitszeitfonds von 42 Mitarbeitern äquivalent ist oder sogar noch höher liegt. Hierbei entfällt der größere Teil des Zeitaufwandes auf die Mitarbeiter, die als Oberingenieure oder in höheren Funktionen angestellt sind, wogegen die Ausführung solcher Arbeiten zweckmäßigerweise den Mitarbeitern, die sich darauf spezialisieren, zur Pflicht gemacht werden sollte, und zwar in einer Funktion nicht höher als Ingenieur oder Techniker.

Insgesamt beträgt der Zeitaufwand für die Ausführung spezieller Arbeitsarten und -elemente mit Hilfs- und Betreuungscharakter etwa 17 Prozent des Gesamtarbeitszeitfonds der Mitarbeiter in den Grundabteilungen, wobei der Zeitaufwand der Mitarbeiter, die sich bereits in bestimmtem Maße auf derartige Arbeiten spezialisieren, noch nicht berücksichtigt ist. Groß ist auch der unrationelle Zeitaufwand im Zyklus der Forschungs- und Entwicklungsarbeiten.

Disproportionen in der Personalstärke der Strukturabteilungen, unzureichende Spezialisierung, unexakte Festlegung der funktionalen Pflichten der Mitarbeiter und der Anforderungen an ihre Qualifikation, ungenügende Mechanisierung und Automatisierung der Arbeitsprozesse, unzureichende Ausstattung der Arbeitsplätze mit Mitteln der Organisationstechnik und andere Mängel in der Arbeitsorganisation verursachen einen bedeutenden Zeitaufwand für Arbeiten, die für hochqualifizierte Mitarbeiter unrationell sind. Wenn leitende Mitarbeiter der Abteilungen spezielle Arbeiten mit Hilfs- und Betreuungscharakter ausführen, für deren effektive Durchführung sie nicht die notwendigen Fertigkeiten und Erfahrungen besitzen, oder aber Arbeiten leisten, die unter ihrer Qualifikation liegen, so führt das zu bedeutenden Zeitverlusten und lenkt die Aufmerksamkeit der Mitarbeiter von ihren Hauptaufgaben ab, und das wiederum beeinflußt sowohl die Erhöhung ihrer Qualifikation als auch die Qualität und die Termine der von ihnen erledigten Arbeiten negativ.

Die genannten Umstände führen dazu, daß ein bedeutender Teil solcher (für die betreffende Funktion der Mitarbeiter) unrationellen Arbeiten mit einem größeren Arbeitskräfte- und Arbeitszeitaufwand durchgeführt wird, als das auf dem gegenwärtigen Entwicklungsniveau der gesellschaftlichen Arbeitsorganisation erforderlich ist. Das bedeutet, daß der Teil solcher Aufwendungen, der den gesellschaftlich notwendigen Arbeitszeitaufwand übersteigt, im wesentlichen ineffektiver Aufwand oder direkter Arbeitszeitverlust ist. Um den notwendigen Arbeitszeitaufwand zu ermitteln, muß bei der Bewertung der bestehenden und bei der Projektierung einer rationellen Arbeitsorganisation die Möglichkeit berücksichtigt werden, moderne progressive Organisationsformen auszunutzen und Mittel für die Mechanisierung und Automatisierung der Arbeitsprozesse umfassend einzusetzen. Da die Arbeitsteilung, die Spezialisierung und die Kooperation der Mitarbeiter, die Mechanisierung und die Automatisierung der (Forschungs-)Arbeit eine Verminderung des Zeitaufwandes für die Ausführung wissenschaftlicher Arbeiten zur Folge hat, wurden in den Matrizen für die Umwandlung und die Spezialisierung des Stellenplanes (Tabellen 20 und 21) für einige Arbeitsarten, -operationen und -elemente auf experimentellem Wege gewonnene orientierende Koeffizienten für die voraussichtliche Verringerung des Zeitaufwandes benutzt, die sich auf Expertenaussagen stützen.

Bei der Errechnung der notwendigen Höhe des Zeitaufwandes ($A_{ij}K$) in jedem Element der Matrizen (auf ihrer rechten Seite) wurde die Größe des Zeitaufwandes für einzelne Arbeitselemente mit dem Koeffizienten für die voraussichtliche Verringerung des Zeitaufwandes (K_S, K_{SM} und K_M) multipliziert.

In den entscheidenden Elementen der MUS (wo $i = j$) wurden, um die Größe $A_{i=j}K$ unmittelbar aus $A_{i=j}$ zu erhalten, für einige Arbeitsarten (die für die Mitarbeiter der betreffenden Funktion als zweckmäßig anerkannt wurden, für deren Ausführung der Zeitaufwand jedoch durch vorgesehene organisatorisch-technische Maßnahmen verringert werden kann) als Koeffizienten die Komplementärgrößen (Ergänzung bis 1) der Koeffizienten K_S, K_{SM} und K_M mit umgekehrtem Vorzeichen benutzt, das heißt —0,2, —0,5 bzw. —1.

Somit bestimmte die Differenz der Größen A_{ij} und $A_{ij}K$ in jedem Element der Spalte j der MUS die orientierende Größe des ineffektiven Arbeitszeitaufwandes der Mitarbeiter der Funktion j, der infolge unrationeller Arbeitsorganisation entsteht.

Angaben über die Struktur des unrationellen und ineffektiven Zeitaufwandes bei den Mitarbeitern der verschiedenen Funktionen j unter Berücksichtigung des prozentualen Anteils des ineffektiven Aufwandes an der Gesamtsumme des unrationellen und ineffektiven Arbeitszeitaufwandes sind in Abbildung 19 angeführt.

Wie ersichtlich, wächst der Anteil des ineffektiven Arbeitszeitaufwandes an der Gesamtsumme des unrationellen Zeitaufwandes, je

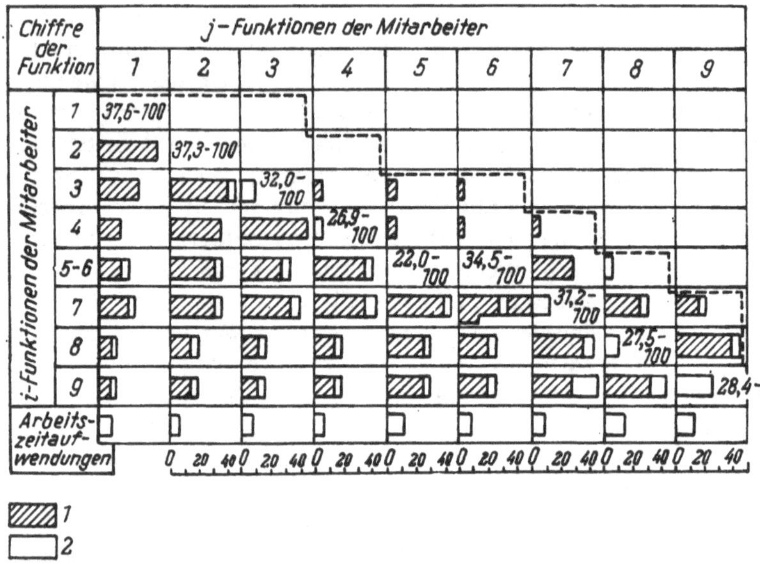

Abb. 19. Zeitaufwendungen für die Ausführung von Arbeiten durch Mitarbeiter der Funktion $i \neq j$ (in Prozent zur Gesamtsumme der unrationellen und nichteffektiven Aufwendungen an Arbeitszeit)

1 – Anteil der notwendigen Zeitaufwendungen für die Ausführung der Arbeiten bei rationeller Arbeitsorganisation;

2 – Anteil der nichteffektiven Zeitaufwendungen infolge unrationeller Arbeitsorganisation.

niedriger die Funktion des Mitarbeiters ist. Die Ursache dafür liegt in erster Linie in der unzureichenden Aufmerksamkeit für das Organisationsniveau und den Mechanisierungsgrad der Arbeitsprozesse des technischen und Hilfspersonals.

Die Unterschiede in der Struktur des unrationellen Aufwandes hängen wesentlich von der Funktion des Mitarbeiters ab, der die entsprechenden Arbeiten durchführt. So ist der Grad der Unrentabilität des Zeitaufwandes bei einem Mitarbeiter, der zum Beispiel die Funktion eines Sektorenleiters ausübt, abhängig davon, ob er Arbeiten eines Ingenieurs oder eines Laboranten ausführt. Hieraus folgt, daß der Gesamtprozentsatz des unrationellen und ineffektiven Arbeitszeitaufwandes dessen Struktur wegen der Unterschiede im spezifischen Anteil und wegen des Rentabilitätsgrades eines solchen Aufwandes nicht hinreichend äquivalent widerspiegelt. Die Angaben der Abbildung 19 zeigen auch, daß es in der Praxis einen Zeitaufwand für Arbeiten gibt, die zweckmäßiger durch Mitarbeiter nicht nur untergeordneter, sondern übergeordneter Funktionen ausgeführt werden. Im letzteren Falle ist die Zahl der Funktionsstufen der Mitarbeiter für jede Funktion j nicht größer als 2, was man als eine reale Grenze ansehen kann, bei deren Überschreiten man die Ausführung der entsprechenden Arbeiten offensichtlich als ineffektiv betrachten kann.

Angesichts der qualitativen Ungleichwertigkeit (Unausgewogenheit) der Gesamtsumme des unrationellen und ineffektiven Arbeitszeitaufwandes bei den Mitarbeitern der verschiedenen Funktionen war für eine vergleichende Bewertung dieses Aufwandes eine „Gewichtung" ihrer Komponenten nach dem Rentabilitätsgrad notwendig, was wiederum die Festlegung eines einheitlichen Prinzips für die Ermittlung der Grenzen nach sich zog, innerhalb derer sich die notwendigen Angaben für die Berechnung bewegen.

Davon ausgehend, daß der Lohn oder das Gehalt (AL^{I-IX}) die Kennziffer für das Maß der Arbeit und der notwendigen Effektivität des Arbeitszeitaufwandes der Mitarbeiter verschiedener Funktionen sein kann, wurden als Größen, die in erster Näherung den Unrentabilitätsgrad des Einsatzes von Mitarbeitern der Funktion j für die Ausführung von Arbeiten charakterisieren, die für Mitarbeiter der Funktionen $i \neq j$ als rationell anerkannt wurden, die Koeffizienten der relativen Unrentabilität (K_{ij}) genommen, die als Verhältnis des Durchschnittslohnes der Mitarbeiter der Funktion j zum Durchschnittslohn der Mitarbeiter der Funktion i ermittelt wurden:

$$K_{i-j} \lesseqgtr 1 \; (K_{i-j} = 1).$$

Die (an Hand der Gehälter und des Durchschnittslohnes, das heißt unter Einbeziehung der Zuschläge für wissenschaftliche Grade) berechneten Koeffizienten der relativen Unrentabilität des unrationellen Zeitaufwandes $K_{i \neq j}$ in der Matrixform einer Tabelle, die für die Ermittlung der durchschnittlichen, „gewichteten" Kennziffern der Arbeitszeitausnutzung geeignet ist, sind in Tabelle 22 dargestellt. Gemäß den oben erwähnten Prinzipien der Vergleichbarkeit der errechneten Kennziffern wurden in Tabelle 22 für die erste höhere Funktion (Abteilungsleiter – Chiffre „1") noch zwei höhere Funktionen eingeführt (Stellvertreter des Direktors und Direktor des Instituts: Chiffre „0" und „–1").

Die Koeffizienten K_{10j} wurden aus folgender Bedingung errechnet:

$$0 < AL^{X} < AL^{I} \qquad (AL^{X} = 50)$$

und K_{-11}, K_{02}, K_{01} aus der Bedingung

$$AL^{I} < AL^{0} < AL^{-I}$$

Tabelle 22. Koeffizienten der relativen Unrentabilität des unrationellen Zeitaufwandes

Chiffre der Funktion		*j*-Funktionen der Mitarbeiter							
		1	2	3	4	5–6	7	8	9
i-Funktionen der Mitarbeiter	−1	K_{11} 0,72 0,67							
	0	K_{01} 0,84 0,87	$K_{0,2}$ 0,71 0,67						
	1	AL^{I} 220 375	K_{12} 0,84 0,87	K_{13} 0,70 0,59					
	2	K_{21} 1,19 1,15	AL^{II} 185 325	K_{23} 0,84 0,68	K_{24} 0,73 0,51				
	3	K_{31} 1,42 1,70	K_{32} 1,19 1,48	AL^{III} 155 220	K_{34} 0,87 0,75	K_{35-6} 0,71 0,50			
	4	K_{41} 1,63 2,27	K_{42} 1,37 1,97	K_{43} 1,15 1,33	AL^{IV} 135 165	K_{45-6} 0,81 0,67	K_{47} 0,67 0,55		
	5–6	K_{5-61} 2,00 3,41	K_{5-62} 1,68 2,95	K_{5-63} 1,41 2,00	K_{5-64} 1,23 1,50	AL^{V-VI} 110	K_{5-67} 0,82	K_{5-68} 0,73	
	7	K_{71} 2,44 4,17	K_{72} 2,06 3,61	K_{73} 1,70 2,41	K_{74} 1,50 1,83	K_{75-6} 1,22	AL^{VII} 90	K_{78} 0,89	K_{79} 0,72
	8	K_{81} 2,75 4,69	K_{82} 2,31 4,06	K_{83} 1,94 2,75	K_{84} 1,69 2,06	K_{85-6} 1,38	K_{87} 1,13	AL^{VIII} 80	K_{89} 0,81
	9	K_{91} 3,48 5,77	K_{92} 2,85 5,00	K_{93} 2,38 3,38	K_{94} 2,08 2,54	K_{95-6} 1,69	K_{97} 1,38	K_{98} 1,23	AL^{IX} 65
Arbeitszeitaufwendungen(10)		K_{101} 4,40 2,50	K_{102} 3,70 8,50	K_{103} 3,10 4,40	K_{104} 2,70 3,30	K_{105-6} 2,20	K_{107} 1,80	K_{108} 1,60	K_{109} 1,30

entsprechend der Tendenz, daß sich der Lohn mit der Funktion der Mitarbeiter verändert.

Die Angaben über die vergleichbare – in den Grenzen einer Rangfolge der Funktionen durchschnittliche, nach dem Unrentabilitätsgrad „gewichtete" (auf der Grundlage von K_{ij}, berechnet nach dem Durchschnittslohn) – Größe des unrationellen und ineffektiven Arbeitszeitaufwandes in Prozent der Gesamtsumme dieses Aufwandes, der nach der Formel

$$H_j^{gAZ} = \frac{100\,(10_j + 2)\left[\sum_{i=j-2}^{9} A_{i+j} K\, K_{i+j} + \sum_{i=j-2}^{10} (A_{ij} - A_{ij}\, K)\, K_{10j}\right]}{F_j \sum_{i=j-2}^{10} K_{i+j}} \; [\%]$$

errechnet wurde, sind in Abbildung 20 dargestellt.

Hierbei wurden die Angaben über die Gesamtgröße des unrationellen und ineffektiven Arbeitszeitaufwandes der Mitarbeiter einer jeden Funktion (H_j) in Prozent ihres gesamten Arbeitszeitfonds angeführt. Dieser Aufwand hängt direkt proportional von der Höhe der Funktion ab, die der Mitarbeiter einnimmt. Eine Ausnahme von dieser Abhängigkeit bildet allein das Hilfspersonal: die Laboranten der ersten Kategorie (Chiffre „8") und die Laboranten der zweiten Kategorie und die Präparatoren (Chiffre „9"); das folgt aus dem bedeutenden Anteil des ineffektiven Zeitaufwandes bei den letzteren.

Wie jedoch aus Abbildung 20 ersichtlich, ist die Veränderung der Höhe des durchschnittlichen (nach dem Unrentabilitätsgrad) „gewichteten" unrationellen und ineffektiven Zeitaufwandes (H_j^{gAZ}) für das Personal der Grundabteilungen des Instituts nicht der Höhe der Funktion der Mitarbeiter proportional. Deshalb wächst für das wissenschaftlich-technische und das Hilfspersonal die Größe H_j^{gAZ} mit der höheren Funktion der Mitarbeiter sehr stark.

Beim wissenschaftlichen Personal kommt die Veränderung der Größe des „gewichteten" unrationellen und ineffektiven Arbeitszeitaufwandes der direkt proportionalen Abhängigkeit von der Funktion nur im Intervall der Funktionen unter der Chiffre „5" und „4" (untere wissenschaftliche Mitarbeiter und höhere wissenschaftliche Mitarbeiter) nahe. Hier nutzen die Leiter von Abteilungen, Laboratorien und Sektoren (Gruppen) und die höheren wissenschaftlichen Mitarbeiter die Zeit am unwirtschaftlichsten.

Vom Standpunkt der relativen Rentabilität des unrationellen und ineffektiven Arbeitszeitaufwandes der Mitarbeiter verschiedener Funktionen war die Ermittlung des durchschnittlichen, in bezug auf den spezifischen Anteil dieses Aufwandes „gewichteten" Koeffizienten der

Rentabilität von Interesse, der nach den Angaben der Matrix für die Umwandlung des Stellenplanes (Tabelle 20) und der Matrix der Koeffizienten K_{i+j} (siehe Abbildung 19) berechnet werden kann.

Die durchschnittlichen „gewichteten“ Koeffizienten der relativen Unrentabilität des unrationellen und ineffektiven Arbeitszeitaufwandes ($K_j^{uw,ur}$), die nach der Formel

$$K_j^{uw,ur} = \frac{\sum_{i=j=2}^{9} A_{i+j} K K_{i+j} + \sum_{i=j=2}^{10} (A_{ij} - A_{ij}) K_{10j}}{\sum_{i=j=2}^{9} A_{i+j} K + \sum_{i=j=2}^{10} (A_{ij} - A_{ij} K)}$$

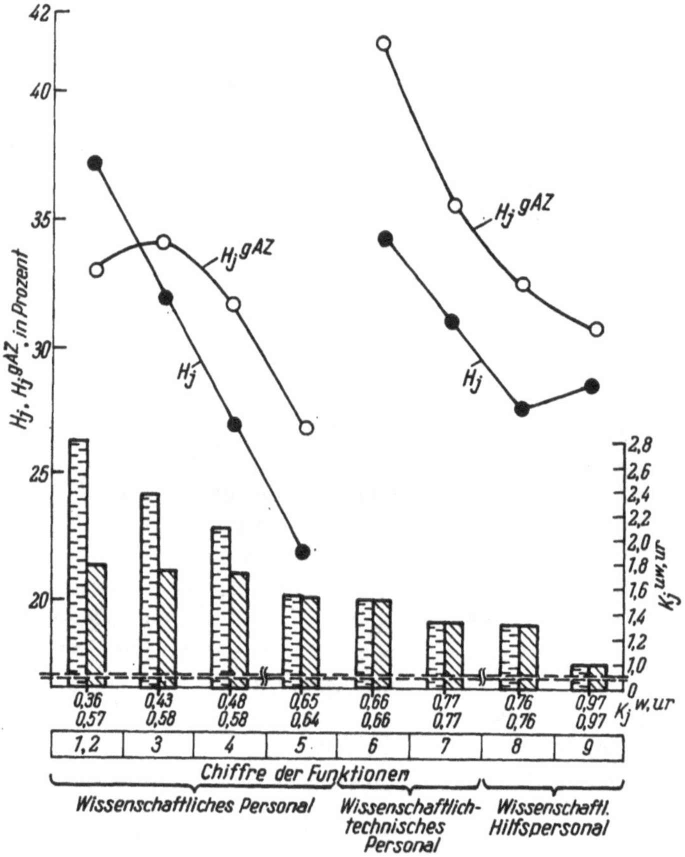

Abb. 20. Die Verteilung des unrationellen und uneffektiven Arbeitszeitaufwandes des Personals der Grundabteilungen des Instituts und die relative Rentabilität (und Unrentabilität) dieses Aufwandes

berechnet wurden und die in bezug auf die Größe reziproken Koeffizienten der relativen Rentabilität dieses Aufwandes $K^{w,ur} = 1/K_j^{uw,ur}$ (aus der Berechnung des Durchschnittslohnes und der Gehälter der Mitarbeiter) sind in Abbildung 21 angeführt. Wie ersichtlich (vgl.

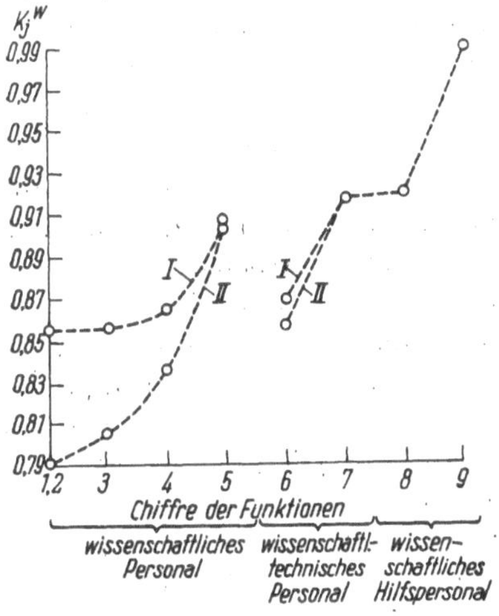

Abb. 21. Die relative Rentabilität der Arbeitszeitausnutzung der Mitarbeiter der Grundabteilungen des Instituts, berechnet an Hand ihrer Gehälter (I) und des Durchschnittslohnes (II)

Abbildung 20), ist der Koeffizient $K_j^{w,ur}$ bei den Laboranten der zweiten Kategorie und den Präparatoren höher als bei allen anderen (0,97). Die Ursache dafür liegt in dem bedeutenden Anteil des Aufwandes für Arbeiten, die sie anstelle von Mitarbeitern höherer Funktionen durchführen. Indessen kommt diese Größe denen der Laboranten der ersten Kategorie und der Ingenieure (0,77 und 0,76) aber auch denen der Oberingenieure und der unteren wissenschaftlichen Mitarbeiter (0,66 und 0,65) recht nahe.

Mit der höheren Funktion der Mitarbeiter sinkt dann die absolute Größe des Koeffizienten auf 0,57 oder 0,36 bei den Abteilungs- und Laboratoriumsleitern (in Abhängigkeit davon, ob er auf der Grundlage der Gehälter oder des Durchschnittslohnes errechnet wurde, das heißt unter Berücksichtigung des Zuschlages für wissenschaftliche Grade).

Die Rentabilitäts-Koeffizienten des unrationellen und ineffektiven Arbeitsaufwandes ($K_j^{w,ur}$) erlaubten es, den Gesamt-Koeffizienten der relativen Rentabilität bei der Ausnutzung der Arbeitszeit insgesamt für die Mitarbeiter jeder Funktion j (K_j^w) an Hand der Formel

$$K_j^w = \frac{(100 - H_j') + H_j K_j^{w,ur}}{100}$$

zu bestimmen.

Die Angaben über die Größe K_j^w für jede Funktion der Mitarbeiter in den Grundabteilungen des Instituts, die auf der Grundlage der Koeffizienten $K_j^{w,ur}$ für die Berechnungsvarianten nach dem Durchschnittslohn und den Gehältern errechnet wurden, sind in Abbildung 21 angeführt.

An Hand der Größe K_j^w als der verallgemeinerten Kennziffer der relativen Rentabilität der Arbeitszeitausnutzung kann lediglich das allgemeine Bild geklärt und eine vergleichende Bewertung des Niveaus der relativen Rentabilität der Arbeitszeitausnutzung in Abhängigkeit von der Funktion der Mitarbeiter durchgeführt werden.

Es muß jedoch festgestellt werden, daß man den Koeffizienten der relativen Rentabilität der Arbeitszeitausnutzung (K_j^w) nicht als Kennziffer für die Bewertung der Effektivität der Arbeitszeitausnutzung der Mitarbeiter unterschiedlicher Funktionen und Kategorien in den Grundabteilungen des Instituts ansehen darf, da die Tatsache, daß sie Arbeiten unter ihrer Qualifikation sowie nicht zu ihrem Hauptprofil gehörige Arbeiten ausführen, nicht so sehr zu quantitativen, als vielmehr zu qualitativen Verlusten an Arbeitsproduktivität führt, und zwar besonders bei Wissenschaftlern und bei Ingenieuren.

Infolgedessen muß der Koeffizient für die rationell ausgenutzte Arbeitszeit (K^{rAZ}), der für jede Funktion j nach der Formel

$$K_j^{rAZ} = 1 - \frac{H_j^{gAZ}}{100}$$

errechnet wird, als der für eine vergleichende Bewertung des Niveaus der Arbeitsorganisation der Mitarbeiter der betreffenden Funktion charakteristisch betrachtet werden. Er kann für die orientierende Bewertung der Reserven für die Steigerung der Arbeitsproduktivität dieser Mitarbeiter durch eine rationelle Arbeitsorganisation auf der Grundlage der fortgeschrittenen Erfahrungen und der wissenschaftlich-technischen Errungenschaften ausgenutzt werden.

Der wichtigste Vorzug des Koeffizienten K_j^{rAZ} im Vergleich zu dem seiner absoluten Größe nach ähnlichen Koeffizienten des rationellen Arbeitszeitaufwandes K_j^r, der auf der Grundlage der Gesamtgröße des unrationellen und ineffektiven Arbeitszeitaufwandes (H_j') errechnet wird, besteht darin, daß er es erlaubt, das Niveau der Arbeitsorganisation der Mitarbeiter der entsprechenden Funktionen und Kategorien in den verschiedensten Abteilungen des Instituts zu vergleichen. Von diesen Überlegungen ausgehend, kann die Kennziffer der rationell ausgenutzten Arbeitszeit (K_j^{rAZ}) für die vergleichende Bewertung des Niveaus der bestehenden Arbeitsorganisation der Mitarbeiter der betrachteten Funktionen verwendet werden.

Die nach der letzten Formel berechneten Angaben über die relative und zu vergleichende Größe des Niveaus der bestehenden Arbeitsorganisation der Mitarbeiter der verschiedenen Funktionen in den Grundabteilungen des Instituts sind nachstehend angeführt:

Chiffre der Funktionen der Mitarbeiter	1,2	3	4	5	6	7	8	9
relative Größe des Niveaus der Arbeitsorganisation der Mitarbeiter der Grundabteilungen des Instituts	0,67	0,66	0,68	0,73	0,58	0,64	0,67	0,69

Im Durchschnitt für das gesamte Personal der Grundabteilungen des Instituts beträgt die relative Größe des Niveaus der Arbeitsorganisation nicht mehr als 0,65.

3. *Die Ermittlung der technisch-ökonomischen Kennziffern für das Projekt zur Vervollkommnung der Arbeits- und Leitungsorganisation*

Die Angaben der Matrix für die Umwandlung des Stellenplanes (MUS) erlauben es, die wichtigsten technisch-ökonomischen Kennziffern für das Projekt zur Vervollkommnung der Arbeits- und Leitungsorganisation zu ermitteln: die notwendige Personalstärke der Grundabteilungen und der Hilfsdienste des Instituts, die rationellen Proportionen in der Struktur des Stellenplanes, die voraussichtliche Lohnfondseinsparung usw.

Bei der Summierung des in der MUS umverteilten Zeitaufwandes längs jeder Zeile i der Matrix wurde der notwendige Arbeitszeitfonds (F_i und F_iK) jeder projektierten Funktion i der Mitarbeiter sowohl für die Grundabteilungen des Instituts insgesamt (Tabelle 20) als auch in bezug auf die einzelnen Arten spezieller Hilfs- und Betreuungsarbeiten (Tabelle 21) ermittelt. Hierbei ist

$$F_i = \sum_{j=1}^{9} A_{ij};\ F_iK = \sum_{j=1}^{9} A_{ij}K;\ F_i^{a\div f} K = \sum_{j=1}^{9} A_{ij}^{a\div f} K$$

Wenn man über den notwendigen Gesamtarbeitszeitfonds F_i, F_iK und $F_i^{a\div f}K$ verfügt und von dem tatsächlichen durchschnittlichen Jahresarbeitszeitfonds eines Mitarbeiters jeder Funktion N_j, der durch Division des Gesamtarbeitszeitfonds der Mitarbeiter der betrachteten Funktionen F_j durch deren zahlenmäßige Stärke an Hand der Angaben der Befragung S^S ermittelt wurde, ausgeht, dann kann man die notwendige Zahl der Mitarbeiter der verschiedenen Funktionen und Kategorien berechnen.

Die Angaben über die Mitarbeiterzahl, die durch die Befragung erfaßt wurde, und die Angaben, die aus der Berechnung der notwendigen Personalstärke bei einer rationellen Umverteilung der Arbeiten unter den Mitarbeitern (S^r) und bei der Realisierung des Projekts zur Rationalisierung der Arbeit (S^p) ermittelt wurden, sind in der MUS (Tabelle 20) dargestellt.

Die Berechnung der notwendigen Mitarbeiterzahl erfolgt nach der Formel:

$$S_i^r = \frac{F_i}{N_{j=i}}; \; S_i^p = \frac{F_i K}{N_{j=i}}.$$

Von der Annahme ausgehend, daß die Struktur des Arbeitszeitaufwandes bei den durch die Befragung nicht erfaßten Mitarbeitern (sie machen 0 ÷ 5 Prozent des Personalbestandes der verschiedenen Funktionen in den Grundabteilungen aus) sich praktisch nicht von der Aufwandsstruktur unterscheidet, die sich aus der Befragung ergab,

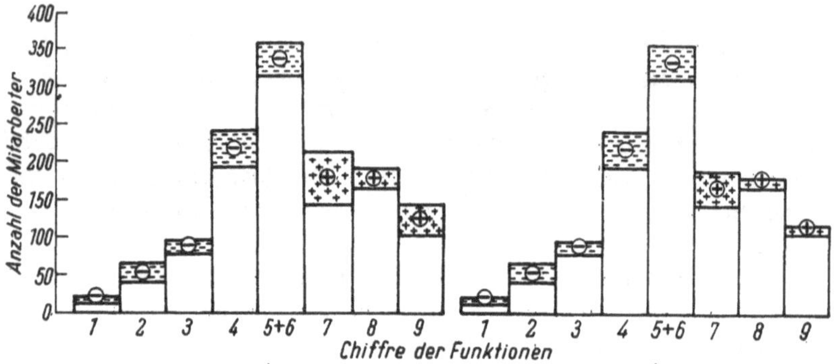

Abb. 22. Die Veränderungen der Personalstärke der Grundabteilungen des Instituts: a) – bei rationeller Umverteilung der Arbeiten auf die Mitarbeiter und die Eliminierung der fixierten Verluste und des als ineffektiv anerkannten Arbeitszeitaufwandes; b) – bei Realisierung des Projekts für die rationelle Arbeitsorganisation (⊖ – zahlenmäßige Verringerung; ⊕ – zahlenmäßige Vergrößerung)

wurden in die Matrizen für die Umwandlung und die Spezialisierung des Stellenplanes Korrekturen eingefügt. Das erlaubte es, die voraussichtlichen technisch-ökonomischen Kennziffern für das Projekt zur Rationalisierung der Arbeit für das gesamte Personal der Grundabteilungen des Instituts zu berechnen. Die Angaben über die mögliche Veränderung des Personalbestandes der verschiedenen Kategorien bei einer rationellen Umverteilung der Arbeiten unter den Mitarbeitern der entsprechenden Funktionen und bei der Verwirklichung des Projekts zur Rationalisierung der Arbeit sind in Abbildung 22 angeführt.

Wie zu erkennen ist, würde es die Einführung einer rationellen Arbeitsteilung zwischen den Mitarbeitern der verschiedenen Funktionen (bei gleichem Umfang der Forschungs-, Versuchs- und Konstruktionsarbeiten) erlauben, die notwendige Anzahl des wissenschaftlichen Personals durch eine Vergrößerung der Zahl der Ingenieure und Laboranten bedeutend (um durchschnittlich 20 Prozent) zu verringern. Hierbei muß der Vergrößerung der Zahl der Ingenieure (Chiffre der Funktion „7“) für die Ausführung spezieller Hilfs- und Betreuungsarbeiten besondere Aufmerksamkeit geschenkt werden.

Die Durchsetzung rationeller Formen der Arbeitsteilung und Kooperation, die mit der Mechanisierung und Automatisierung der arbeitsaufwendigsten Prozesse einhergehen, erfordert bei einer Verringerung der Anzahl des wissenschaftlichen Personals eine äußerst

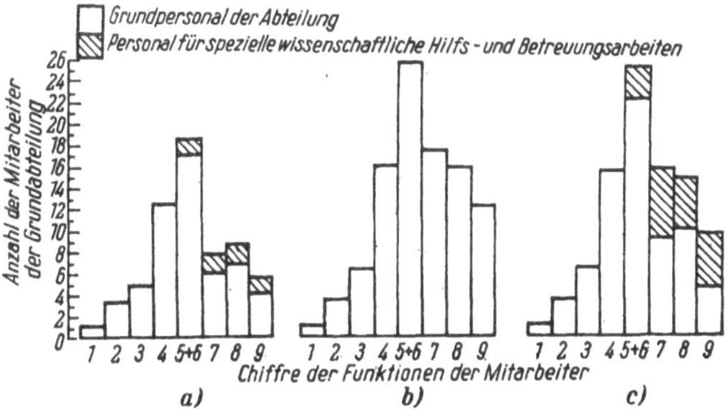

Abb. 23. Die durchschnittliche (umgerechnete) Personalstruktur einer Grundabteilung des Instituts: a) – die bestehende; b) – bei rationeller Umverteilung der Arbeiten unter den Mitarbeitern; c) – bei Realisierung des Projekts für eine rationelle Arbeitsorganisation

geringe Vergrößerung der Zahl der Laboranten. Die Zahl der Ingenieure muß aber um mindestens 25 Prozent erhöht werden. Hierbei werden etwa 40 Prozent aller Ingenieure, Laboranten und Präparatoren für die Ausführung spezieller Hilfs- und Betreuungsarbeiten gebraucht.

Wenn man rationellere Strukturverhältnisse in der Personalstärke der Abteilungen, Laboratorien und Sektoren (Gruppen) festlegen will, stützt man sich auf die Struktur des Personals der Grundabteilungen des Instituts (Abbildung 23). Aus der Analyse der Abbildung 23 folgt, daß die durchschnittliche rationelle Zahl einer Struktureinheit (Abteilung) für das Institut etwa 90 Personen beträgt. Dabei ergibt sich als Durchschnittszahl des wissenschaftlichen und des wissenschaftlich-technischen Grundpersonals, das sich mit Forschungs- und Entwicklungsarbeiten beschäftigt:

für eine Abteilung (bestehend aus drei bis vier Laboratorien) – 55 bis 60 Personen,

für ein Laboratorium (bestehend aus zwei Sektoren) – 15 bis 17 Personen und

für einen Sektor – 7 bis 8 Personen (darunter 3 höhere wissenschaftliche Mitarbeiter, einschließlich des Sektorenleiters, 3 untere wissenschaftliche Mitarbeiter und Oberingenieure und 1 bis 2 Ingenieure).

Die Gruppen, die spezielle Hilfs- und Betreuungsarbeiten (informationelle und materiell-technische Versorgung, Reparatur- und Einrichtearbeiten, Büroarbeit, einschließlich Maschinenschreibarbeiten) ausführen, müssen im Durchschnitt folgende Mitarbeiter umfassen: 2 bis 3 Oberingenieure, 6 Ingenieure, 4 Laboranten der ersten Kategorie, 5 Laboranten der zweiten Kategorie und Präparatoren. Die übrigen 11 bis 13 Personen (Laboranten der ersten und zweiten Kategorie und Präparatoren) bilden das wissenschaftliche Hilfspersonal der Abteilung.

Im Vergleich zur bestehenden Struktur der Abteilung (siehe Abbildung 23a) unterscheidet sich die projektierte Funktionsstruktur durch relativ rationellere Proportionen in der Zahl der Mitarbeiter der verschiedenen Funktionen und durch die größere Anzahl von Personal für die Ausführung spezieller Hilfs- und Betreuungsarbeiten. Hierbei vergrößert sich die Zahl der Ingenieure und Laboranten, die auf einen Wissenschaftler und einen Oberingenieur entfallen, im Durchschnitt von 1,2 auf 1,5.

Eine größere Durchschnittszahl der Mitarbeiter einer Abteilung im Vergleich zu der heute bestehenden (etwa 60 Personen) wird zu einem höheren Konzentrationsgrad bei den speziellen Hilfs- und Betreuungsarbeiten beitragen. Sie wird es erlauben, die wissenschaftlich-organisatorische Leitung der Arbeiten wesentlich zu verbessern und in wissenschaftlicher Hinsicht qualifiziertere Mitarbeiter von der Ausführung umfangreicher wirtschaftsorganisatorischer Funktionen zu befreien.

Die Auswertung der Angaben über den Arbeitszeitaufwand für jede Abteilung des Instituts (auf der Grundlage der MUS und der MSS) gestattet es, in allen Abteilungen eine rationelle Struktur zu erzielen. Nachdem die Unterschiede zwischen den Abteilungen, die Arbeiten homogenen Profils leisten (zum Beispiel die technologischen, die ökonomischen Abteilungen usw.), mit den Methoden der mathematischen Statistik festgestellt worden sind, können Normative für die funktionsmäßige Struktur des Stellenplanes solcher Abteilungen ausgearbeitet werden.

Als Kennziffer für den ökonomischen Nutzeffekt der Arbeit zur Vervollkommnung der Arbeitsorganisation und der Leitungsstruktur wurde im gegenwärtigen Ausarbeitungsstadium des Projekts die Differenz zwischen dem Lohnfonds für den geltenden und für den projektierten Stellenplan verwendet. Die (auf der Grundlage der Angaben der MUS) vorgenommenen Berechnungen haben gezeigt, daß allein eine rationelle Umverteilung der Arbeitsarten, -operationen und -elemente unter den Mitarbeitern und die Beseitigung der festgestellten Arbeitszeitverluste es ermöglichen werden, etwa 10 Prozent des Lohnfonds einzusparen. Das würde dem Lohnfonds für etwa 140 untere wissenschaftliche Mitarbeiter oder Oberingenieure äquivalent sein.

Die Durchsetzung des Projekts für eine rationelle Arbeits- und Leitungsorganisation, das eine Spezialisierung der Mitarbeiter auf bestimmte Arbeitsarten, -operationen und -elemente vorsieht, und entsprechende technisch-organisatorische Maßnahmen werden es erlauben, bei gleichem Umfang der ausgeführten Arbeiten die Gesamtpersonalstärke der Grundabteilungen um 10 Prozent zu verringern. Die voraussichtliche Lohnfondseinsparung wird dabei mindestens 15 Prozent betragen, was einem Lohnfonds von etwa 200 unteren wissenschaftlichen Mitarbeitern oder Oberingenieuren gleichkommt.

Die angeführten ökonomischen Kennziffern des Projekts für die Vervollkommnung der Arbeitsorganisation und der Leitungsstruktur sind natürlich nicht die bestimmenden, da eine Verbesserung der Arbeits- und Leitungsorganisation zu einer bedeutend gewichtigeren Erhöhung der Arbeitsleistung und -ergebnisse des Personals in den Grundabteilungen und der Gesamteffektivität der Tätigkeit des Instituts führt.

Von den Angaben ausgehend, die das Niveau der Arbeitsorganisation der Mitarbeiter der verschiedenen Funktionen charakterisieren, kann angenommen werden, daß bei einer rationellen Arbeitsorganisation die Leistungen und Ergebnisse der wissenschaftlichen Mitarbeiter des Instituts (der wissenschaftlichen Grundarbeiter) durchschnittlich um mindestens 40 bis 50 Prozent und die des wissenschaftlich-technischen und des Hilfspersonals der Grundabteilungen des Instituts um 45 bis 70 Prozent erhöht werden können. Das zeugt davon, daß allein durch eine Rationalisierung der Organisations- und Leitungsstruktur des Instituts eine wesentliche Verkürzung der Fristen für die Durchführung der Arbeiten erreicht und deren wissenschaftlicher Wert und deren volkswirtschaftliche Effektivität erhöht werden können.

Aus dem Dargelegten ist ersichtlich, daß die vorgeschlagene Methodik und das Verfahren für die Untersuchung der Arbeits- und Leitungsorganisation in einem Institut und seinen Abteilungen es ermöglichten, effektive Formen und Methoden für die Erhöhung der Leistungen und Ergebnisse der Mitarbeiter der verschiedenen Kategorien und Funktionen auszuarbeiten, wobei zugleich die Spezifik der von ihnen ausgeführten Arbeiten und die zweckmäßigste funktionale und qualifikationsmäßige Arbeitsteilung im Prozeß der wissenschaftlichen Tätigkeit berücksichtigt wird.

KAPITEL VI

Regionale Aspekte der Leitung der Wissenschaft

1. Grundprinzipien einer regionalen Politik in der Wissenschaft

Die Entwicklung, die Standortverteilung und die rationelle Nutzung des wissenschaftlichen Potentials gehören zu den kompliziertesten und am wenigsten erforschten Problemen der staatlichen Politik auf dem Gebiet der Wissenschaft und der Technik. Der wachsende Einfluß der Wissenschaft auf die gesellschaftliche Entwicklung und den wissenschaftlich-technischen Fortschritt hat diese Fragen unter allen Zweigen der Volkswirtschaft auf einen der ersten Plätze gerückt. Da es notwendig ist, das erreichte Niveau des wissenschaftlichen Potentials quantitativ zu bewerten und da seine Entwicklungsperspektiven bestimmt werden müssen, haben die Autoren den Versuch unternommen, das Problem der Additivität der Hauptkomponenten des wissenschaftlichen Potentials dadurch zu lösen, daß sie diese Komponenten durch die Größe der entsprechenden Aufwandspositionen für das Funktionieren der Wissenschaft ausdrückten. Wir verfügen heute über verschiedene Verfahren, um das Niveau der Hauptkomponenten des wissenschaftlichen Potentials zu bewerten, es gibt jedoch bisher keine einheitliche Methodik, die eine summarische quantitative Bewertung des erreichten Niveaus des wissenschaftlichen Potentials ermöglicht.[1] Wenn eine derartige Methodik erarbeitet würde, könnte eine vergleichende Analyse des wissenschaftlichen Potentials verschiedener wissenschaftlicher Systeme (Forschungs-

[1] Unter wissenschaftlichem Potential verstehen wir einen Komplex von Parametern, die das Vermögen eines wissenschaftlichen Systems charakterisieren, künftige Probleme der wissenschaftlich-technischen Entwicklung zu lösen. Hierbei können vier Hauptgruppen von konkreten Parametern des wissenschaftlichen Potentials unterschieden werden: die Versorgung mit Kadern; die Versorgung mit wissenschaftlichen Informationen; die materiell-technische Versorgung; die optimale Organisation des betreffenden wissenschaftlichen Systems. Vgl. G. M. Dobrov, Potential der Wissenschaft, Berlin 1971.

einrichtungen, wissenschaftlicher Zentren der Unionsrepubliken und einzelner Länder) unter mehreren Aspekten durchgeführt werden. Ausgehend von den Entwicklungstendenzen der Wissenschaft und von den Anforderungen der Produktion an die Wissenschaft könnten dann wissenschaftlich begründete Prognosen für die Entwicklungsperspektiven des wissenschaftlichen Potentials gegeben werden.

Für die Ermittlung des Einflußgrades des wissenschaftlichen Potentials auf das Niveau des wissenschaftlich-technischen Fortschritts benutzen wir den Begriff Wissenschaftsaufwand.

Der Wissenschaftsaufwand ist eine spezifische Kennziffer. Sie zeigt den Grad der „Sättigung" des einen oder anderen Prozesses mit Wissenschaft und wird bestimmt durch das Verhältnis der Größe des wissenschaftlichen Potentials zu dem Parameter, der das Entwicklungsniveau des betreffenden Prozesses widerspiegelt.

Unter den Bedingungen der modernen wissenschaftlich-technischen Revolution hängt die erfolgreiche Entwicklung aller Produktionsprozesse und der einzelnen Volkswirtschaftszweige in immer größerem Maße von den Erfolgen der Wissenschaft ab. Deshalb ist der Prozeß der ständigen Zunahme des Wissenschaftsaufwandes für die Produktion durchaus gesetzmäßig.

Die moderne Wissenschaft, die einen beachtlichen Teil des nationalen Budgets eines Landes verbraucht, ist gleichzeitig eine der effektivsten Investitionssphären. Die Überleitung wissenschaftlicher Ergebnisse in die Volkswirtschaft gewährleistet bis zu 90 Prozent des Zuwachses an Arbeitsproduktivität. Hieraus kann die Schlußfolgerung gezogen werden, daß die massenhafte Anwendung wissenschaftlicher Ergebnisse in der Volkswirtschaft einen immer größeren ökonomischen Nutzeffekt bringt, obwohl die Gesellschaft immer höhere Summen aufwenden muß, um Forschungsergebnisse zu erzielen.

Die Bewertung des Wissenschaftsaufwandes der Produktion kann nach verschiedenen Kennziffern (Bruttoproduktion, Selbstkosten, Rentabilität, Gewinn, Arbeitsproduktivität usw.) erfolgen. Uns scheint es jedoch am zweckmäßigsten, als Kennziffer, die das von der Produktion erreichte Niveau charakterisiert, die Wachstumsrate der Arbeitsproduktivität zu nehmen, weil letzten Endes die wichtigste Aufgabe des wissenschaftlich-technischen Fortschritts darin besteht, ein maximales Wachstumstempo der Arbeitsproduktivität zu gewährleisten.

Die stürmische Entwicklung der modernen Wissenschaft macht es zwingend notwendig, sich intensiver mit der Geographie der Wissenschaft zu beschäftigen, ihre Standortverteilung auf dem Territorium des Landes rationeller zu gestalten, bestehende wissenschaftliche Zentren zu reorganisieren und neue zu schaffen. Ohne die Erarbeitung hinreichend durchdachter, wissenschaftlich begründeter Prinzipien für die Entwicklung und die Standortverteilung der wissenschaftlichen Zentren liefern diese Maßnahmen häufig nicht die gewünschten Ergebnisse, sondern führen bisweilen zu noch größeren Disproportionen in der Wissenschaftsentwicklung.

Eindeutig muß die Frage beantwortet werden: Welches sind die wichtigsten Ursachen, die die Entwicklung der wissenschaftlichen Zentren als einer modernen Organisationsform des Netzes wissenschaftlicher Einrichtungen stimulieren? Die Erfahrungen bei der Gestaltung und Entwicklung der wissenschaftlichen Zentren erlauben es zu behaupten, daß durch diese Organisationsform des Netzes wissenschaftlicher Einrichtungen die Effektivität des wissenschaftlichen Prozesses wesentlich erhöht werden kann. Dazu sind notwendig:

– Annäherung der Forschungsziele an die aktuellen Bedürfnisse der gesellschaftlichen Praxis, beschleunigte Ausnutzung der wissenschaftlichen Ergebnisse;

– engere Verbindungen in der einheitlichen Kette: Grundlagenforschungen – angewandte Entwicklungsarbeiten – Ausbildung von Spezialisten;

– ein höheres Niveau der komplexen Anstrengungen von Spezialisten verschiedener Fachrichtungen für die Realisierung der gemeinsamen wissenschaftlichen Perspektivprogramme;

– erweiterte Möglichkeiten, um begabte Menschen auszuwählen und sie zur wissenschaftlichen Arbeit heranzuziehen;

– günstigere Bedingungen für schöpferische Kontakte und Wechselwirkungen der Wissenschaftler untereinander angesichts des spezifischen „psychologischen Klimas“ eines wissenschaftlichen Zentrums.

In- und ausländische Erfahrungen zeugen davon, daß ein komplexes wissenschaftliches Zentrum die effektivste Form für eine regionale Politik in der Wissenschaft ist. Ein derartiges Zentrum ist ein Teil des gesamtstaatlichen Netzes entsprechend profilierter wissenschaftlicher Zentren, die in sich Forschungseinrichtungen, Projektierungs- und Konstruktionsorganisationen und Hochschulen vereinigen. Die letzteren können im Prinzip durch drei Arten von Verbindungen vereinigt sein: informationell, organisatorisch und ökonomisch.

Die informationellen Verbindungen gewährleisten die Gemeinsamkeit der wissenschaftlichen Interessen, die organisatorischen Verbindungen garantieren die Einheit der Leitung und die Koordinierung der Aktionen, die ökonomischen Verbindungen sichern die Einheit der Finanzierungsquellen sowie die Gemeinsamkeit der Stimuli und der Verantwortung für die Ergebnisse der wissenschaftlich-produktiven Tätigkeit.

Alle zur Zeit bekannten Typen wissenschaftlicher Vereinigungen und die Spezifik ihrer realen Erfahrungen verändern die Struktur und die Intensität der Verbindungen zwischen den zu diesen Vereinigungen gehörenden wissenschaftlichen Einrichtungen.

Nach heutigen Vorstellungen der Wissenschaftswissenschaft ist *ein komplexes wissenschaftliches Zentrum eine regionale Gruppe von Organisationen, die gemeinsame wissenschaftliche Ziele haben, die durch informationelle, organisatorische und ökonomische Verbindungen vereinigt ist.*[1] In dieser Definition spiegelt sich das Prinzip wider, das eine wichtige Voraussetzung für die Lebensfähigkeit jedes beliebigen Organisationssystems darstellt: die Einheit von Ziel, Leitung und Verantwortung.

Für die Probleme der regionalen Politik in der Wissenschaft ist die Standortverteilung des wissenschaftlichen Potentials in der Ukrainischen SSR nicht ohne Interesse. Hier hat sich heute die Situation ergeben, daß das wissenschaftliche Potential der Ukrainischen SSR aus wissenschaftlichen Einrichtungen gebildet wird, die gleichzeitig und ohne gegenseitige Koordinierung 88 Unions- und Republiksbehörden unterstehen. Da faktisch die Politik der Gestaltung und Entwicklung eines Netzes wissenschaftlicher Einrichtungen der Republik nicht nach einheitlichen Gesichtspunkten erfolgt, führt das zu einer Reihe von Disproportionen, die die Tendenz haben, sich in Zukunft noch mehr zu verschärfen.

Ein anschauliches Bild von der Konzentration der Wissenschaftler in den verschiedenen Regionen der Republik vermittelt die Analyse folgender Kennziffern: Zahl der Wissenschaftler je 10000 Einwohner und der sogenannte Lokalisationsindex. Die letztere Kennziffer drückt das Verhältnis aus zwischen dem Anteil der Region nach der Zahl der Wissenschaftler (in Prozent, bezogen auf die Ukrainische SSR) und dem Anteil dieser Region nach der Zahl der Personen, die in der Volkswirtschaft beschäftigt sind (in Prozent).

Wenn die Lokalisationsindices aller Regionen der Republik gleich eins wären, dann würde das besagen, daß die Konzentration der

[1] Vgl. G. M. Dobrov, Wissenschaftswissenschaft (Nauka o nauke [dt.]), Berlin [2]1970.

Wissenschaftler in allen Regionen direkt proportional zur Zahl der Personen ist, die in der Volkswirtschaft beschäftigt sind. Natürlich ist eine derartige Situation irreal, da vor den verschiedenen Regionen auf dem Gebiet der wissenschaftlich-technischen Politik unterschiedliche Aufgaben stehen.

Offenbar muß man bestrebt sein, die Lokalisationsindices in erster Linie für jene Regionen zu erhöhen, in denen territorial-industrielle Komplexe und Produktionszweige geschaffen und beschleunigt entwickelt werden sollen, die eine verstärkte und operative wissenschaftliche Versorgung verlangen. Der gegenwärtige Prozeß der Erweiterung und der operativen Ausnutzung wissenschaftlicher Ergebnisse erfordert, daß sich die Wissenschaftler aktiv und schöpferisch an der Lösung der immer komplizierteren und umfangreicheren Probleme beteiligen, die bei der Überleitung wissenschaftlicher Ergebnisse in die Produktion und im Prozeß ihrer Meisterung entstehen. Die verschiedenen Produktionszweige nutzen in unterschiedlicher Weise wissenschaftliche Kenntnisse. In dieser Hinsicht weisen die rohstoffgewinnenden und -produzierenden Produktionszweige die niedrigsten Kennziffern des Wissenschaftsaufwandes auf, und die Zweige, die den gesamten Produktionszyklus abschließen, insbesondere jene, in denen die Technologie und die hergestellten Erzeugnisse unmittelbar auf den neuesten Ergebnissen der Wissenschaft beruhen, zeigen die höchsten Kennziffern.

Die allgemeine Struktur der Produktivkräfte der Republik, die in den vergangenen Jahren einerseits durch das vorrangige Entwicklungstempo in den rohstoffgewinnenden und -produzierenden Zweigen und andererseits durch ein ungenügendes Entwicklungsniveau der neuen Produktionszweige (Elektronik, Präzisionsmaschinenbau, Atomenergie usw.) gekennzeichnet war, ergab sich natürlich aus dem relativ (im Maßstab des Landes) niedrigen Nutzungsniveau wissenschaftlicher Kenntnisse in der Ukrainischen SSR. Das drückte sich auch in den unter dem Durchschnitt der UdSSR liegenden Kennziffern für die Konzentration des wissenschaftlichen Potentials aus. In Zukunft wird sich die Struktur der wissenschaftlichen Erkenntnisse, die die Produktivkräfte der Ukraine für ihre Entwicklung brauchen, wesentlich ändern. Dadurch werden Probleme der Gestaltung, der Lokalisierung und der Nutzung des wissenschaftlichen Potentials besonders aktuell.

Die „Anziehungskraft", die die Produktivkräfte auf die Wissenschaft ausüben, betrifft vor allem und direkt die angewandten Forschungs- und Entwicklungsarbeiten. Unmittelbar über diese wirkt sich dieser Effekt dank der gesetzmäßigen Forderung nach Verringerung der Durchlauffristen für den gesamten Zyklus des Prozesses (von der Grundlagenforschung über die angewandten Forschungen zur praktischen Realisierung) auch auf die Grundlagenwissenschaften merklicher aus. Daraus folgt auch der gesetzmäßige Prozeß des Überganges von der Bildung „angewandter" wissenschaftlicher Zentren zur Schaffung und Entwicklung komplexer wissenschaftlicher Zentren, die eine harmonische Entwicklung der Forschungsarbeiten der Akademien und Industriezweige, der Projektierungs- und Konstruktionsarbeiten sowie der Hochschulausbildung von Spezialisten gewährleisten sollen.

Eine Analyse zeigt, daß der Lokalisationsindex – Verhältnis der Anzahl der in der Wissenschaft beschäftigten Personen zur Zahl der graduierten Wissenschaftler – in der Stadt Kiev und in den Gebieten Charkov, Odessa, Lvov, Dnjepropetrovsk und der Krim den höchsten Wert erreicht. Ein bedeutender Teil der wissenschaftlichen Kader der Ukrainischen SSR ist in Kiev konzentriert, wo 28 Prozent aller im Bereich der Wissenschaft Beschäftigten arbeiten, ferner 28 Prozent der Gesamtzahl der wissenschaftlichen Grundarbeiter und 35,2 Prozent aller graduierten Wissenschaftler der Republik (darunter 42,7 Prozent der Doktoren und 34,4 Prozent der Kandidaten der Wissenschaften).

Die ungleichmäßige Verteilung des wissenschaftlichen Potentials über das Territorium der Republik wird auch durch Angaben über die relative Zahl der wissenschaftlichen Kader je 10000 Einwohner bestätigt.

Kiev wird trotz der Ausbreitung der Wissenschaft auf weitere Gebiete der Republik seine Stellung als führendes Zentrum der Forschungsarbeiten der Ukrainischen SSR beibehalten. Tabelle 23

Tabelle 23. Anzahl der Wissenschaftler in Kiev (in Prozent zur Ukrainischen SSR)

Jahr	wissenschaftliche Mitarbeiter	Kandidaten der Wissenschaften	Doktoren der Wissenschaften
1955	26,0	30,0	36,4
1959	27,0	32,0	37,0
1967	27,4	34,7	42,0
1968	27,8	34,6	42,0
1969	28,0	34,4	42,7

enthält Angaben über das relative Wachstum der Wissenschaftlerzahl in Kiev.

In 14 Jahren hat sich der Anteil der Wissenschaftler in Kiev am Gesamtbestand der Wissenschaftler der Republik um 2,0 Prozent, der der Kandidaten der Wissenschaften um 4,4 Prozent und der der Doktoren der Wissenschaften um 6,3 Prozent vergrößert.

Es wächst auch, freilich bedeutend langsamer, der Anteil der Gebiete Donezk und Dnjepropetrovsk am gesamten wissenschaftlichen Potential der Republik (Tabelle 24).

Tabelle 24. Anzahl der Wissenschaftler in Donezk und Dnjepropetrovsk

Gebiete der Ukrainischen SSR	1966		1967		1969	
	Wissenschaftler insgesamt	graduierte Wissenschaftler	Wissenschaftler insgesamt	graduierte Wissenschaftler	Wissenschaftler insgesamt	graduierte Wissenschaftler
Donezk	9,30	5,14	9,36	5,40	9,45	5,98
Dnjepropetrovsk	8,70	8,80	8,71	8,80	8,96	9,05

Erwähnenswert ist auch die wachsende Konzentration des wissenschaftlichen Potentials in solchen Industriegebieten der Republik wie den Gebieten Saporoshe und Vorošilovgrad. Von 1966 bis 1969 sind die Kennziffern für die relative Zahl der Wissenschaftler je 10000 Einwohner im Gebiet Saporoshe bei den im Bereich der Wissenschaft Beschäftigten von 50 auf 58, bei den Wissenschaftlern selbst von 13 auf 17,7 und bei den graduierten Wissenschaftlern von 2,2 auf 3,5 gestiegen. Im Gebiet Vorošilovgrad haben sich diese Kennziffern von 40 auf 50, von 13,7 auf 16,5 bzw. von 1,3 auf 2,1 verändert.

Indessen ist in den letzten Jahren ein fallender Anteil (in Prozent bezogen auf die Ukrainische SSR) der Gebiete Charkov und Lvov sowohl bei Wissenschaftlern als auch bei graduierten Wissenschaftlern festzustellen (Tabelle 25).

Noch spürbarer ist die genannte Tendenz, wenn man die Angaben für den Zeitraum von 1955 bis 1969 vergleicht. Auffällig ist dabei besonders die schnelle Abnahme der relativen Zahl hochqualifizierter Wissenschaftler, die in den Charkover wissenschaftlichen Einrichtungen arbeiten. So verringerte sich in dem genannten Zeitraum die Zahl der Charkover graduierten Wissenschaftler von 21,5 auf 14,8 Prozent, wobei allein in den letzten drei Jahren diese Kennziffer von 16,1 auf 14,8 zurückging. Im Gebiet Lvov sank dieser Anteil von 7,8 auf 7,2 Prozent. Eine derartige Tendenz steht im Widerspruch zu der tatsächlichen Rolle, die diesen Regionen für den wissenschaftlich-technischen Fortschritt zukommt, und zu den Hoffnungen, die auf sie als Zentren der wissenschaftlichen Forschung gesetzt werden.

Tabelle 25. Anzahl der Wissenschaftler in Charkov und Lvov

Gebiete der	1966		1967		1969	
Ukrainischen SSR	Wissenschaftler insgesamt	graduierte Wissenschaftler	Wissenschaftler insgesamt	graduierte Wissenschaftler	Wissenschaftler insgesamt	graduierte Wissenschaftler
Charkov	18,8	16,1	18,4	15,2	17.6	14,8
Lvov	6,75	7,8	6,5	7,5	6,6	7,2

Um die potentiellen Voraussetzungen für die Entwicklung der Wissenschaft in den Regionen bewerten zu können, ist von besonderer Bedeutung, daß eine Reserve an wissenschaftlichen Kadern – in erster Linie an Spezialisten mit Hoch- und Fachschulbildung – vorhanden ist.

Im Jahre 1969 besaßen 19,6 Prozent aller in der Volkswirtschaft der Ukrainischen SSR Beschäftigten Hoch- und Fachschulbildung, davon 7,9 Prozent Hochschul- und 11,7 Prozent Fachschulbildung. Von 1955 bis 1968 stieg die Zahl der in der Volkswirtschaft der Ukrainischen SSR beschäftigten Spezialisten mit Hoch- und Fachschulbildung auf das 2,6fache.

Ein tendenzielles Anwachsen sowohl der absoluten als auch der relativen Zahl der Spezialisten war in der genannten Periode in allen Gebieten der Republik zu beobachten. Die höchsten Wachstumstempi dieser Kennziffer haben die Stadt Kiev (Vergrößerung auf das 3,3fache) sowie die Gebiete Dnjepropetrovsk (auf das 2,8fache) und Saporoshe (auf das 2,6fache).

Ein Faktor, der auf die Herausbildung des wissenschaftlichen Potentials einen wesentlichen Einfluß ausübt, ist die Altersstruktur der Kader. Entsprechende Angaben über die Grundzusammensetzung der Wissenschaftler der Ukraine enthält Tabelle 26.

Tabelle 26. Altersstruktur der Wissenschaftler in der Ukrainischen SSR

Kategorie	Anzahl der Wissenschaftler nach Altersgruppen, bezogen auf die Gesamtzahl, in Prozent				
	bis 30	31–40	41–50	51–60	über 60 Jahre
Wissenschaftler	22,4	40,4	21,7	10,5	5,0
graduierte Wissenschaftler	2,1	30,7	33,6	20,6	13,0
Kandidaten der Wissenschaften	2,3	33,2	34,8	19,5	10,2
Doktoren der Wissenschaften	–	3,8	20,7	33,2	42,3

Die Lokalisierungstendenzen der wissenschaftlichen Kader hängen natürlich mit den Besonderheiten des Netzes wissenschaftlicher Einrichtungen in der Republik zusammen. Von den zur Zeit 758 wissenschaftlichen Einrichtungen auf dem Territorium der Republik entfallen auf den Südwest- und den Donezk-Dnjepr-Rayon 84 Prozent. Der Anteil der Süd- und Südwestrayons hat sich von 1966 bis 1969 etwas verringert und der des Donezk-Dnjepr-Rayons vergrößert (Tabelle 27).

Tabelle 27. Anzahl der wissenschaftlichen Einrichtungen der Ukrainischen SSR

Ökonomischer Rayon	Anzahl der wissenschaftlichen Einrichtungen der Ukrainischen SSR, in Prozent			
	1966	1967	1968	1969
Donezk-Dnjepr	36,3	37,2	37,5	37,4
Südwest	47,4	46,7	46,6	46,6
Süd	16,3	16,1	15,9	16,0

Von 1966 bis 1969 vergrößerte sich die Anzahl der wissenschaftlichen Einrichtungen in Kiev (von 158 auf 168) sowie in den Gebieten Charkov (von 82 auf 88), Odessa (von 49 auf 52), Donezk (von 42 auf 47) und Dnjepropetrovsk (von 40 auf 43). In der gleichen Zeit wuchs auch die Zahl der Unions- und Republiksministerien und -behörden (von 78 auf 88), denen wissenschaftliche Einrichtungen unterstellt sind, die in der Ukrainischen SSR arbeiten. Während die

Gesamtzahl der wissenschaftlichen Einrichtungen sich um 5 Prozent vergrößerte, stieg die Zahl der Behörden, denen sie unterstellt sind, um 13 Prozent. Das erschwert die Lösung der Probleme, die sich aus dem umfassenden und komplexen Einsatz der Wissenschaftler ergeben (es wächst die Zahl der behördlichen Barrieren). Die Bildung komplexer wissenschaftlicher Zentren durch die Einbeziehung wissenschaftlicher Organisationen unterschiedlicher behördlicher Zugehörigkeit kann dazu beitragen, diese negative Tendenz zu überwinden.

In den letzten Jahren wurden in der Republik Maßnahmen ergriffen, um den Konzentrationsgrad des wissenschaftlichen Potentials zu erhöhen und wissenschaftliche Zentren im Donbass und in den Westgebieten zu schaffen. Der wissenschaftlich-technische Fortschritt dieser Regionen besitzt große Bedeutung für die Entwicklung der Produktivkräfte und für die Erhöhung des gesamten wissenschaftlichen Potentials der Ukraine.

Die auf die Schaffung neuer wissenschaftlicher Zentren im Donbass und in den Westgebieten der Ukrainischen SSR zielende Politik bringt bereits die ersten positiven Ergebnisse. Das ist deutlich am Beispiel des Donezker wissenschaftlichen Zentrums zu erkennen. Vor der Entscheidung über die Bildung eines derartigen Zentrums arbeitete in diesem Rayon eine beträchtliche Zahl von Forschungs-, Projektierungs- und Konstruktionsorganisationen der Industriezweige. Die Grundlagenwissenschaften entwickelten sich hier jedoch schwach. Es wurde nicht genügend intensiv daran gearbeitet, Spezialisten zu gewinnen, die eine breite allgemeinwissenschaftliche Ausbildung besitzen. Gleichzeitig verlangte aber der weitere Aufschwung der hochentwickelten Metallurgie, der chemischen Industrie, des Maschinenbaus und des Kohlenbergbaus die Lösung vieler komplexer Probleme, bei denen die Grundlagenwissenschaften immer mehr eine bestimmende Rolle spielen.

Um diesen Widerspruch zwischen dem Wachstumstempo der Produktivkräfte des Donbass und der Entwicklung seiner wissenschaftlichen Basis zu beseitigen, faßten das ZK der KPdSU und der Ministerrat der UdSSR im Jahre 1965 den Beschluß über die Bildung und Entwicklung einer Donezker Gruppe von Einrichtungen der Akademie der Wissenschaften der Ukrainischen SSR und über die Gründung einer staatlichen Universität. Die wichtigsten Aufgaben, die dem genannten Zentrum gestellt wurden, können in allgemeiner Form wie folgt formuliert werden: Erhöhung des theoretischen und methodologischen Niveaus der Forschungsarbeiten, die in der Region geleistet werden; Erhöhung von Qualität und Tempo der Ausbildung wissenschaftlicher Kader; wissenschaftliche Sicherung einer breiteren Überleitung der Errungenschaften von Wissenschaft und Technik in die industrielle Produktion; Verallgemeinerung der großen praktischen Wirtschaftserfahrungen, die in den Industriebetrieben des Donbass gesammelt wurden.

Allein in den letzten drei Jahren hat sich die Anzahl der wissenschaftlichen Einrichtungen im Gebiet Donezk von 42 auf 47 vergrößert (von denen nur 5 zum wissenschaftlichen Zentrum gehören). Das wissenschaftliche Potential des Donbass besitzt eine stabile Wachstumstendenz. Die Donezker Wissenschaftler nutzen immer umfassender alle Möglichkeiten, um die fruchtbaren Verbindungen der Wissenschaft mit der Produktion und der Wirtschaft des Gebietes zu festigen.

Unlängst wurde das wissenschaftliche Zentrum Lvov gegründet, dessen Aufgabe darin besteht, die Forschungsarbeiten der wissenschaftlichen Einrichtungen in den Westgebieten der Ukraine zu koordinieren und die Anstrengungen auf die Lösung aktueller wissenschaftlicher und volkswirtschaftlicher Probleme zu konzentrieren.

Die Erfahrungen bei der Gründung und Entwicklung der neuen wissenschaftlichen Zentren der Ukrainischen SSR besagen jedoch, daß diese Zentren bisher noch nicht als komplexe wissenschaftliche Zentren im Sinne einer modernen Auffassung dieses Terminus betrachtet werden können. Die wissenschaftlichen Einrichtungen der entsprechenden Territorien sind praktisch schwach oder überhaupt nicht untereinander verbunden. Sie bearbeiten keine komplexen wissenschaftlichen Probleme und führen kaum gemeinsame wissenschaftliche Maßnahmen durch. Selbst die Zentren haben keine gemeinsamen wissenschaftlichen Perspektivprogramme. Weil es keine wirksamen wissenschaftlichen Verbindungen und keine gemeinsamen wissenschaftlichen Interessen gibt, entstehen beträchtliche Verluste bei der Ausnutzung der potentiellen Möglichkeiten der wissenschaftlichen Einrichtungen. Das trägt nicht dazu bei, Bedingungen für eine maximale Förderung der schöpferischen Fähigkeiten der Wissenschaftler zu schaffen.

2. Entwicklungsperspektiven des Netzes wissenschaftlicher Zentren in der Ukrainischen SSR

Ob die wissenschaftlichen Zentren ihre wichtigsten programmatischen Ziele erreichen, hängt davon ab, wie sie eine Reihe wissenschaftlicher Probleme lösen, die eine effektive Arbeit der wissenschaftlichen Einrichtungen gewährleisten. Ein besonderer Platz gebührt dabei der grundlegenden Verbesserung bei der Versorgung mit Kadern sowie bei der informationellen und materiell-technischen Versorgung aller Einrichtungen, die zum wissenschaftlichen Zentrum gehören.

Eine wichtige Rolle bei der Bildung und Entwicklung wissenschaftlicher Zentren spielt ihre Versorgung mit Kadern entsprechender Qualifikation. Heute sind 57,8 Prozent der Kandidaten und 59,7 Prozent der Doktoren der Wissenschaften der Republik an den höheren Lehranstalten konzentriert. Innerhalb der Akademie der Wissenschaften der Ukrainischen SSR arbeiten 12,6 bzw. 19,9 Prozent der Kandidaten und Doktoren der Wissenschaften. Die übrigen sind in der Hauptsache in einem kleinen Teil großer Industriezweig-Forschungsinstitute konzentriert. Ein beträchtlicher Teil dieser Institute verfügt über keinen einzigen Doktor der Wissenschaften, und es gibt wissenschaftliche Organisationen, in denen keine Kandidaten der Wissenschaften arbeiten. Insgesamt sind die Industriezweig-Forschungsorganisationen weitaus schlechter mit promovierten Kadern versorgt als die wissenschaftlichen Einrichtungen der Akademie der Wissenschaften der Ukrainischen SSR.

Damit ein wissenschaftliches Zentrum effektiv funktionieren kann, muß eine zweite wichtige Bedingung gegeben sein: zu lösen sind die Probleme der informationellen Versorgung der wissenschaftlichen Einrichtungen des Zentrums. Unter den heutigen Bedingungen, da das Tempo des wissenschaftlich-technischen Fortschritts weitgehend durch den Grad der effektiven Ausnutzung der Errungenschaften von Wissenschaft, Technik und Technologie bestimmt wird, fällt der wissenschaftlich-technischen Information, durch die eine umfassende Verbreitung und operative Ausnutzung der wissenschaftlichen Ergebnisse gesichert wird, eine besondere Rolle zu. Die Praxis zeigt, daß die Spezialisten durchschnittlich nur ein Prozent der Weltliteratur im Original und vier Prozent durch Referate oder andere Informationsmittel kennen. Die neugebildeten wissenschaftlichen Zentren sind in der Regel schwach mit wissenschaftlichen Informationen versorgt, was zusätzliche Schwierigkeiten für die dort arbeitenden Wissenschaftler mit sich bringt.

Ein wichtiger Teil der staatlichen Politik, die darauf abzielt, die informationelle Versorgung der Wissenschaft gründlich zu verbessern, muß darauf orientieren, eine Übereinstimmung zwischen dem Netz der Zentren für wissenschaftlich-technische Information und den Notwendigkeiten herzustellen, die die wechselseitige Verbindung von Wissenschaft und Produktion im Maßstab des bestehenden und sich entwickelnden Netzes wissenschaftlicher Zentren des Landes gewährleisten.

In diesem Zusammenhang lenken wir die Aufmerksamkeit auf folgende Umstände: Die modernen komplexen wissenschaftlichen Zentren verlangen eine leistungsfähige informationelle Versorgung, und zwar nicht nur innerhalb des Instituts, sondern auch auf der Ebene der interdisziplinären Verbindungen und der komplexen Versorgung mit Informationen verschiedener Zweige, soweit diese zu den gemeinsam ausgearbeiteten Programmen gehören. Die regionalen Zentren für wissenschaftliche Information müssen einen wichtigen Teil der Verbindungen des wissenschaftlichen Zentrums mit der Produktion der betreffenden Region sichern. Um eine harmonische Entwicklung der wissenschaftlichen Zentren zu erreichen, muß ein einheitliches Vorgehen bei der Leitung des Netzes wissenschaftlicher Zentren und des Netzes der Informationszentren im Maßstab einer Republik und des gesamten Landes gesichert sein.

Die nächste wichtige Bedingung für eine effektive Tätigkeit der wissenschaftlichen Zentren ist die entscheidende Verbesserung der materiell-technischen Versorgung der Einrichtungen, die zu dem wissenschaftlichen Zentrum gehören. Es läßt sich gegenwärtig eine Tendenz zu Disproportionen im Wachstumstempo der verschiedenen Komponenten des wissenschaftlichen Potentials beobachten: eine Orientierung auf die vorwiegende Vergrößerung der Kaderkomponente, während das Wachstumstempo bei der Ausrüstung zurückbleibt.

Um den technischen Ausstattungsgrad der Forschungsarbeit zu erhöhen, reicht es nicht aus, die relative oder absolute Höhe der Zuwendungen für diese Zwecke einfach zu vergrößern; hierfür sind eine Reihe von Maßnahmen erforderlich: die Ausbildung entsprechender Spezialisten (insbesondere mit Fachschulbildung); die Schaffung eines Netzes von materiell-technischen Versorgungsdiensten, die Reparatur und Eichung des Instrumentariums usw.

Wenn dieses Ziel erreicht wird, wird dadurch auch weitgehend die in der UdSSR begonnene Schaffung eines Netzes spezialisierter Werke für die Produktion, die Reparatur und die Modernisierung von serienmäßig hergestellten Apparaturen und Geräten unterstützt, die in den wissenschaftlichen Laboratorien benutzt werden. Es ist vorgesehen, diesen Betrieben das Recht zu übertragen, in den Forschungsinstituten einzelne Baugruppen und Bauteile aus abgeschriebenen Ausrüstungen sowie die abgeschriebenen Geräte insgesamt zu festgelegten Preisen zu kaufen. In Zukunft können solche Betriebe auch eine Reihe einmaliger Anlagen und Prüfstände nach Aufträgen einzelner Institute herstellen.

Die Erhöhung des Mechanisierungsgrades der arbeitsaufwendigsten Forschungsoperationen, und zwar in erster Linie solcher, die mit dem Einsatz teurer Ausrüstungen verbunden sind, wird ebenfalls den in der UdSSR begonnenen Aufbau spezialisierter Basen für den Kauf wissenschaftlicher Ausrüstungen und die Bildung von Einrichtungen unterstützen, die auf der Grundlage der wirtschaftlichen Rechnungsführung Aufträge von Forschungsinstituten zur Bearbeitung von Forschungsergebnissen und anderen wissenschaftlichen Daten übernehmen.

Mit den wachsenden wissenschaftlichen Kenntnissen wird der wissenschaftlich-technische Fortschritt nicht einfacher. Die Effektivität bei der Anwendung wissenschaftlicher Kenntnisse und der zunehmende Arbeitsaufwand für die Erzielung neuer wissenschaftlicher Ergebnisse sind wesentlich verschiedene Erscheinungen der modernen wissenschaftlich-technischen Revolution. Ein typischer Fehler in der Praxis der Wissenschaftsorganisation ist das Bestreben, dem schnell wachsenden Umfang der Forschungs- und Entwicklungsarbeiten vorwiegend durch eine größere Zahl von Beschäftigten gerecht zu werden, während dieses Ziel nur durch einen ganzen Komplex von Charakteristika des wissenschaftlichen Potentials erreicht werden kann.

Für die Kaderkomponente des wissenschaftlichen Potentials ist am wichtigsten, eine optimale Struktur der wissenschaftlichen Kader zu schaffen und organisatorische und technische Bedingungen für ein vorrangiges Wachstumstempo der Arbeitsleistungen und -ergebnisse aller in der Sphäre der Wissenschaft Beschäftigten zu sichern.

Durch wissenschaftswissenschaftliche Untersuchungen ist das optimale Verhältnis in der Struktur wissenschaftlicher Kollektive zwischen der Zahl der Doktoren, der Kandidaten der Wissenschaften, der nichtpromovierten Wissenschaftler und des wissenschaftlichen Hilfspersonals ermittelt worden. Natürlich beeinflußt die Spezifik der verschiedenen wissenschaftlichen Systeme die Struktur der wissenschaftlichen Kollektive. Indessen können für ein so großes System wie die Ukrainische SSR insgesamt etwa die Relationen genommen werden, die in Tabelle 28 angeführt sind.

Tabelle 28. Tatsächliche und optimale Struktur wissenschaftlicher Kollektive

Kennziffer	Größe der Kennziffer			
	für Doktoren der Wissenschaften	für Kandidaten der Wissenschaften	für nichtpromovierte Wissenschaftler	für wissenschaftliches Hilfspersonal
in der Ukrainischen SSR entstandene Relation	1	10,4	31	97
optimale Relation	1	7	22	90

In der Ukrainischen SSR müssen folglich einige wichtige Strukturrelationen des wissenschaftlichen Kaderbestandes optimiert werden. Durchgeführte wissenschaftswissenschaftliche Forschungen und Erfahrungen der Sowjetunion und anderer Länder bei der Organisation der Wissenschaft erlauben es, in Anwendung auf die Bedingungen der Wissenschaft in der Ukrainischen SSR für die nächsten fünf bis sieben Jahre folgendes zu prognostizieren:

– die dringend notwendige Vergrößerung der Konzentration (auf das Fünf- bis Siebenfache) jenes Teiles des wissenschaftlichen Gesamtpotentials der Republik, der unmittelbar für den Abschluß des Zyklus der wissenschaftlich-technischen Arbeiten im System der Produktion und in den experimentellen Produktionsgliedern wissenschaftlicher Organisationen verantwortlich ist;

– eine Erhöhung der Konzentration von promovierten Wissenschaftlern unter den leitenden Mitarbeitern wissenschaftlicher Einrichtungen; hierbei muß bei den wichtigsten Fachgebieten die Anzahl von Doktoren der Wissenschaften im Verhältnis zur Anzahl der Kandidaten der Wissenschaften von 1 : 10 auf 1 : 7 vergrößert werden;

– eine Vergrößerung des Verhältnisses zwischen den leitenden wissenschaftlichen Mitarbeitern und dem technischen und wissenschaftlichen Hilfspersonal von 1 : 2 auf 1 : 3 im Durchschnitt der

Republik; hinsichtlich des spezifischen Bedarfs einiger Wissenschaftszweige muß dieses Verhältnis sich noch stärker verbessern.

Zu diesem Zweck sind bereits im laufenden Fünfjahrplan (1971 bis 1975) Maßnahmen vorgesehen, um die Ausbildung, Erziehung und Förderung junger Wissenschaftler mit hoher Qualifikation zu verbessern. Besonders wichtig ist dabei, ein Netz spezieller Lehranstalten (vor allem technischer Fachschulen und technischer Berufsschulen) für die Ausbildung wissenschaftlicher Hilfskräfte aufzubauen, die in der Lage sind, die bei Forschungsarbeiten eingesetzten komplizierten modernen technischen Ausrüstungen zu bedienen. Eine weitere zu prognostizierende Folge des voraussichtlich sinkenden jährlichen Wachstumstempos der Zahl der in der Wissenschaft Beschäftigten (von 7 bis 10 Prozent in den vergangenen Jahren auf 2 bis 3 Prozent im kommenden Jahrzehnt) wird die Tendenz sein, daß das Durchschnittsalter dieses Personenkreises bedeutend steigt.

In der Vergangenheit wuchs die Zahl der Wissenschaftler jedes Jahr durch die Gewinnung von Jugendlichen für wissenschaftliche Berufe. Dadurch war ein ständiges Durchschnittsalter der meisten Forschungskollektive im optimalen Bereich von 35 bis 40 Jahren gesichert. Wenn die geltenden Regeln für die Erneuerung des Kaderbestandes unverändert bleiben und das jährliche Wachstumstempo auf 2 bis 3 Prozent verringert wird, dann wird das Durchschnittsalter der in der Wissenschaft Beschäftigten eine stabil wachsende Tendenz auf folgende statistische Größen aufweisen: 1980 – über 45 Jahre und 1990 über 55 Jahre. Bereits am Ende des laufenden Jahrzehnts wird sich zeigen, daß der größere Teil der tätigen Doktoren und Kandidaten der Wissenschaften die Grenze des Pensionsalters überschreitet. Daß eine solche Situation unerwünscht ist, braucht nicht kommentiert zu werden. Es gibt nur einen Ausweg: die 7- bis 10prozentige Steigerung der Zahl der in der Wissenschaft Arbeitenden darf nicht so sehr durch eine Erweiterung der Stellenpläne erfolgen, als vielmehr durch eine systematische Erneuerung des Bestandes.

An dieser Stelle muß die Aufmerksamkeit auf die beiden Arten organisatorischer Maßnahmen gelenkt werden, durch die die qualitative Zusammensetzung der in der Wissenschaft beschäftigten Mitarbeiter stabil verbessert werden kann. Es sind dies:

– der Übergang von unveränderlichen („starren") Institutsstrukturen, in denen die Thematik der organisatorischen Struktur der Abteilungen angepaßt wird, zu Systemen von thematischen wissenschaftlichen Problemabteilungen (oder gemischten, „Hybrid"-Strukturen), in denen die Struktur und die Zusammensetzung der Abteilungen systematisch mit den entsprechenden neuen Aufgaben und Problemen der Wissenschaft in Übereinstimmung gebracht werden;

– die Erhöhung der Anforderungen bei der Attestation wissenschaftlicher Mitarbeiter aller Stufen (angefangen von der unformalen Zuerkennung der Titel eines unteren wissenschaftlichen und eines höheren wissenschaftlichen Mitarbeiters) sowie bei der Durchführung von Ausschreibungen und Attestationen für Hilfspersonal;

– die Lösung der künftigen Aufgaben der Wissenschaft vorwiegend durch die Qualität der Kader und durch eine optimale Kaderstruktur muß folglich zum Hauptprinzip der Prognostik werden, soweit es die Kaderkomponente des wissenschaftlichen Potentials betrifft.

Die Ukrainische SSR nimmt einen sehr wichtigen Platz in der Wirtschaft der UdSSR ein und beeinflußt den wissenschaftlich-technischen Fortschritt in der UdSSR nachhaltig. In der Republik ist ein breites Netz wissenschaftlicher Einrichtungen entstanden, das ein wichtiger Bestandteil der einheitlichen Sowjetwissenschaft ist. Nach der Zahl der Wissenschaftler je 10000 Einwohner nimmt die Ukraine freilich nur den achten Platz und nach der Zahl der in der Wissenschaft beschäftigten Personen den neunten Platz unter den Unionsrepubliken ein.

Auch die Zahl der hochqualifizierten Wissenschaftler ist in der Ukrainischen SSR noch gering. Unter den Unionsrepubliken steht die Ukraine nach der Zahl der Doktoren und Kandidaten der Wissenschaften je 10000 Einwohner auf dem siebenten Platz. Niedrig ist auch die relative Höhe der Finanzierung der Forschungsarbeiten aus dem Staatshaushalt der Republik.

In den letzten fünf bis sieben Jahren zeigen diese Lokalisationskennziffern des wissenschaftlichen Potentials in der Ukrainischen SSR eine steigende Tendenz, obgleich die Republik noch keine einzige der Durchschnittskennziffern im Allunionsmaßstab erreicht hat. Das hängt weitgehend mit der spezifischen Rolle der Produktivkräfte der Republik und mit den Strukturmerkmalen der Produktion in der Ukrainischen SSR zusammen. In den ökonomischen Perspektivprojekten, die sich aus den langfristigen Prognosen für die volkswirtschaftliche und soziale Entwicklung der Ukrainischen SSR ergeben, muß die Struktur der Produktionszweige wesentlich erneuert und auf eine intensive Entwicklung der Zweige orientiert werden, die den größten ökonomischen Nutzeffekt für die gesellschaftliche Produktion erbringen und die einen erhöhten Umfang an wissenschaftlicher Versorgung erfordern.

Das Generalziel der staatlichen Leitung der Wissenschaft in der Republik ist die effektive Nutzung der vorhandenen Ressourcen und Ergebnisse der Wissenschaft, um das Wachstum ihrer potentiellen Kräfte in einem Ausmaß zu sichern, das den Bedürfnissen der Gesellschaft entspricht und das in einer wissenschaftlich begründeten Strategie der wissenschaftlichen Tätigkeit seinen Ausdruck findet.

Die auf dieses Ziel orientierte staatliche Politik muß hinsichtlich der Kaderkomponente des wissenschaftlichen Potentials der Ukrainischen SSR offensichtlich in zwei Etappen verwirklicht werden.

Im Zeitraum von 1970 bis 1980 muß die Republik den Landesdurchschnitt bei den Kennziffern für die Entwicklung des wissenschaftlichen Potentials erreichen. Das muß realisiert werden, während sich die inneren strukturellen Proportionen der verschiedenen Komponenten des wissenschaftlichen Potentials wesentlich verändern. Gleichzeitig werden die Voraussetzungen für einen Komplex von Maßnahmen geschaffen, die das Ziel haben, den erforderlichen Grad der Konzentration und der Komplexität der Forschungsarbeit in der Ukrainischen SSR zu sichern, wobei die Arbeitsleistungen und -ergebnisse der Wissenschaftler schneller wachsen müssen als die Zahl der Wissenschaftler.

Obgleich sich das Wachstumstempo der Zahl der in der Wissenschaft beschäftigten Menschen in diesem Zeitraum merklich verlangsamen wird, müssen sich die absoluten Größen der Kaderkomponente des wissenschaftlichen Potentials vergrößern und muß sich die qualitative Struktur der wissenschaftlichen Kader wesentlich verbessern.

Ab 1980 wird sich das Wachstumstempo der Kaderkomponente des wissenschaftlichen Potentials weiter verlangsamen, und zwar ungefähr um 20 bis 30 Prozent im Vergleich zu der Zeit von 1970 bis 1980. Der zunehmende gesellschaftliche Bedarf an wissenschaftlichen Kenntnissen (Wissenschaftsaufwand der Produktion) wird zu einem immer größeren Teil durch folgende Faktoren gesichert werden:

– die Verringerung des Spektrums der unmittelbar in der Republik bearbeiteten Probleme sowie die umfassende Forschungskooperation im Allunionsmaßstab und im internationalen Rahmen des RGW;

– eine vollständigere, operativere und effektivere Nutzung der Ergebnisse der in- und ausländischen Wissenschaft;

– eine Erhöhung der Arbeitsleistungen und -ergebnisse, die durch eine grundlegende technische und methodische Umrüstung des wissenschaftlichen Prozesses erzielt werden, auf mindestens das Doppelte gegenüber dem gegenwärtigen Niveau. Hierzu gehören: die Automatisierung der Berechnungen, der Projektierung, der Bearbeitung und der Verallgemeinerung experimenteller Daten; der Einsatz neuester leistungsfähiger wissenschaftlicher Ausrüstungen; die Erarbeitung effektiverer Theorien und wissenschaftlicher Forschungsarbeiten; der allseitige Übergang zu wahrhaft wissenschaftlichen Methoden der Arbeitsorganisation und der Wissenschaftsleitung.

Von den oben dargelegten methodologischen Überlegungen ausgehend, ließen wir uns bei unserer prognostischen Hypothese für die Entwicklung des Netzes wissenschaftlicher Zentren in der Ukrainischen SSR davon leiten, daß die Entwicklung der bestehenden wissenschaftlichen Zentren und die Organisation neuer komplexer wissenschaftlicher Zentren der Republik durch folgende Hauptfaktoren bestimmt wird:

1. Ein wissenschaftliches Zentrum als Organisationsform der Wissenschaft muß folgende Aufgaben lösen:

– es muß die vorausschaubaren Bedürfnisse der gesellschaftlichen Produktion an wissenschaftlichen Erkenntnissen befriedigen;

– es muß die Bedingungen schaffen, damit die Leistungen und Ergebnisse des wissenschaftlichen Prozesses schneller wachsen als die Zahl der in der Wissenschaft Beschäftigten;

– es muß das Prinzip der Komplexität realisieren, das die Erkundungsarbeiten in den Grundlagenwissenschaften, die angewandten Forschungs- und Entwicklungsarbeiten sowie die zielgerichtete Ausbildung der Spezialisten umfaßt.

2. Die Schaffung und Entwicklung eines Netzes wissenschaftlicher Zentren der Republik sind nicht Selbstzweck, sondern organischer Bestandteil der einheitlichen staatlichen Politik, deren Ziel die Gestaltung des wissenschaftlichen Potentials der Ukrainischen SSR ist und die folgende Probleme einbezieht:

– die Berücksichtigung der realen Stellung und Rolle, die den Produktivkräften und der Wissenschaft der Ukrainischen SSR bei der Arbeitsteilung im Allunionsmaßstab zufallen;

– das Bestreben, Probleme des Netzes wissenschaftlicher Zentren der Republik in direkter Verbindung mit den Entwicklungsproblemen des wissenschaftlichen Gerätebaus, mit der Umorientierung des Netzes wissenschaftlicher Informationszentren der Republik sowie mit der Verwirklichung des Komplexes organisatorisch-technischer Maßnahmen zur Verstärkung der technischen und materiellen Versorgung der Wissenschaft zu lösen.

Die Politik der Schaffung und Entwicklung eines Netzes wissenschaftlicher Zentren der Republik ist keine kurzzeitige Kampagne. Sie bildet einen Teil der staatlichen Strategie, die auf eine lange Perspektive berechnet ist und die die Spezifik der den verschiedenen Zentren übertragenen Programme, den Bereitschaftsgrad und die

Tabelle 29. Entwicklung eines Netzes wissenschaftlicher Zentren in der Ukrainischen SSR bis 1990

Wissenschaftliche Zentren der Ukrainischen SSR	Traditionelle wissenschaftliche Zentren der Republik	Neu zu schaffende komplexe wissenschaftliche Zentren (1971–1975)	Im Perspektivplanzeitraum zu schaffende komplexe wissenschaftliche Zentren (1975–1985)	Im Prognos zeitraum zu schaffende komplexe wissenschaft liche Zentre (1980–1990)
Bezeichnung und Standort der wissenschaftlichen Zentren	Kiever Zentrum (Kiev), Charkover Zentrum (Charkov)	Donezker Zentrum (Donezk, Vorošilovgrad u. a.), westliches Zentrum (Lvov, Ushgorod u. a.)	Dnepr-Zentrum (Dnepropetrovsk, Krivoj Rog, Saporože), südliches Zentrum (Odessa, Nikolaev u. a.)	Krim-Zentru Poltavaer-Kremenčuger Zentrum, Černigover Zentru
Vorgesehene Maßmen für die Entwicklung eines Netzes wissenschaftlicher Zentren der Ukrainischen SSR (Gliederung und Realisierungszeitpunkte)	Praktische Verwirklichung der Maßnahmen zur Komplettierung der Arbeiten, die in den Perspektivprogrammen in Aussicht genommen sind. Festigung bestehender wissenschaftlicher Einrichtungen durch Spezialisten auf dem Wege der Umverteilung der wissenschaftlichen Kräfte der Republik Durchsetzung komplexer Maßnahmen zur Einführung von Mechanisierungs- und Automatisierungssystemen der wissenschaftlichen Forschungsarbeit Bildung vervollkommneter Komplexe wissenschaftlicher Abteilungen bei den Leitinstituten, um die Forschungen, die Projektierungs- und Konstruktionsarbeiten, die experimentelle Kontrolle sowie die wissenschaftlich-industrielle Realisierung neuer Ergebnisse sicherzustellen Vervollkommnung der Struktur und der Pofile der wissenschaftlichen Einrichtungen, Organisation neuer Institute, Abteilungen und Filialen			
	Pofilierung und Entwicklung eines die Republik umspannenden Netzes wissenschaftlicher Informationszentren entsprechend den Planungen für die Entwicklung wissenschaftlicher Zentren Organisierung eines Systems der materiell-technischen Versorgung der Wissenschaft der Republik Zweckmäßige Vorbereitung wissenschaftlicher Kader höchster Qualifikation (Doktoren und Kandidaten der Wissenschaft) entsprechend den perspektivischen Anforderungen der wissenschaftlichen Zentren			

'issenschaftliche entren der Ukrai- schen SSR	Traditionelle wissenschaftliche Zentren der Republik	Neu zu schaffende komplexe wissenschaftliche Zentren (1971–1975)	Im Perspektivplanzeitraum zu schaffende komplexe wissenschaftliche Zentren (1975–1985)	Im Prognosezeitraum zu schaffende komplexe wissenschaftliche Zentren (1980–1990)
ezeichnung und tandort der issenschaftlichen entren	Kiever Zentrum (Kiev), Charkower Zentrum (Charkov)	Donezker Zentrum (Donezk, Vorošilovgrad u. a.), westliches Zentrum (Lvov, Ushgorod u. a.)	Dnepr-Zentrum (Dnepropetrovsk, Krivoj Rog, Saporože), südliches Zentrum (Odessa, Nikolajev u. a.)	Krim-Zentrum Poltavaer-Kremenčuger Zentrum, Černigover Zentrum
	Bearbeitung langfristiger Prognosen für die Entwicklung der Wirtschaft, der Wissenschaft und der Technik der Republik Festlegung eines Verzeichnisses profilierter wissenschaftlicher Perspektivprogramme für ein Netz wissenschaftlicher Zentren Schaffung eines Industriezweiges für wissenschaftlichen Gerätebau in der Republik Entwicklung eines Netzes von Einrichtungen für höhere und mittlere Spezialausbildung und Erhöhung des Arbeitsniveaus dieser Einrichtungen entsprechend der auf die Bildung wissenschaftlicher Zentren der Republik gerichteten Politik.			

realen Möglichkeiten der verschiedenen Regionen für die Lösung der ihnen gestellten Aufgaben berücksichtigt.

Eine verallgemeinernde prognostische Hypothese für eine langfristige Politik im Hinblick auf die Entwicklung der bestehenden und die Bildung neuer wissenschaftlicher Zentren der Republik ist in Tabelle 29 dargestellt, wobei vier Gruppen unterschieden werden:

1. die traditionell entstandenden wissenschaftlichen Zentren der Republik, deren Struktur und deren Arbeitsorganisation im Prognosezeitraum vervollkommnet wird;

2. die neu in Übereinstimmung mit bereits gefällten Entscheidungen zu bildenden komplexen wissenschaftlichen Zentren, deren organisatorische Entstehungsperiode im laufenden Fünfjahrplan (1971 bis 1975) abgeschlossen werden soll;

3. die komplexen wissenschaftlichen Zentren, deren Bildung im nächsten Perspektivplanzeitraum (1975 bis 1985) zweckmäßig und möglich ist;

4. die komplexen wissenschaftlichen Zentren, deren Organisation erst in der weiteren Perspektive (1980 bis 1990) zweckmäßig und möglich sein wird.

Prognostische Einschätzungen über die letzten beiden Gruppen wissenschaftlicher Zentren müssen erörtert und bereits jetzt bestätigt werden, da bereits im laufenden Fünfjahrplan damit begonnen werden muß, einige reale Voraussetzungen für ihre Bildung in der Zukunft zu schaffen. Die wichtigsten Maßnahmen der wissenschaftlich-technischen Politik im Hinblick auf die Entwicklung des Netzes wissenschaftlicher Zentren der Republik sind in der Tabelle 29 ebenfalls angeführt.

Im Mai 1971 faßten das ZK der Kommunistischen Partei der Ukraine und der Ministerrat der Republik gemeinsam einen Beschluß über die Schaffung eines Netzes neuer wissenschaftlicher Zentren in der Ukrainischen SSR. Dieser Beschluß sieht vor, daß die Akademie der Wissenschaften der Ukrainischen SSR als anerkannter Stab der ukrainischen Wissenschaft zum Schöpfer und Leiter des Netzes neuer wissenschaftlicher Zentren der Republik wird und daß die Zentren selbst eine sehr große Rolle bei der weiteren Erforschung und Entwicklung der Produktivkräfte der Ukrainischen SSR spielen. Viele dieser Zentren – außer denjenigen, die unmittelbar mit den Bedürfnissen der Volkswirtschaft in bestimmten Rayons verbundene Forschungsarbeiten leisten – werden große Probleme der modernen Wissenschaft und Technik lösen. Sie werden zu Leiteinrichtungen für eine Reihe wissenschaftlicher Richtungen in der Republik. Die Bildung neuer wissenschaftlicher Zentren in der Ukrainischen SSR wird zur Beschleunigung des wissenschaftlich-technischen Fortschritts in der Republik und in der Sowjetunion insgesamt beitragen.

KAPITEL VII

Ein System von Meßgrößen für die wissenschaftliche Arbeit

1. *Meßgrößen für das Ergebnis des wissenschaftlichen Prozesses*

Die Anwendung wissenschaftlicher Leitungsmethoden, die die Ausnutzung eines Systems von Meßgrößen und Bewertungen einschließen, ist in alle Bereiche der Leitungstätigkeit eingedrungen. Die Sphäre der Wissenschaft als Objekt der Leitung bildet da keine Ausnahme. Jedoch ist die allseitige Bewertung der Forschungstätigkeit eine komplizierte wissenschaftswissenschaftliche Aufgabe, für deren Lösung noch keine einfachen und effektiven Methoden entwickelt wurden.

An die Bewertung der Forschungstätigkeit müssen solche wesentlichen Forderungen gestellt werden:

1. Die Bewertung muß komplex sein und durch einzelne Kennziffern charakterisiert werden;

2. die Bewertung muß die objektiven Ergebnisse der Forschungstätigkeit richtig widerspiegeln (die Summe der akkumulierten Kenntnisse berücksichtigen);

3. die Bewertungseinheiten müssen vergleichbar sein;

4. die Bewertung muß es erlauben, Daten zu erhalten, die für die Erarbeitung künftiger Maßnahmen geeignet sind;

5. die Bewertung muß die Spezifik und die Besonderheiten eines jeden Forschungsobjekts widerspiegeln;

6. die Bewertung muß zu einer Erweiterung der Forschungen und der Interessiertheit der Forscher beitragen;

7. das quantitative Maß der Bewertungen muß sich auf ein Minimum reduzieren lassen und die Bewertung muß über bestimmte begründete Zeitabschnitte hinweg vorgenommen werden.

Sowohl die aufgezählten als auch viele andere Forderungen setzen voraus, daß eine große Anzahl von Kennziffern vorhanden ist, die die Forschungstätigkeit allseitig charakterisieren. Ein System von Kennziffern bildet sich in der Wissenschaftswissenschaft jedoch erst heraus. Man kann sich jetzt fünf seiner wichtigsten Strukturkomponenten vorstellen, die sich außer durch die Ausgangsbasis auch durch die Meßmethoden unterscheiden: die Experteneinschätzung; die informationelle Bewertung; die Naturalbewertung; die Bewertung nach Ereignissen und die ökonomische Bewertung.

Die Methoden der Experteneinschätzung vereinigen eine Reihe von Methoden, die auf begründete Meinungen von Spezialisten (Experten) beruhen und die vorhandenen Erfahrungen auf dem entsprechenden Wissenschaftsgebiet berücksichtigen und verallgemeinern. Heute ist das Interesse an diesen Methoden wesentlich gewachsen. Dafür kann man folgende Gründe anführen:

Die Lösung vieler Leitungsprobleme der Forschungstätigkeit stößt auf einen Mangel an (statistischen, ökonomischen und anderen) Ausgangsdaten. Unter unseren Bedingungen erweist es sich häufig als zweckmäßig, diese oder jene Methoden der Experteneinschätzung anzuwenden, für deren Sammlung und Analyse eine Reihe spezifischer Verfahren ausgearbeitet worden ist, durch die die Werturteile der Experten objektiviert werden können. Solche Verfahrensweisen können begründet werden durch die Prioritätsmethode, die Rangmethode, die Methode des paarweisen Vergleichs, die Methode des aufeinanderfolgenden Vergleichs und andere.

Auf der Grundlage der Expertenmeinungen ist es möglich, ein objektives Modell der künftigen wissenschaftlich-technischen Entwicklung aufzustellen, das die qualitativen und strukturellen Verschiebungen und Sprünge berücksichtigt (im Unterschied zu anderen Methoden, zum Beispiel der Extrapolation, die auf der Annahme beruht, daß das bestehende Tempo und die strukturellen Beziehungen der wissenschaftlich-technischen Entwicklung in Zukunft unverändert bleiben). Die Experteneinschätzung vereinigt eine Reihe solcher Verfahren wie die kollektive und die individuelle Einschätzung, die Einschätzung vom Typ eines Interviews, die analytischen Experteneinschätzungen, die Kommissionsmethoden und die sogenannte Methode der „aufgeschobenen Bewertung", die morphologische Methode, die Delphi-Methode und andere.

Die Spezifik der Methoden der Experteneinschätzung besteht darin, daß sie es erlauben, assoziative und halbintuitive Informationen zu formulieren, über die ein Experte verfügt. Die Experten können Spezialisten mit begrenzten oder mit umfangreichen Kenntnissen sein. Als Experten werden Spezialisten einer bestimmten Kategorie nach ihrem wissenschaftlichen Ansehen, nach dem Fachgebiet und nach der Kompetenz der Experten für die Aufgaben der Expertise ausgewählt. Unter den Experten müssen auch Spezialisten verschiedener wissenschaftlicher Schulen und wissenschaftlicher Richtungen vertreten sein.

In letzter Zeit wurde die Methodik für die Anwendung der Experteneinschätzung wesentlich verbessert. So wurden methodische Verfahren für die gegenseitige Einschätzung und Selbsteinschätzung der Expertencharakteristika ausgearbeitet, die dazu beitragen, die Kompetenzbereiche und das Qualifikationsniveau der Experten festzulegen.

Die Anwendung der Methoden der Experteneinschätzung ist besonders fruchtbar bei der Auswahl der aussichtsreichsten wissenschaftlichen Richtungen, Probleme und einzelner Forschungsthemen sowie bei der Einschätzung ihrer Wichtigkeit; bei der Auswahl der Varianten für die Durchführung der Forschungsarbeiten; für die Begründung von Prognosen quantitativer Parameter und technischer Mittel, die in bestimmten Zeitabschnitten verwendet werden können; bei der Bewertung der Möglichkeit und der Notwendigkeit des Abschlusses bestimmter Ereignisse in der Zukunft; für die quantitative Bewertung wissenschaftlicher Objekte, wenn deren direkte Berechnung zu umfangreich oder aus anderen Gründen unmöglich ist; bei der Einschätzung der Zeit für den Abschluß des einen oder anderen Objekts der wissenschaftlichen Tätigkeit; bei der Bewertung des Wechselverhältnisses verschiedener Arten wissenschaftlich-technischer Lösungen.

Die Kennziffern der informationellen Bewertung. Die Anwendung dieser Gruppe von Kennziffern geht davon aus, daß die Forschungstätigkeit ein informationeller Prozeß ist.[1] Wissenschaftliche Informationen als Produkt menschlicher Arbeit können etwas spezifischer gemessen werden.

Das Abstrahieren vom konkreten Inhalt und vom relativen Wert der analysierten Informationen ist ein sehr verbreitetes Verfahren. Dieses Abstrahieren und die damit verbundene eingeschränkte Erkenntnis der Spezifik des analysierten Materials sind bei konsequenter Verwirklichung des informationellen Herangehens an die Analyse der Wissenschaft in zahlreichen Fällen vorteilhaft, um die Spezifik des Funktionierens der Wissenschaft als eines Systems zu erkennen. Ein derartiges Herangehen erweist sich als fruchtbar für die Ausarbeitung quantitativer Meßgrößen der wissenschaftlichen Information. Es wurde bereits eine große Anzahl von Versuchen unternommen und analysiert, um die Forschungstätigkeit mit Hilfe informationeller Kennziffern zu bewerten. Man hat festgestellt, daß eine quantitative Analyse der wissenschaftlichen Information in Einheiten, die ihre qualitativen Besonderheiten berücksichtigen, notwendig ist, um eine

[1] Vgl. G. M. Dobrov, A. A. Korennoj, in: Teoretičeskie problemy informatiki, Moskau 1968.

wahrhaft wissenschaftliche Analyse vom Standpunkt der Wissenschaftswissenschaft durchzuführen und begründete Proportionen für die Verteilung der Ressourcen der Gesellschaft zwischen der materiellen Produktion und der Sphäre der wissenschaftlichen Arbeit festzulegen. Das Vorhandensein objektiver quantitativer Meßgrößen der wissenschaftlichen Information wird es erlauben, die Effektivität der wissenschaftlichen Arbeit und die Produktivität der Wissenschaftler direkt zu messen und wirklich wertvolle wissenschaftliche Informationen von pseudowissenschaftlichen zu trennen.[1]

In der gegenwärtigen Etappe der Entwicklung und Einführung informationeller Bewertungskennziffern ist die statistische Informationstheorie mit dem exakten mathematischen Apparat und den zahlreichen modifizierten Methoden am effektivsten. Es werden auch Versuche unternommen, den Apparat der Maßtheorie und der Topologie, algorithmische und kombinatorische Verfahren, die verschiedenen Wahrscheinlichkeitsmethoden, die Methoden der symbolischen Logik und anderes für die quantitative Bewertung der wissenschaftlichen Information heranzuziehen. Obwohl es bei der Formalisierung und der praktischen Anwendung dieser Methoden große Schwierigkeiten gibt, erobern sich die informationellen Bewertungskennziffern allmählich einen immer größeren Anwendungsbereich. Sie werden beispielsweise bei der Lösung vieler Kader- und anderer Fragen angewandt. Der Zitatindex, die Quantität schon wirkender und neu vorgeschlagener Prinzipien, Gesetze und Hypothesen, die Quantität mathematischer Formeln und Tabellen in Veröffentlichungen und andere quantitative Charakteristika der wissenschaftlichen Informationen gestatten es, verbale Definitionen und halbintuitive Bewertungen der Forschungstätigkeit in bestimmtem Maße zu vermeiden.

Die Naturalbewertungskennziffern werden in verhältnismäßig engen Grenzen für die quantitative Analyse der Forschungstätigkeit angewandt.

Das hängt damit zusammen, daß sie lediglich Teilzusammenhänge einer konkreten Art wissenschaftlicher Tätigkeit kennzeichnen und nur die entstandenen und ausgereiften Entwicklungstendenzen dieser Art berücksichtigen. Deshalb sind die Naturalbewertungskennziffern in der Hauptsache dann geeignet, wenn es um ausgereifte Forschungssysteme geht.

Den Vollkommenheitsgrad der Produktion als Ergebnis der Forschungstätigkeit kann man quantitativ mit Hilfe physikalischer Kennziffern

[1] Vgl. A. Semjanovskij, in: Voprosy ėkonomiki, Jg. 1968, Heft 9.

charakterisieren. Dazu gehören: das Anwachsen der Geschwindigkeiten, der Kapazitäten, der Qualität, der Zuverlässigkeit, der Anwendung neuer Werkstoffe, der Beständigkeit, der Dauer eines Zyklus usw. Um den Anwendungsbereich der Naturalkennziffern in der Volkswirtschaftsplanung zu erweitern, lassen sich bedingte Naturalkennziffern festlegen, die durch die Umrechnung der Vielfalt des Naturalausdrucks zu einer einheitlichen Kennziffer ermittelt werden, und zwar mit Hilfe von Übertragungskoeffizienten. Dieses Verfahren macht es möglich, die Teilzusammenhänge der Arten wissenschaftlicher Tätigkeit zu einer „einheitlichen" quantitativen Kennziffer umzurechnen.

Die technisch-ökonomischen Meßgrößen sind ein wichtiges Mittel, um den Bedarf an verschiedenen Arten von Forschungstätigkeit zu begründen und zu normen. Sie kennzeichnen, in welchem Grad Möglichkeiten und Bedingungen der Forschungstätigkeit ausgenutzt werden, sie fungieren als eigenartige Verknüpfungskennziffer zwischen den wissenschaftlichen Zielen und dem Bedarf an Mitteln für deren Erreichung. In den methodischen Hinweisen zur Aufstellung des staatlichen Planes für die Entwicklung der Volkswirtschaft der UdSSR wird im Abschnitt Planung der Forschungsarbeiten hervorgehoben, daß für jede Aufgabenstellung die wichtigsten technisch-ökonomischen Kennziffern angegeben werden müssen, die sich auf entsprechende Berechnungen stützen.[1]

Die Aufgabe der Analyse und der quantitativen Bewertung der Forschungstätigkeit verlangt eine gewisse Überprüfung der angewendeten Naturalkennziffern, damit sie nicht nur die quantitative, sondern auch die qualitative Seite der Objekte der Forschungstätigkeit widerspiegeln können. Hierzu ist es notwendig, die Naturalkennziffern durch Parameter zu ergänzen, die die Gebrauchseigenschaften der ausgeführten wissenschaftlichen Arbeiten charakterisieren. Es sind jene von ihnen richtig auszuwählen, die dem Verwendungszweck der Arbeiten am besten entsprechen.

Die Kennziffern für die Bewertung nach Ereignissen. Diese Kennzifferngruppe ist für die Bewertung der Forschungstätigkeit noch spezifischer als die Gruppe der Naturalkennziffern. Eine Bewertung nach Ereignissen ist für die Analyse der inneren Verbindungen einer konkreten wissenschaftlichen Organisation geeignet.

Die Ausgangssituation einer derartigen Bewertung ist die Fest-

[1] Vgl. Voprosy povyšenija éffektivnosti naučnych issledovanij i razrabotok, Sammelband, Moskau 1969.

stellung, daß das Hauptereignis einer gegebenen wissenschaftlichen Untersuchung die Erfüllung der formulierten Ziele zur Erreichung bestimmter Ergebnisse ist. Um das Hauptereignis zu realisieren, muß eine Reihe von Beschränkungen erfüllt werden. Als solche Beschränkungen treten gewöhnlich die Plankosten der ausgeführten Arbeit, der Abschlußtermin, der Lohnfonds u. a. auf. Unter Berücksichtigung dieser Beschränkungen wird auch das Modell für den Ablauf der bevorstehenden Arbeit aufgestellt. Für das Funktionieren des Modells wird eine Reihe abhängiger Variabler vorgegeben, in der zahlreiche Faktoren der inneren Verbindungen der Organisationsstruktur einer wissenschaftlichen Einrichtung berücksichtigt sein können. Das Modell kann durch eine verbesserte Organisationsstruktur der inneren Verbindungen optimiert werden. Die Beschränktheit des Funktionierens eines Modells für den Arbeitsablauf besteht gerade darin, daß die Verbesserung der Organisation der inneren Verbindungen nur im Rahmen der auferlegten Beschränkungen erfolgen kann, die bis dahin nicht begründet sind.

Die Bewertung nach Ereignissen kann für den Vergleich von Varianten einer Organisationsstruktur, der Ressourcenverteilung, der Versorgung mit Dienstleistungen, der Kontrolle und Analyse der zwischenzeitlichen Arbeitsdurchführung, der Prognose, kritischer Situationen während der Durchführung der Arbeiten usw. geeignet sein.

Man muß sich jedoch hüten, die Bewertung nach Ereignissen für die Ermittlung der Produktivität der wissenschaftlichen Arbeit anzuwenden. Es sind Versuche bekannt, die Arbeitsproduktivität als Verhältnis der Zahl der Entwicklungsarbeiten zu ihrer Ausführungsdauer zu betrachten. Man darf jedoch erstens die zur Erreichung des Abschlußereignisses notwendige Zeit nicht als eine abhängige variable Größe betrachten, sondern muß sie als eine der auferlegten Beschränkungen bei der Aufstellung des Modells für den Arbeitsablauf ansehen. Zweitens kann die Zeit zur Erreichung des Abschlußereignisses nicht als Komponente der Arbeitsproduktivität der betreffenden Organisation fungieren, weil sie alle geleisteten wissenschaftlichen Arbeiten typisiert. Deshalb werden in der methodischen Anleitung zur Bewertung der Effektivität angewandter Forschungsarbeiten alle Forschungsarbeiten in langfristige (sie werden in drei und mehr Jahren ausgeführt), mittelfristige (sie werden in eineinhalb bis zwei Jahren ausgeführt) und operative (sie werden innerhalb eines Jahres ausgeführt) unterteilt. Drittens berücksichtigt das genannte Verhältnis eine Reihe von Faktoren nicht, die direkt die Arbeitsproduktivität charakterisieren und sie beeinflussen (zum Beispiel die Mitwirkung anderer an den realisierten Themen, den Wichtigkeitsgrad der formulierten Ziele und anderes).

2. Die Anwendung der Methoden der Operationsforschung bei der Aufstellung der Themenpläne in den Forschungsinstituten

In der gegenwärtigen Entwicklungsetappe der Sowjetunion verwandeln sich die Forschungseinrichtungen in komplizierte Systeme. Der Hauptinhalt der Leitung eines solchen Systems besteht darin, Entscheidungen über die Wahl der Forschungsthematik zu fällen, die Ressourcen auf die Themen aufzuteilen, die Ausführenden auszuwählen usw. Von der Richtigkeit der getroffenen Entscheidungen hängt nicht nur die Effektivität der Ressourcenausnutzung, sondern auch die erfolgreiche Realisierung der festgelegten Ziele ab.

Die möglichen Handlungswege haben in der Regel viele Varianten. Es gibt Auswahlmöglichkeiten, jedoch müssen die getroffenen Entscheidungen optimal sein.

Zahlreiche Varianten bieten sich insbesondere für die Planungsetappe der Forschungsthematik, wenn die Anzahl der Themen, deren Bearbeitung vorgeschlagen wurde, die produktiven Möglichkeiten des Instituts übersteigt.

Die Vervollkommnung der Planungstechnik ist ein sehr wichtiger Weg, um die Effektivität der Arbeit von Forschungsorganisationen zu erhöhen. Die Lösung dieses Problems wird gefördert, wenn Entscheidungen über die Aufnahme der einzelnen Themen in den Plan besser begründet werden. Natürlich sind nicht alle zur Bearbeitung vorgeschlagenen Forschungsprojekte gleich wichtig für den weiteren Fortschritt von Wissenschaft und Technik. Nicht selten neigen Forscher dazu, die Progressivität und den potentiellen Wert ihrer Entwicklungsarbeit zu übertreiben. Manchmal hat eine durchaus realistisch vorgeschlagene Untersuchung wenig Berührungspunkte mit der Entwicklungsgrundlinie des betreffenden Instituts, und es kann bezweifelt werden, ob der Einsatz bedeutender Ressourcen für diese Forschungsarbeit zweckmäßig ist.

Kein Geheimnis ist jene Tatsache, daß bei weitem nicht alle Investitionen für Forschungsarbeiten zu einem Ergebnis führen. Nach einigen Angaben erhalten Unternehmen in den USA nur von 45 Prozent der in Forschungsprojekten investierten Kapitalien ein Ergebnis. Die restlichen 55 Prozent des Aufwandes erbringen nichts, sie werden für unproduktive Entwicklungen verbraucht, sie sich als technisch undurchführbar erweisen oder die im Vergleich zu den erwarteten nur unbedeutende Ergebnisse bringen. Wenn man jedoch die Grundlagenforschungen, die in der Regel mit einem Risiko verbunden sind und auch nicht immer ein direktes „Ergebnis" liefern, nicht auf einem hohen Niveau hält, dann kann von den angewandten Wissenschaften nichts übrigbleiben, und faktisch wird nichts in die Praxis übergeleitet.

Unter den Bedingungen des wissenschaftlich-technischen Fortschritts nehmen die Schwierigkeiten ständig zu, die mit der Entscheidungsfällung über die geplante Thematik der Forschungsinstitute verbunden sind. Es wächst die Verantwortung für getroffene Entscheidungen, da progressive Entscheidungen einen immer größeren ökonomischen Nutzeffekt verheißen, fehlerhafte aber zu den ernstesten Folgen führen können: zur Verminderung der Gewinne, zur Abnahme der Konkurrenzfähigkeit, zu technischem Rückstand usw.

Die effektive Leitung des wissenschaftlich-technischen Fortschritts muß optimale Proportionen in der Entwicklung der einzelnen Forschungsrichtungen sichern, um größtmögliche Gesamtleistungen und -ergebnisse mit den im Forschungsinstitut vorhandenen Ressourcen zu erzielen. Daran muß man bei der Ausarbeitung des Themenplans denken. Dafür ist besonders eine elastische Strategie notwendig, die nicht nur für die Gegenwart, sondern auch für die Zukunft berechnet ist. „Zu wissen, welches Problem einen Angriff wert ist, ist wichtiger, als einfach die gewissenhafte Arbeit an einem beliebigen Problem." Diese Worte von J. Bernal haben heute eine besondere Aktualität erlangt.[1]

Wenn die Zweckmäßigkeit einer Forschungsarbeit im Stadium ihrer Aufnahme in den Plan nicht eingeschätzt wird, dann führt das häufig dazu, daß die erzielten Ergebnisse die Mittel nicht rechtfertigen, die verbraucht wurden. Offensichtlich ist es entschieden billiger, ein Thema im Planungsstadium abzulehnen, als später die Arbeit abzubrechen. Deshalb muß die Auswahl der Probleme, auf deren Lösung die immer begrenzten Ressourcen eines Forschungsinstituts konzentriert werden sollen, in der Planungsperiode besonders sorgfältig erfolgen.

Entscheidungen über die Aufstellung des thematischen Planes der Forschungsinstitute werden bisher noch vorwiegend auf der Grundlage früherer Erfahrungen und der Intuition der Leiter getroffen. In solchen

[1] Vgl. J. D. Bernal, The Social Function of Science, London 1939.

Fragen führt Intuition jedoch längst nicht immer zum Erfolg. Auf diese Weise aufgestellte Pläne sind nicht exakt, sie sind ungenügend begründet und sie lassen sich deshalb als Leitungsinstrument nicht benutzen.

Um die gesamte Planung zu verbessern, ist eine Methode für die Analyse der Pläne notwendig, deren Ziel nicht nur darin besteht, früher unbekannte oder unberücksichtigte Faktoren aufzuspüren, sondern auch darin, die Richtigkeit einer Festlegung, die auf intuitiver Ebene offensichtlich ist, zu bestätigen oder zu widerlegen. Die Analyse des Themenplanes deckt seine inhaltlichen Aspekte auf, erweitert die Möglichkeiten für eine Aufstellung wissenschaftlich begründeter Pläne und beseitigt die Disproportionen zwischen den Forschungsarbeiten. Bei Berücksichtigung speziell eingeführter Merkmale und Kennziffern kann die Thematik der geplanten und auszuführenden Forschungsarbeiten nicht nur in einem Forschungsinstitut, sondern auch in einem Zweig oder Teilzweig charakterisiert werden. Gleichzeitig kann bewertet werden, in welchem Grade einzelne wissenschaftlich-technische Probleme und wissenschaftliche Richtungen durch die Forschungsarbeiten erfaßt werden. Die erfolgversprechendsten und die am intensivsten zu bearbeitenden Gebiete kann man dann festlegen. Die der Planung vorausgehende Analyse garantiert die Möglichkeit, die verschiedenen Themenplanvarianten zu vergleichen und die Tendenzen aufzudecken, die sich in der Wissenschaftspolitik der Einrichtung herausgebildet haben.

Das Wesen der der Planung vorausgehenden Analyse besteht darin, die Kennziffern für die verschiedenen analysierten Themenplanvarianten zu vergleichen und Gesamtschlußfolgerungen darüber zu formulieren. Natürlich kann eine derartige Analyse nur durchgeführt werden, wenn ein Kennziffernsystem und eine Methodik für die quantitative Bewertung ausgearbeitet worden sind.

Die Kennziffer des jährlichen ökonomischen Nutzeffekts, die in der Planungspraxis angewandt wird, kennzeichnet unseres Erachtens nicht hinreichend vollständig die faktische und potentielle Bedeutung der Forschungsarbeiten. Häufig läßt sich diese Kennziffer überhaupt nicht in Geld ausdrücken.

In solchen Fällen ist eine Begründung der Thematik ganz unmaßgebend, und es können aussichtslose Arbeiten in die Forschungspläne aufgenommen werden.

In der in- und ausländischen Literatur widmet man jetzt der Ausarbeitung von Kennziffern große Aufmerksamkeit, die für die der Planung vorausgehende Analyse anwendbar sind. Die uns bekannten

Ergebnisse von Arbeiten, die in dieser Richtung geleistet wurden, können aus zahlreichen Gründen in reiner Form nicht auf die Arbeitsbedingungen sowjetischer Forschungsinstitute, insbesondere der Akademie-Forschungsinstitute, angewendet werden. Infolgedessen ist es notwendig, solche Kennziffern, Verfahren und Methoden zu entwickeln, die jenen die notwendigen Informationen bieten könnten, deren Pflicht es ist, Entscheidungen über die Auswahl optimaler Themenplanvarianten zu fällen und einen hohen Objektivitätsgrad der Planung zu gewährleisten.

Die mit Hilfe solcher Kennziffern gewonnenen Informationen müssen dazu beitragen, den Einfluß von Elementen der Zufälligkeit und der Unbestimmtheit auf die Gestaltung der Thematik eines Forschungsinstituts zu verringern. Hier müssen objektive Methoden für die Bewertung der Zweckmäßigkeit einer Forschungsarbeit zum Zeitpunkt ihrer Aufnahme in den Plan zugrunde gelegt werden, die auf der Ermittlung ihrer potentiellen Bedeutung beruhen. Dabei muß unbedingt der Zusammenhang der vorgeschlagenen Forschungsarbeit mit der Entwicklungsgrundlinie des betreffenden Forschungsinstituts berücksichtigt werden.

Die Formulierung der Ziele eines Forschungsinstituts verlangt bei weitem wichtigere Entscheidungen als es die Entscheidungen über das Erreichen der gestellten Ziele sind. Für die optimale Lösung der Gestaltung der Planthematik eines Forschungsinstituts können unserer Ansicht nach die Methoden der Operationsforschung angewandt werden. Das ist jedoch durchaus nicht einfach, weil die Anwendung der Operationsforschung auf die Forschungstätigkeit durch die Spezifik der Gewinnung und Anwendung des wissenschaftlichen Produkts erschwert ist. Das systemtheoretische Herangehen an die Wissenschaft ist schwierig, weil die Grenzen des Systems nicht klar sind, innerhalb dessen sich die Ergebnisse der gefällten Entscheidung auswirken sollen. Die Ergebnisse der Forschungsarbeiten – die wissenschaftliche Produktion – breiten sich in der Gesellschaft (im Unterschied zur materiellen Produktion) nicht örtlich begrenzt aus. Alle Anwendungsgebiete der erzielten wissenschaftlichen Ergebnisse sind schwer mit dem notwendigen Genauigkeitsgrad anzugeben. Für die Lösung von Optimierungsaufgaben ist es aber erforderlich, den Effekt im gesamten System zu klären und auch alle Teileffekte auf ein einheitliches Maß zurückzuführen. Im Hinblick auf die wissenschaftliche Arbeit verfügt die Wissenschaft bisher noch nicht über quantitative Kriterien, die es erlauben, die Größe des Ressourcenaufwandes mit dem erhaltenen wissenschaftlichen Produkt zu vergleichen.

Eine solche Abhängigkeit existiert offensichtlich, sie jedoch quantitativ auszudrücken, ist äußerst schwierig.

Bei der Lösung der Aufgaben, die mit der Optimierung bestimmter Größen verbunden sind, muß man einen funktionalen Ausdruck haben, der die Zahlenwerte der Verbindungen zwischen den Elementen des Systems widerspiegelt. In der Sphäre der Wissenschaft ist die Gewinnung quantitativer Gesetzmäßigkeiten, die die wichtigsten Verbindungen beschreiben, ein sehr aktuelles Problem. Daraus ergibt sich die Schwierigkeit bei der Aufstellung des notwendigen mathematischen Modells. Große Schwierigkeiten bestehen bei der Auswahl geeigneter Bewertungs- und Auswahlkriterien für solche spezifischen Vergleichsobjekte wie es die Forschungsarbeiten sind. Eine spezifische Schwierigkeit besteht auch darin, daß die Forschungsergebnisse, insbesondere die voraussichtliche Effektivität der Grundlagenforschungen, sich schlecht einer Messung in Wertformen unterziehen lassen. Für eine Bewertung der Leistung sind hier die gewöhnlichen Effektivitätskriterien, die in der materiellen Produktion angewendet werden, nicht brauchbar. Man braucht andere Kriterien, deren Ermittlung eine Aufgabe der Wissenschaftswissenschaft ist. Ein Maßstab für die Leistungen und Ergebnisse von Forschungsarbeiten ist hierbei das wichtigste fehlende Glied. Es gibt mehrere verschiedene Kennziffern für die Bewertung der Leistungen und Ergebnisse der Wissenschaftler.

Einige Wissenschaftler betrachten den ökonomischen Nutzeffekt, der durch die Anwendung der Ergebnisse der Entwicklungsarbeiten in der Produktion erzielt wird, als Hauptkriterium für die Leistungen und Ergebnisse. Manchmal vergleicht man diesen Nutzeffekt mit der Summe des Aufwandes für die Durchführung der Forschungsarbeit. Andere Wissenschaftler betrachten die Wissenschaft als eigenartigen informationellen Prozeß zur Sammlung, Analyse und Verarbeitung von Informationen, um neue Kenntnisse zu erhalten. Es wird auch vorgeschlagen, für die Bewertung der Tätigkeitsergebnisse wissenschaftlicher Systeme solche wissenschaftlichen Produkte zu verwenden wie Autorenmitteilungen, Patente, wissenschaftliche Artikel und Vorträge, die Zahl neu ausgebildeter wissenschaftlicher Kader usw.

Das bestehende System von Kriterien ist nicht allseitig genug und ökonomisch wenig begründet. Es gibt bisher kein universelles, allumfassendes Kriterium für die Produktivität von Forschungsarbeiten. Die Schwierigkeiten, ein derartiges Kriterium zu erarbeiten, hängen mit dem gesellschaftlichen Charakter der wissenschaftlichen Arbeit sowie mit der Unbestimmtheit der Fristen und der Maßstäbe für die Ausnutzung der schöpferischen Ideen zusammen. Die genannten

Schwierigkeiten vermindern jedoch nicht die Aktualität des Problems, ein System für die quantitative Bewertung und Analyse der verschiedenen Aspekte dieser Thematik auszuarbeiten.

Wir gingen bei der Ausarbeitung eines Verfahrens für die Aufstellung des Themenplanes von folgenden grundlegenden Ideen aus: Als Ausgangsinformation wird bei der Aufstellung des Themenplanes eines Forschungsinstituts die Menge der zur Durchführung vorgeschlagenen Forschungsprojekte genommen. Hier können auch verschiedene Varianten ein und desselben Forschungsprojekts einbezogen werden, die sich durch den für ihre Ausführung notwendigen Aufwand und durch die voraussichtlichen „Ergebnisse" unterscheiden. Diese Menge der Projekte übersteigt natürlich die Möglichkeiten der betreffenden Forschungsorganisation, und deshalb kann nur ein Teil davon in den Themenplan aufgenommen werden. Hieraus ergibt sich der Mehrvariantencharakter der möglichen Entscheidungen über die Gestaltung der Planthematik.

Ein Vergleich der verschiedenen Themenplanvarianten ist möglich, wenn eine Methodik für die Bewertung der potentiellen Bedeutung der einzelnen Themen vorhanden ist, die den Plan bilden. Der Ausarbeitung einer solchen Methodik muß die Aufstellung eines Zielbaumes (einer Zielkonzeption) des konkreten Forschungsinstituts vorausgehen. Wenn Vorstellungen über die Hierarchie der Ziele eines Instituts fehlen, geht die semantische Grundlage für eine Aufstellung verschiedener Forschungspläne nach ihrer voraussichtlichen Bedeutung verloren.

Die Wahl der Ziele und Bewertungskriterien ist ein zentrales Problem der Analyse und Einschätzung einer Thematik. Ein Zielbaum kann auf verschiedenen Wegen aufgebaut werden: auf der Grundlage einer speziell durchgeführten Prognose, durch die Analyse des Standes der Problematik, durch Befragung führender Spezialisten usw. Unabhängig von der Methode des Aufbaus müssen hierbei folgende Forderungen erfüllt werden: die Beachtung der Hierarchie der Ziele; die Stabilität der Ziele für den betrachteten Zeitraum; die Vollständigkeit der Gesamtheit der Ziele; das Vorhandensein eines theoretischen und eines angewandten Forschungsaspekts. Ein Zielbaum muß aus mehreren Ebenen bestehen, von denen jede eine ausführlichere Konkretisierung der Ziele der vorhergehenden Ebenen ist.

In Abbildung 24 wird zur Illustration eine Zielbaumvariante des Instituts für Probleme des Gießereiwesens der Akademie der Wissenschaften der Ukrainischen SSR dargestellt. Die endgültige Variante muß unter Beteiligung führender Spezialisten aufgestellt und von der Institutsleitung präzisiert und angenommen werden. Das Generalziel

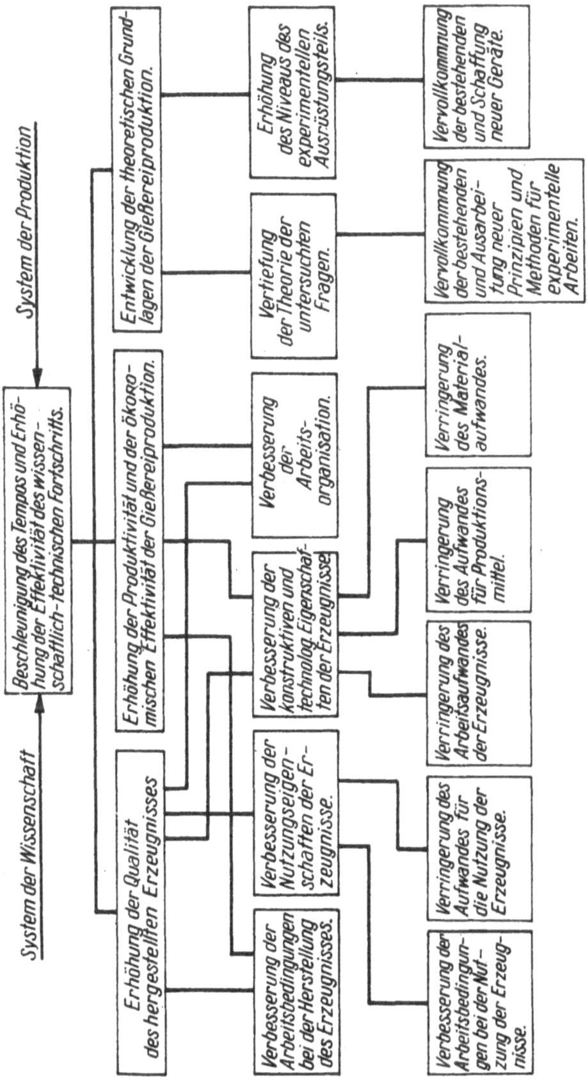

Abb. 24. Zielbaum bei der Planung der wissenschaftlichen Thematik des Instituts für Gießereiprobleme der Akademie der Wissenschaften der Ukrainischen SSR

kann im Ergebnis einer Prognose formuliert und durch die Leitungsorgane, eine entsprechende Kommission oder eine repräsentative Beratung aufgestellt werden.

Der Zielbaum, der ein Arbeitsinstrument für die Planung der wissenschaftlichen Thematik ist, wurde von uns in Form von Realisierungsarten definiert.

Realisierungsarten – das ist der grundlegende von uns eingeführte Begriff, auf dem die anschließende Bewertung der potentiellen Bedeutung der Forschungsarbeiten basiert. Sie stellen die Gesamtheit der Ausgangsziele dar, zu deren Erreichung alle Entwicklungsarbeiten dienen. Im Zielbaum nehmen die Realisierungsarten die Stelle der letzten Glieder der Entfaltung der obersten Ebene ein. Ihre Anzahl hängt von der Zahl der Teilungsebenen des Zielbaumes ab. Die Bewertung der Bedeutung von Entwicklungsarbeiten kann, allgemein gesagt, mit unterschiedlichem Ziel vorgenommen werden, dem der unterschiedliche anwendbare Genauigkeitsgrad der Bewertungen entspricht. Für die verschiedenen Varianten der Bewertungsgenauigkeit müssen Zielbäume mit einem unterschiedlichen Konkretisierungsgrad aufgestellt werden.

Die Realisierungsarten, die einer konkreten Forschung eigen sind, können mit unterschiedlicher Vollständigkeit erreicht werden. Um eine quantitative Bewertung des erreichten „Fortschritts“ für jede Realisierungsart vorzunehmen, ist es notwendig, vorher eine Reihe von Fortschrittsebenen unter Berücksichtigung der Spezifik des Instituts zu formulieren. Die quantitativen Bewertungen können unter Verwendung der in der Operationsforschung ausgearbeiteten Verfahren gewonnen werden.

Diese Verfahren, die es erlauben, die Bewertungen den Fortschrittsebenen in gleichartigen Maßeinheiten an Hand einer Gesamtskala zuzuordnen, bestehen in einer systematischen Überprüfung der Urteile über die Verhältnisse der bewerteten Fortschrittsebenen auf der Grundlage aufeinanderfolgender Vergleiche. Die ermittelten Bewertungsergebnisse lassen sich durch subjektive verbale Urteile definieren.

Wenn die Realisierungsarten für die Ziele des Instituts unterschiedlich wichtig sind, dann kann noch ein weiterer Begriff eingeführt werden – die Wichtigkeit der Realisierungsarten. Ein quantitativer Ausdruck für diesen Begriff ist das Gewicht einer Realisierungsart.

Eine Verallgemeinerung der eingeführten Begriffe ist die Formel für die Bewertung der verallgemeinerten potentiellen Bedeutung wissenschaftlicher Forschungsarbeiten:

$$Z = \sum_{i=1}^{a} M_i^{(1)} \beta_i^{(1)} \sum_{\varrho=n_i}^{\varrho=n_i+k_i} l_\varrho V_\varrho^{(1)} + \sum_{j=1}^{b} M_j^{(2)} \beta_j^{(2)} \sum_{r=n_j}^{r=n_j+k_j} l_r V_r^{(2)}.$$

Hierin sind:

Z – die verallgemeinerte potentielle Bedeutung;

i, j – die Indizes der Realisierungsarten der theoretischen und der angewandten Richtung;

$M_i^{(1)}, M_j^{(2)}$	– die Bewertungen des Maßstabs für die Realisierungsarten der theoretischen und angewandten Richtung;
$\beta_i^{(1)}, \beta_j^{(2)}$	– die Wichtigkeit der Realisierungsart der theoretischen und der angewandten Richtung;
l	– die Kennziffer der Fortschrittsebene;
$l_\varrho, l_r = \begin{cases} 1 \\ 0 \end{cases}$	– wenn die betrachtete Fortschrittsebene der Forschung eigen ist, – wenn die betrachtete Fortschrittsebene in der Forschung fehlt;
n_i, n_j	– die Ränge der Anfangsfortschrittsebenen der theoretischen und der angewandten Richtung;
$n_i + k_i, n_j + k_j$	– die Ränge der abschließenden Fortschrittsebenen der theoretischen und der angewandten Richtung;
$V_\varrho^{(1)}, V_r^{(2)}$	– die Bewertung der Fortschrittsebenen der theoretischen und der angewandten Forschung;
ϱ, r	– die Ränge der Fortschrittsebenen der theoretischen und der angewandten Richtung;
a, b	– die Anzahl der Realisierungsarten der theoretischen und der angewandten Richtung.

Für die Darstellung der verschiedenartigen Seiten der analysierten Thematik empfiehlt es sich, eine Reihe von Kennziffern einzuführen, die es erlauben, sie unter den verschiedenen Aspekten zu betrachten. So kann die Kennziffer „spezifische Bedeutung" die Größe der absoluten Bedeutung charakterisieren, die auf eine Aufwandseinheit entfällt. Es können Kennziffern für die Beschreibung einer Gruppe von Forschungsprojekten (Gruppen- und Durchschnittskennziffern) eingeführt und die Abweichung der Ebene von der Mitte betrachtet werden. Die gemittelten Kennziffern erlangen für die Gewinnung allgemeiner Schlußfolgerungen eine große Bedeutung. Für die Ermittlung der Nutzungsintensität des wissenschaftlichen Potentials können spezielle analytische Kennziffern eingeführt werden.

Zum System der Analyse gehören auch die Formulierung und die Lösung verschiedener Aufgaben der optimalen Auswahl des Themenplanes aus der Menge der möglichen Varianten. Die Aufgaben der Auswahl unterscheiden sich durch die Art der Zielfunktionen und der Beschränkungen. Die Zielfunktionen und die Beschränkungen werden auf der Grundlage der eingeführten Kennziffern und ihrer Kombinationen formuliert.

Als Beispiel für Zielfunktionen können die maximale potentielle Gesamtbedeutung der Arbeiten eines Themenplanes, die vollständigste

Ausnutzung des wissenschaftlichen Potentials eines Instituts, der gleichmäßige oder konzentrierte Angriff auf die verschiedenen Aspekte der durch einen bestimmten wissenschaftlichen Zweig zu lösenden Probleme dienen. Die allgemeine Aufgabe der Auswahl wurde in den Termini der mathematischen Programmierung in Kapitel I der vorliegenden Monographie formuliert.

Das Auswahlkriterium wird auf verschiedene Weise in Abhängigkeit vom Charakter der zu lösenden Aufgabe festgelegt, wobei von der Zielrichtung der Thematik insgesamt ausgegangen wird. Keinerlei Situation bringt von vornherein das einzig richtige Optimalitätskriterium mit sich, das zur Lösung aller Probleme in einem untersuchten System beitragen würde. Nichtsdestoweniger muß man bestrebt sein, daß das Auswahlkriterium die ganze Vielfalt der ökonomischen und der sozialen Ziele synthetisiert. In manchen Situationen stellen die quantitativen Werte des Auswahlkriteriums nicht seine wahren, sondern die relativen Werte dar, die bei der Rangordnung der Prioritäten der zu vergleichenden Themenplanvarianten gegeben werden.

Ein Auswahlkriterium kann einfach, das heißt aus einer einzigen (einer der von uns eingeführten) Kennziffer bestehen, oder zusammengesetzt sein. Ein zusammengesetztes Kriterium berücksichtigt die Menge der Kennziffern, die in Form der Funktion dazugehören. Die Wahl des Optimalitätskriteriums ist an sich ein kompliziertes Problem, das bisher noch keine theoretische Lösung gefunden hat. Die Kompliziertheit der Lösung dieses Problems ergibt sich daraus, daß das Funktionieren des untersuchten Systems (einer Forschungseinrichtung) immer häufiger dem Erreichen einer Menge von Zielen untergeordnet ist, die zusammen den zweckmäßigsten Zustand des Systems bestimmen. Diese Ziele sind oft widersprüchlich, und nicht immer kann der Grad ihrer Erreichung quantitativ ausgedrückt werden.

Das Hauptprinzip, das bei experimentellen Berechnungen beachtet werden muß, besteht darin, daß man in die Kennziffern des Optimalitätskriteriums nur jene Begriffe einbeziehen darf, die sich wirklich optimieren lassen. Alle übrigen, die berücksichtigt werden müssen, werden in Form der Beschränkungen vorgegeben. Die Kennziffern, die in einer Aufgabe betrachtet werden, wirken häufig in entgegengesetzten Richtungen, und gerade deshalb stellen sie Beschränkungen dar. Hierbei werden sie auf verschiedene Weise vorgegeben, je nachdem, ob das Auswahlkriterium minimiert oder maximiert wird.

In der bestehenden Praxis sind zwei äquivalente Varianten des Rentabilitätsprinzips oder des Prinzips des rationellen Wirtschaftens bekannt: das Prinzip der höchsten Effektivität, das das Erreichen eines höchsten Realisierungsgrades eines Zieles mit Hilfe eines vorgegebenen Aufwandes an Mitteln vorsieht; das Prinzip der Einsparung von Mitteln, das das Erreichen eines bestimmten Realisierungsgrades eines Zieles mit Hilfe des geringsten Aufwandes an Mitteln vorsieht, anders gesagt – ein Maximum der Ergebnisse oder ein Minimum des Aufwandes.

Von den zahlreichen Methoden, die für die Lösung der Aufgabe der Auswahl angewandt werden, sind die Methoden der mathematischen Programmierung am besten anwendbar. Die Kompliziertheit bei der Lösung der Aufgabe hängt hierbei wesentlich von der Art der Zielfunktion ab. Am einfachsten sind die linearen Funktionen, deren Optimierung bei linearen Beschränkungen Gegenstand der linearen Programmierung ist.

Andere Methoden der mathematischen Programmierung, die für den Fall einer nichtlinearen Zielfunktion anwendbar sind, sind die Methoden der konvexen, quadratischen und dynamischen Programmierung. Diese Methoden gehören zu jenen Abschnitten, die weniger ausgearbeitet sind als die lineare Programmierung.

Die Bestätigung des Themenplans ist das Fällen einer Entscheidung auf der Grundlage eines mathematischen Modells.

Das oben beschriebene Verfahren wird sich in den Händen der Institutsleitung als Instrument ausnutzen lassen. Die Informationsmenge, die für die Bewertung benötigt wird, ist verhältnismäßig gering. Besondere Sorge muß der Zuverlässigkeit der erhaltenen Informationen gelten. Ein Teil der Informationen für sie ist offensichtlich, ein anderer Teil kann durch die geforderten Berechnungen und andere Dokumente bestätigt werden. Zu diesem Zweck kann eine Expertenbefragung ausgearbeitet werden.

3. *Die materielle Stimulierung der Forschungsarbeiten*

Die materielle Interessiertheit der Wissenschaftler an einer Erhöhung der Effektivität der wissenschaftlichen Arbeitsergebnisse und ihr Bestreben, entsprechend der Qualität und der Quantität der Arbeit einen erhöhten Anreiz zu erhalten, wirken aktiv auf den Verlauf der Forschungsarbeiten ein.

Die wissenschaftlichen Kollektive waren lange Zeit nicht materiell interessiert und trugen für die Ergebnisse ihrer Arbeit keine materielle Verantwortung, weil diese nicht mit den erreichten Ergebnissen verknüpft war. Heute hat sich diese Situation geändert: Es wurden entsprechende Akkumulationen festgelegt, die in die Plankosten derjenigen Arbeiten einbezogen werden, die auf Grund von Wirtschaftsverträgen mit den Auftraggebern oder auf Grund von Aufträgen der Ministerien und Behörden ausgeführt werden. Die Höhe dieser Mittel wurde vom ökonomischen Nutzeffekt der Entwicklungsarbeiten und in einzelnen Fällen von deren technischen Kennziffern abhängig gemacht. Das Recht der Forschungsinstitute auf einen bestimmten Anteil am Gewinn, der von den Industriebetrieben bei der Ausnutzung der Forschungsergebnisse erzielt wird, ist gesetzlich geregelt worden. Jedoch schließen die genannten Quellen der ökonomischen Stimulierung gleichzeitig eine Finanzierung aus dem Staatshaushalt nicht aus.

Unter diesen Bedingungen ist eine reale Basis für die ökonomische Stimulierung der Mitarbeiter der Forschungsinstitute und für eine bedeutende Erhöhung ihrer Verantwortung für die Ergebnisse ihrer Arbeit entstanden. In den Instituten werden spezielle Fonds für materielle Stimulierung gebildet: der Fonds für die Entwicklung als zusätzliche Quelle für die Finanzierung der technischen Ausstattung, der Fonds für materiellen Anreiz zur Prämiierung der Mitarbeiter, der Fonds für soziale und kulturelle Maßnahmen und Betreuung. Der gesamte Mechanismus der materiellen Stimulierung wirkt jedoch bisher noch schwach auf die Effektivität der Forschungsarbeiten und auf die Verkürzung ihrer Durchführungsfristen ein.

Unter den neuen Wirtschaftsbedingungen ist es besonders wichtig, richtige Methoden für die materielle Stimulierung der Arbeit der Wissenschaftler und der anderen Mitarbeiter von Forschungsinstituten zu finden. Hierbei reicht es nicht aus, einfach einen Anreiz zu bieten, um die eine oder die andere Kennziffer der wissenschaftlichen Arbeit zu erreichen. Es sind exakte Begründungen und Berechnungen notwendig, die es gestatten würden, die stimulierende Kennziffer richtig auszuwählen, die notwendige Form des Anreizes und, was das wichtigste ist, den ihnen entsprechenden Wirkungsmechanismus des Anreizsystems zu finden. Das alles verlangt eine gründliche quantitative Analyse der Anreizsysteme, die eng mit ihrer qualitativen Analyse verbunden ist.

Gegenwärtig erprobt man neben dem allgemein üblichen Gehaltssystem der Wissenschaftler mit Erfolg experimentell einige neue Systeme, deren Vorzüge und Mängel noch ermittelt werden.

Derartige Experimente laufen im Physikalisch-chemischen Institut „Karpov" der Akademie der Wissenschaften der UdSSR, im Allunions-Forschungsinstitut für Organisation, Leitung und Ökonomik der Erdöl- und Gasindustrie, in Instituten der Sibirischen Abteilung der Akademie der Wissenschaften der UdSSR und in Instituten verschiedener Ministerien der UdSSR. Entsprechende Erfahrungen über Stimulierungsmethoden sind auch in einigen anderen sozialistischen Ländern gesammelt worden.

Alle neuen Systeme für die materielle Stimulierung haben viel Gemeinsames im Hinblick auf die Quellen und die Struktur der Finanzierung sowie auf die Anwendung der Stimulierungskennziffern.

So verfügt das Physikalisch-chemische Institut „Karpov" der Akademie der Wissenschaften der UdSSR über folgende Quellen für die Finanzierung der Forschungsarbeiten: den Staatshaushalt, die Mittel des Ministeriums für chemische Industrie der UdSSR und die Mittel, die auf der Grundlage von Wirtschaftsverträgen bereitgestellt werden.

Bei dem neuen Lohnsystem für die Mitarbeiter wird nicht nur der wissenschaftliche Grad, sondern auch das Arbeitsergebnis des jeweiligen Mitarbeiters berücksichtigt. Für jede Kategorie wissenschaftlicher Mitarbeiter und für Oberingenieure sind garantierte Mindestgehälter festgelegt worden, die durchschnittlich 25 bis 30 Prozent niedriger sind als die früheren. Gleichzeitig werden Zuschläge für die Mitarbeiter für die Dauer von zwei Jahren entsprechend ihren Arbeitsleistungen und -ergebnissen festgelegt. Der Höchstwert der Zuschläge für Personen mit einem wissenschaftlichen Grad beträgt 25 Prozent, für Personen ohne Grad 50 Prozent und für Hilfspersonal bis zu 30 Prozent. Bei geringer Arbeitsleistung wird der Zuschlag nicht gezahlt.

Alle zwei Jahre wird die Tätigkeit jedes Mitarbeiters bewertet, und es wird das Gehalt für die nächsten zwei Jahre festgelegt. Die gesamte Umverteilung erfolgt im Rahmen des Gesamtlohnfonds.

Im Institut wurde eine Methodik für die Bewertung der Arbeitsleistungen und -ergebnisse der Forscher ausgearbeitet, die nur die theoretische Bedeutung und die praktischen Ergebnisse berücksichtigt. Keinerlei andere Angaben (Familiengröße, Dienstalter, gesellschaftliche Aktivität usw.) werden in die Berechnung einbezogen. Die Synthese der wissenschaftlichen Ergebnisse erfolgt nach einem Punktsystem. Dadurch können alle direkten und indirekten Arbeitsergebnisse der Mitarbeiter auf eine eindeutige synthetische Kennziffer zurückgeführt werden.

Ein Punkt berechtigt lediglich zum Empfang des garantierten Minimums, bei 5 Punkten bleibt das Gehalt unverändert auf der früheren Höhe und bei 10 Punkten wird der maximale Zuschlag gezahlt. Nach dieser Methode wurden 483 Personen (etwa die Hälfte aller Beschäftigten) eingestuft. Für 286 (59 Prozent) wurden die Gehälter beibehalten, für 126 (26 Prozent) wurden sie erhöht und für 71 Personen (15 Prozent) gesenkt. Die Gesamtsumme der Gehaltserhöhungen betrug für 126 wissenschaftliche Mitarbeiter 2770 Rubel im Monat (im Durchschnitt 22 Rubel) und die Senkung des Lohnes bei 70 Mitarbeitern 1830 Rubel im Monat (im Durchschnitt 26 Rubel). Die Differenz dieser Summen wurde im Rahmen des Fonds durch eine Kürzung des Stellenplanes, durch die Nichtbesetzung freier Stellen und durch Einsparungen infolge der Gewährung von unbezahltem Urlaub usw. gedeckt.

Die quantitative Bewertung stützte sich auf den erreichten Stand der Entwicklungsarbeiten und wurde an Hand eines Punktsystems ermittelt. Die Lösung der technischen Aufgabe erbrachte 30 Punkte, der Anlauf der Versuchsproduktion 50 bis 100 Punkte, die Arbeit auf Grund eines Vertrages 2 Punkte für je 1000 Rubel, eine Autorenmitteilung (Patent) 20 Punkte usw. Aufsätze, Monographien, Preise bei Wettbewerben und die Verteidigung von Dissertationen erhielten ebenfalls entsprechende Punktzahlen.

40 Prozent des Jahresprämienfonds wurden hierbei für die laufende Prämiierung bereitgestellt. Bei der Ermittlung der Prämienberechtigung erfolgte eine quantitative Bewertung des Niveaus der Forschungsarbeiten unter Berücksichtigung der modernen wissenschaftlichen Methodologie.

Außerdem zeichnet sich das System noch durch folgende charakteristische Besonderheit aus: Das Institut erhielt das Recht, nichtverbrauchte Mittel des Lohn- und Prämienfonds in das folgende Jahr zu übernehmen. Das ermöglicht es, die Mittel im entscheidenden Moment verbrauchen zu können. Da außerdem Verträge mit den eigenen Arbeitern über zusätzliche Nebenarbeiten abgeschlossen werden konnten, bot sich die Möglichkeit, das notwendige Niveau und die operative Durchführung der Arbeiten zur Betreuung der Forschungstätigkeit zu gewährleisten, ohne den Stellenplan zu erweitern.

Durch die Anwendung dieses Entlohnungssystems vergrößerte sich im Physikalisch-chemischen Institut „Karpov“ der Akademie der Wissenschaften der UdSSR der wissenschaftliche Gesamtbeitrag des Kollektivs bedeutend. Es erhöhte sich die schöpferische Aktivität der Mitarbeiter, die Arbeitsatmosphäre und die Arbeitsorganisation wurden verbessert, Verletzungen der Arbeitsdisziplin nahmen ab, die Zahl der Anträge für Testate und Patente stieg an, die Anzahl der Publikationen (Monographien, Artikel in führenden Zeitschriften) erhöhte sich, die Zahl der übergeleiteten Arbeiten und die Summe des jährlichen Nutzeffekts aus ihrer Überleitung wuchsen bedeutend an.

Das System für die Stimulierung der wissenschaftlichen Arbeit, das im Allunions-Forschungsinstitut für Organisation, Leitung und Ökonomik der Erdöl- und Gasindustrie angewandt wird, besitzt seine Besonderheiten, die sich nicht nur aus der Methodologie und der Spezifik dieses Instituts ergeben. Dem System für die Ermittlung der Arbeitsleistungen und -ergebnisse des gesamten Kollektivs liegt hier der ökonomische Nutzeffekt der in die Industrie übergeleiteten Entwicklungsarbeiten zugrunde.

Nach Abschluß der Forschungsarbeiten erhält das Institut lediglich die Hälfte der berechneten Mittel, die zweite Hälfte wird erst nach der Überleitung gezahlt. Aus dem Fonds für ökonomische Stimulierung werden Mittel (bis zu 30 Prozent) in den Fonds für kulturelle Maßnahmen und (mindestens 20 Prozent) in den Fonds für die Erweiterung der materiell-technischen Basis sowie (bis zu 50 Prozent) in den Fonds für materielle Stimulierung übergeführt. Die maximale Prämienhöhe eines einzelnen Mitarbeiters im Jahr übersteigt das Gehalt von sechs Monaten nicht.

Der Einführung des neuen Stimulierungssystems gingen umfangreiche organisatorische Arbeiten voraus. So wurde auf allen Ebenen der Funktionshierarchie die Arbeitsorganisation sorgfältig durchdacht und die Struktur der Abteilungen vereinfacht. Die hochqualifizierten ingenieur-technischen Mitarbeiter wurden von administrativ-wirtschaftlichen Funktionen befreit und ihre Kräfte voll und ganz auf die Lösung der wissenschaftlich-technischen Fragen orientiert.

Die Reparatur- und Hilfsdienste konzentrierte man in großen Basen für die produktionsmäßige Betreuung und Wartung. Das erlaubte eine gründliche Spezialisierung der Brigaden und eine vollständigere Ausnutzung der vorhandenen Räumlichkeiten und Ausrüstungen.

Die Konzentration des Verwaltungsapparats eröffnete die Möglichkeit, mit geringem Aufwand die Arbeit der ingenieur-technischen Mitarbeiter zu mechanisieren und den Einsatz der Rechentechnik zu erweitern.

Eine ausführliche Betrachtung verdient das System der Stimulierung, das in den Instituten der Sibirischen Abteilung der Akademie der Wissenschaften der UdSSR angewandt wird und die Überleitungszeiten der Forschungsergebnisse wesentlich verkürzt. Alle Prämienfonds in den Instituten werden in Abhängigkeit vom ökonomischen

Nutzeffekt gebildet, der durch die Volkswirtschaft aus der Überleitung der Entwicklungsarbeiten erzielt wird. Der tatsächliche Nutzeffekt der Arbeiten wird erst nach der Überleitung für einen Zeitraum errechnet, der im Wirtschaftsvertrag vereinbart wurde. An der Durchführung der Forschungsarbeiten nehmen die Mitglieder der Institute, Arbeiter anderer Organisationen und auch Studenten teil.

Den Forschungsinstituten wird das Recht übertragen, Abgaben für die Auslieferung früher erarbeiteter Forschungsergebnisse an Betriebe, Ministerien und Behörden zu erheben, wenn sie sich an deren Überleitung (darunter auch konsultativ) beteiligen. Die Kosten der übergebenen Arbeiten werden ermittelt, indem vom Grundaufwand der wissenschaftlichen Einrichtung ausgegangen wird, einschließlich der Mittel für die Überleitung, die für Konsultationen und die Mitwirkung an der Überleitung verbraucht wurden. Hinzu kommt ein Zuschlag von höchstens 50 Prozent des Anteils am jährlichen ökonomischen Nutzeffekt, der bei der ersten Überleitung erzielt wurde.

Außerdem erhalten die Forschungsinstitute einen bestimmten Anteil der Einkünfte aus dem Verkauf von Lizenzen im Ausland und der Prämien, die die Auftraggeber zahlen, die den ökonomischen Nutzen aus den von den Instituten durchgeführten Arbeiten ziehen (das geschieht dort, wo sich der ökonomische Nutzeffekt nicht in Form des Gewinns ausdrückt). Die Institute sind auch an den Prämien beteiligt, die für die vorfristige Erledigung der Arbeiten gezahlt werden.

Tabelle 30. Berechnung der Höhe der Zuführungen zu den Fonds für ökonomische Stimulierung in den Instituten der Sibirischen Abteilung der Akademie der Wissenschaften der UdSSR

Jährlicher ökonomischer Nutzeffekt, der in der Volkswirtschaft erzielt wurde	Höhe der Zuführungen		
	in Prozent des jährlichen ökonomischen Nutzeffekts		in 1000 Rubel
	von	bis	höchstens
bis 10000 Rubel	6	25	2
10000 bis 20000 Rubel	5	20	3,4
20000 bis 50000 Rubel	4	17	6
50000 bis 100000 Rubel	3	12	10
100000 bis 500000 Rubel	2	10	35
500000 bis 2 Mio Rubel	1	7	80
2 bis 5 Mio Rubel	0,7	4	150
über 5 Mio Rubel	0,5	3	200

Die Gesamtsumme der Zuführungen zu den Fonds für ökonomische Stimulierung wird in den Instituten nach der Skala in Tabelle 30 ermittelt.

Für die Arbeiten, deren ökonomischer Nutzeffekt nicht errechnet werden kann, erhält der Fonds für ökonomische Stimulierung 20 Prozent des geplanten Lohnfonds.

In den Ministerien für elektrochemische Industrie, für Schwarzmetallurgie und für Geologie wurde die wirtschaftliche Rechnungsführung, das heißt die Abhängigkeit zwischen Aufwand und Effektivität, der Stimulierung zugrunde gelegt. Große Bedeutung besitzt in den einzelnen Instituten der genannten Ministerien die Einführung der wirtschaftlichen Rechnungsführung innerhalb des Instituts. Die wirtschaftliche Rechnungsführung wird gewährleistet durch die Planung der Tätigkeit der Abteilungen und Laboratorien für einen begrenzten Kreis von Kennziffern, durch die Einführung eines neuen Abrechnungssystems, das eine objektive Bewertung der Arbeitsergebnisse ermöglicht, und durch die materielle Stimulierung jeder wissenschaftlichen Abteilung entsprechend der Verantwortung für die nichterfüllten Plankennziffern.

Ein derartiges System gestattet es, die Entwicklungsfristen zu verkürzen; es förderte die Bildung wissenschaftlicher Produktionsvereinigungen und eine hohe Organisation der Informations- und Patentdienste der Institute. Bei aller Nützlichkeit der geleisteten Arbeit schöpft es jedoch nach der Auffassung von Spezialisten nicht alle möglichen und bekannten Maßnahmen zur Erhöhung der Effektivität der Tätigkeit der Forschungsinstitute aus, und zwar vor allem deshalb, weil das System der materiellen Stimulierung der Arbeit der Wissenschaftler unverändert und wenig effektiv geblieben ist.

Nützlich und besonders wichtig sind auch die Erfahrungen bei der Stimulierung der Forschungsarbeiten an den sowjetischen Hochschulen.

Das Beispiel der Moskauer Staatlichen Universität zeigt, daß die Arbeiten auf der Grundlage von Wirtschaftsverträgen es erlauben, die Tätigkeit der Lehrstühle und Fakultäten umfassend zu koordinieren und einheitliche Forschungskollektive aus Wissenschaftlern verschiedener Fachgebiete zu organisieren, die die verschiedensten Wissenschaften vertreten. Neu war auch, daß dadurch die Möglichkeit geboten wurde, Studenten und in anderen Organisationen arbeitende Personen für Vertragsarbeiten heranzuziehen.

Die Vertragsarbeiten erlaubten es der Moskauer Staatlichen Universität, im Jahre 1967 für die Erweiterung der materiell-technischen

Basis etwa eine Mill. Rubel zu verbrauchen, die für diese Zwecke durch den Haushalt zugewiesen wurden. Früher durften die Hochschulen 50 Prozent der Summe, um die die Einnahmen die Ausgaben auf Grund der Verträge überstiegen, für die Erweiterung und Festigung der materiellen Basis verwenden. Seit 1967 haben die Leiter der Forschungsinstitute und der Hochschulen das Recht, über 75 Prozent dieses Gewinns aus realisierten Wirtschaftsverträgen zu verfügen.

Ähnliche Experimente, um die Methoden der materiellen Stimulierung der Arbeit der Wissenschaften zu verbessern, werden in einigen anderen sozialistischen Ländern durchgeführt. Interessant sind in diesem Zusammenhang die Erfahrungen der Volksrepublik Polen. Hier gibt es folgende wesentliche Merkmale der wirtschaftlichen Rechnungsführung in den Forschungsinstituten: Das Institut besitzt das Recht, eigene Umlauf- und Grundfonds (die sogenannten Ausstattungsfonds) zu haben, ferner das Recht auf Verwendung des Gewinns für eigene Bedürfnisse, darunter für die Amortisation der Grundfonds, für Investitionen und für Generalreparaturen. Beim Vertragsabschluß werden die Bedingungen für die Bildung des Preises der wissenschaftlichen Arbeit vereinbart. Dieser besteht aus den Selbstkosten und dem Gewinn, der aus 5 Prozent der sogenannten sozialen Kosten (Kosten für den Kauf und die Projektierung der Spezialausrüstungen) und 15 Prozent der sonstigen Kosten errechnet wird. Der tatsächliche Gewinn darf jedoch 20 Prozent der in der Kalkulation vorgesehenen geplanten Selbstkosten nicht übersteigen. Faktisch sind dieser Gewinn und die möglichen Überschüsse der eigenen Umlaufmittel ein Reservefonds, der für die Finanzierung außerplanmäßiger großer Arbeiten und die Deckung möglicher Verluste bestimmt ist. Die übergeordnete Instanz ist verpflichtet, dem nach dem Prinzip der wirtschaftlichen Rechnungsführung arbeitenden Institut eine Zuwendung in Höhe bis zu 10 Prozent des Jahresplanes für die Durchführung von Arbeiten nach dem Ermessen des Instituts zur Verfügung zu stellen. Auf Kosten der Amortisationsabführungen und der Haushaltszuwendungen bildet das Forschungsinstitut den Investitions- und Reparaturfonds für den planmäßigen Kauf von Ausrüstungen und ihre Montage. Die Investitionen, die die Ausführung von Bauarbeiten erfordern, werden aus dem Staatshaushalt finanziert. Somit unterscheidet sich das polnische System der wirtschaftlichen Rechnungsführung von dem Haushaltssystem durch Folgendes: Es sichert dem Forschungsinstitut eine große Selbständigkeit; es bietet die Möglichkeit, aus dem Reservefonds kleine Investitionen zu tätigen; es schafft eine materielle Interessiertheit des Instituts an der Erzielung von Gewinn, da dieser die Größe des Reservefonds bestimmt. In dem beschriebenen System fehlt jedoch die Verbindung zwischen der wissenschaftlichen und der kollektiven materiellen Interessiertheit der Wissenschaftler sowohl in den haushaltsfinanzierten als auch in den nach dem Prinzip der wirtschaftlichen Rechnungsführung arbeitenden Instituten.

Die ökonomische Leitung der Wissenschaft läßt sich jedoch nicht nur darauf reduzieren, die Grundlagen der wirtschaftlichen Rechnungsführung zu erweitern. Notwendig ist vielmehr ein Komplex von Anstrengungen, die auf die Organisation der Forschungsarbeiten, die Vervollkommnung der Planung auf der Grundlage der Prognose und vieles andere gerichtet sind. Die Tatsache, daß sich in der Zeit von 1965 bis 1967 der Anteil der Haushaltszuwendungen an der Finanzierung der Wissenschaft in der UdSSR von 70 auf 64,6 Prozent verringerte, hat die Aufmerksamkeit der Ökonomen hervorgerufen, da sich eine weitere Senkung negativ auf das Tempo des wissenschaftlich-technischen Fortschritts auswirkt und dabei der wissenschaftliche Vorlauf verlorengehen könnte. Der Versuch, die Wissenschaft über die Produktion zu finanzieren, indem man der letzteren spezielle Mittel zur Verfügung stellt, hatte sehr widersprüchliche Folgen. Es wurde nur die Illusion einer wirtschaftlichen Rechnungsführung erzeugt, da sie in vollem Maße dort nicht möglich ist, wo ein zuverlässiger Apparat für die Messung der wissenschaftlichen Arbeit und folglich ihre Bewertung fehlt. In jenen Fällen, in denen die Arbeit gemessen werden kann, ist die wirtschaftliche Rechnungsführung von Vorteil. In diesem Zusammenhang taucht erneut die Frage auf, die gelöst werden muß: Welchen Anteil sollten die Forschungsinstitute am ökonomischen Nutzeffekt haben, der sich aus der Entwicklung der Forschung ergibt.

Die Mittel, die die Institutsmitarbeiter persönlich erhalten, bestehen aus dem garantierten Arbeitslohn (den Gehältern), dem Honorar für Publikationen und Erfindungen und aus verschiedenen Prämien. Um die Arbeit der Wissenschaftler zu stimulieren, muß man diese drei Arten untereinander abstimmen. Eine Reihe einmaliger Anreize soll auf die Erhöhung des Grundlohnes (des Gehalts) einwirken. Der Zuschlag für einen wissenschaftlichen Grad muß beibehalten werden, da dieser ein starker und langfristiger Anreiz ist. Damit dieser Zuschlag aber nicht zu einer lebenslangen Rente wird, muß alle fünf Jahre eine erneute Überprüfung der Mitarbeiter mit einem wissenschaftlichen Grad durchgeführt werden, die zum Empfang eines solchen Zuschlages berechtigt. In diesem Sinne brachten die Erfahrungen des Physikalisch-chemischen Institutes „Karpov“ der Akademie der Wissenschaften der UdSSR ein sehr klares und eindeutiges Ergebnis: Die erneuten Überprüfungen erhöhen die Effektivität und die schöpferische Tätigkeit der Wissenschaftler sehr wesentlich. Nicht weniger brennend bei der Stimulierung der wissenschaftlichen Tätigkeit ist die Frage nach der rechtzeitigen Überleitung wissenschaftlicher Ergebnisse. Das Überleitungstempo ist jedoch noch sehr niedrig. Dabei spielt die unzureichende Regelung der Finanzierung dieser Abschlußetappe der Tätigkeit wissenschaftlicher Kollektive eine nicht geringe Rolle. Jetzt wurde den Abteilungen der Staatsbank und der Bank für Bauwesen der UdSSR das Recht übertragen, den Betrieben Kredite in einer Höhe bis zu 100000 Rubel für Überleitungszwecke zu gewähren. Als Begründung für die Krediterteilung darf der ökonomische Nutzeffekt, der entsprechend der Deckung des Aufwandes berechnet wird, dienen.

In jenen Fällen, in denen bei der Überleitung wissenschaftlicher Forschungsergebnisse die Frist für die Deckung des Aufwands errechnet werden kann, soll das Institut wie ein Betrieb berechtigt sein, einen Kredit zu bekommen. Für die Berechnung kann die Abhängigkeit benutzt werden, nach der heute die Frist für die Deckung des Aufwandes errechnet wird:

$$T_T = K_\delta E_j.$$

Hierin sind:

T_T – Frist für die Deckung des Aufwandes;
K_δ – Bankdarlehen für Grundfonds;
E_j – jährliche Einsparung aus der Anwendung der neuen Technik.

Die größten Schwierigkeiten ruft die Ermittlung der jährlichen Einsparung E_j hervor. Praktisch wird E_j ausgehend vom Grundlohn der Produktionsarbeiter, vom Material und von der Amortisation der Ausrüstungen ermittelt; die übrigen weniger kapitalintensiven Positionen werden nicht berücksichtigt.

Die Höhe der Grundfonds verändert sich jährlich. Um den ökonomischen Nutzeffekt richtig berechnen zu können, muß man auch diese laufenden Veränderungen berücksichtigen. Es ist zweckmäßig, derartige Berechnungen nicht nur dann anzuwenden, wenn es um einen zusätzlichen Bankkredit für Überleitungszwecke geht, sondern auch dann, wenn die Summen für den materiellen Anreiz der Wissenschaftler ermittelt werden sollen. In diesem Falle muß die Verteilung des Prämienfonds so erfolgen, daß die Summe des Gewinns zum Lohnfonds der Abteilung (des Laboratoriums, der Gruppe von Personen, die mit der Ausführung des betreffenden Themas beschäftigt sind, oder anderer Kollektive) in Beziehung gesetzt wird.

Gegenwärtig wird in der Presse die Frage der ökonomischen Normative diskutiert, die die Grundlage für die Planung der Mittel (darunter auch der Mittel für die Stimulierung) bilden sollen. Es wird empfohlen, diese Normative nicht in absoluten Summen, sondern als Verhältnis auszudrücken. So kann beispielsweise für die Realisierung der erweiterten Reproduktion, für die Entwicklung der Wissenschaft und für die materielle Stimulierung eine bestimmte Anzahl von Kopeken von jedem Rubel des erzielten Gewinns abgeführt werden.

Die Normativmethode ist im Ministerium für Gerätebau der UdSSR umfassend angewendet worden. Im Laufe der Zeit hat man sie zugleich mit der Ausdehnung des Geltungsbereichs der Normative vervollkommnet und mit der Spezifik des Zweiges in Übereinstimmung gebracht, für den sie ausgearbeitet wurden. Diese Normative werden es erlauben, nicht nur einen Teil, sondern die Gesamtheit der Beziehungen zum Staat zu planen.

Wenn der geplante Lohnfonds auf den Umfang der abgesetzten Erzeugnisse aufgeteilt wird, dann läßt sich ein Aufwandsnormativ an Hand des Arbeitslohnes, umgerechnet auf einen Rubel Absatzvolumen, bilden. Dieses Normativ kann man jetzt bereits nicht mehr nur bei der Planung der experimentellen und Produktionsabteilungen des Forschungsinstituts, sondern auch bei der Planung der Thematik, die auf Grund von Wirtschaftsverträgen bearbeitet wird, sowie bei der Bewertung der Tätigkeit der wissenschaftlichen Abteilungen benutzen.

Zwei Arten solcher Lohnnormative werden gegenwärtig erprobt. Sie unterscheiden sich voneinander dadurch, daß der Gesamtaufwand in dem einen von ihnen auf einen Rubel des *Produktionswertes* und in dem anderen auf einen Rubel *Produktionszuwachs* bezogen wird. Die erste Methode ist einfacher, sie kann jedoch zu einer gewissen Verletzung der geplanten Proportionen führen, zum Beispiel des Verhältnisses zwischen dem Wachstumstempo der Arbeitsproduktivität und dem des Durchschnittslohnes. Außerdem berücksichtigt sie die Veränderung des Lohnfonds bei einer Übererfüllung der Pläne nicht. Die zweite erlaubt es, die geplanten Proportionen einzuhalten, jedoch ist sie komplizierter und beruht auf den Angaben des Basisjahres, was immer damit verbunden ist, die Tendenzen, die sich in dem einen Zeitabschnitt zeigen, auf einen anderen Abschnitt auszudehnen. Unabhängig von späteren teilweisen Präzisierungen kennzeichnen diese beiden Normative das Eindringen des Experiments in die Sphäre der Organisation, der Finanzierung und der Stimulierung der wissenschaftlichen Tätigkeit.

Abschließend kann man sagen, daß von uns lediglich einige Probleme behandelt wurden, die sich aus der Wechselwirkung der wissenschaftlichen Pläne und der materiellen Stimulierung sowie dem Einfluß der letzteren auf die Optimierung der Forschungsarbeit ergeben. Jede von uns behandelte Frage hatte ihre eigenen Besonderheiten; bei der Lösung jeder Frage ließen sich die verschiedensten Verfahren und Methoden anwenden. Auch die konkreten Schlußfolgerungen und Vorschläge unterschieden sich. Natürlich sind die angeführten Beispiele bei weitem nicht vollzählig. Desungeachtet haben sie unserer Ansicht nach auch mit einer Reihe von Einschränkungen und Ergänzungen praktischen Wert und können bei der Leitung der Forschungsarbeiten angewendet werden.

KAPITEL VIII

Die Prognose als Instrument der Leitung von Forschungsarbeiten

1. Das Wesen der wissenschaftlichen Prognose

In der gegenwärtigen wissenschaftlich-technischen Revolution kann man den Spezialisten, die auf den verschiedenen Leitungsebenen Entscheidungen fällen, schwerlich eine gewichtigere Forderung stellen als die, die Bedürfnisse, Möglichkeiten und Perspektiven des wissenschaftlich-technischen Fortschritts insgesamt sowie die Ergebnisse der konkreten wissenschaftlich-technischen Politik vorauszusehen. Die Prognose muß die Tendenzen und die Bewertung der Entwicklungsperspektiven des wissenschaftlich-technischen Fortschritts systematisch analysieren und mit der Planung der wissenschaftlich-technischen und der sozialökonomischen Entwicklung verbunden sein. Auf der Grundlage begründeter prognostischer Einschätzungen realisieren die Instanzen, die die technische und ökonomische Politik leiten, eine wissenschaftlich begründete Anzahl perspektivischer Richtungen der weiteren Forschungs- und Entwicklungsarbeiten und konzentrieren zweckmäßig die entsprechenden Kräfte und Ressourcen darauf, die gesteckten Ziele zu erreichen.

Das zunehmende Tempo des wissenschaftlich-technischen Fortschritts sowie die schnelle Verkürzung der Fristen für den Übergang von theoretischen und Laboratoriumsuntersuchungen zur Massenproduktion haben das völlig unhaltbare Prinzip „Besser später, als niemals“ durch das Prinzip „Entweder rechtzeitig, oder es ist zwecklos“ ersetzt. Wenn Entscheidungen in der wissenschaftlich-technischen Politik zu spät gefällt oder unzureichend begründet werden, dann treten an die Stelle einer effektiven Leitung die Korrekturen angestellter Fehlrechnungen. Das kann im Prinzip nicht effektiv sein.

In der Sowjetunion wurde und wird eine Vielzahl großer Probleme der wissenschaftlich-technischen Politik auf der Grundlage zutiefst wissenschaftlicher und kühner prognostischer Hypothesen gelöst. Das gilt für die technische Rekonstruktion des Landes auf der Grundlage der durchgehenden Elektrifizierung, für die Schaffung der Industrie für synthetischen Kautschuk und für die Erfolge der kosmischen Automatik.

Unter den heutigen Bedingungen hängt der ökonomische Erfolg der Produktion bereits nicht mehr nur vom Tempo und von der Entfaltung der Produktion selbst ab. Immer wichtiger werden das Tempo und der Grad der Nutzung der progressivsten Erzeugnisarten, das hohe wissenschaftlich-technische Niveau der Produktivkräfte, der Vorlauf an industriell beherrschter Technologie, an Projektierungs- Konstruktions- und Entwicklungsarbeiten sowie perspektivischen Forschungsarbeiten.

In der gegenwärtigen Weltproduktion werden Forschungsarbeiten immer stärker zur bewegenden Kraft, die die führende Stellung in der Welt bestimmt.[1] Jedenfalls ist hinreichend gut bekannt, daß die Unterschätzung der Forschungsarbeiten und die mangelnde Begründung einer aussichtsreichen wissenschaftlich-technischen Politik die Hauptursachen dafür waren, daß in den letzten 50 Jahren in den USA von 100 der für ihre Zeit größten Unternehmen 66 zu existieren aufhörten.

Fehlrechnungen bei der Voraussicht künftiger Möglichkeiten und Bedürfnisse wirken sich nachhaltig auf das Tempo des wissenschaftlich-technischen Fortschritts aus, was wiederum den ökonomischen Nutzeffekt der gesellschaftlichen Produktion beeinflussen muß. Die Existenz eines Planungssystems für die Produktion entbindet den Leiter durchaus nicht von dem Problem, die Konjunkturdynamik des Absatzmarktes vorauszusehen. Wenn prognostische Angaben über den möglichen Absatz der hergestellten Erzeugnisse fehlen, dann *kann* das nicht nur zu bedeutenden Disproportionen im System Produktion–Absatz führen, sondern es *führt* auch dazu.

Die Voraussicht künftiger Bedürfnisse erlangt beim Export von Produktionserzeugnissen besondere Aktualität. Auf diesem Gebiet spielt die Prognostizierung der auf dem einen oder anderen Gebiet des wissenschaftlich-technischen Fortschritts entstehenden Welttendenzen unter Berücksichtigung der Qualitätsforderungen und der möglichen Verbrauchsmengen eine entscheidende Rolle bei der Ermittlung der Konkurrenzfähigkeit der exportierten Geräte, Maschinen, Ausrüstungen, Materialien usw.

Nur eine wissenschaftlich begründete Prognose ermöglicht richtige Entscheidungen bei der Auswahl der Ziele der Versuchs- und Konstruktionsarbeiten in jedem beliebigen Zweig der wissenschaftlich-

[1] Vgl. Chr. Freeman, in: New Scientist, Jg. 1966, Nr. 30, S. 499, 660–668.

technischen Arbeit. Das gilt besonders für Einschätzungen darüber, ob die in Angriff genommene Projektierung komplizierter technischer Systeme und großer Produktionsobjekte dem künftigen Weltniveau des wissenschaftlich-technischen Fortschritts entspricht.

Wenn aus unterschiedlichen Gründen nicht die bestmögliche der durch die Prognose vorhergesagten Entscheidungen getroffen und realisiert werden kann, hilft das Vorhandensein einer begründeten wissenschaftlich-technischen Prognose, die Kosten der nichtoptimalen Politik konkret zu ermitteln und unter den sich verändernden Bedingungen vorbereitende Maßnahmen zu ergreifen, um die Effektivität des einzuschlagenden Kurses wesentlich zu erhöhen.

Bei der Leitung des wissenschaftlich-technischen Fortschritts eines Landes ist die Prognose dazu berufen, vor allem die wissenschaftlich begründete Planung unter Berücksichtigung der Perspektiven und Möglichkeiten des wissenschaftlich-technischen Fortschritts zu unterstützen sowie zu einer komplexen Voraussicht neuer Entwicklungsmöglichkeiten auf der Basis einer Synthese der wissenschaftlich-technischen und der ökonomischen Prognose beizutragen. Für die Ausarbeitung solcher Komplexprognosen wurden in der Sowjetunion spezialisierte wissenschaftliche Kollektive gebildet, deren Tätigkeit durch den Staat bewußt auf die allgemeinen und wechselseitig bedingten Ziele orientiert wird. Dabei werden Maßnahmen ergriffen, um die charakteristischen Mängel prognostischer Informationen zu überwinden, die in den Organen für die Leitung der wissenschaftlich-technischen Politik auftreten, wenn eine Koordinierung und ein einheitliches staatliches System der Prognosearbeiten fehlen. Die Erfahrungen vieler Länder zwingen dazu, vor allem folgende Mängel aufmerksam zu beachten:

1. den episodischen Charakter der prognostischen Information (das sind in der Regel zu kurzfristig vorbereitete Übersichten, Auskünfte oder Vorschläge zu konkreten Fragen);

2. den ungenügenden Systemcharakter der Vorschläge, die die Erfahrungen und die wissenschaftlichen Interessen einzelner Spezialisten oder spezialisierter Kollektive widerspiegeln; hierbei werden andere Standpunkte, Möglichkeiten und Bedürfnisse der verschiedenen Zweige, darunter auch die durch sozialökonomische Faktoren bedingten, schwach berücksichtigt;

3. die unzureichende Durcharbeitung der Vorschläge (in ihnen ist häufig die Wichtigkeit der Ziele nicht abgestimmt mit der Begründung für die Lösungsfristen und für die erforderlichen Ressourcen); hierbei werden fast überhaupt nicht die Möglichkeiten der von der modernen

Prognostik ausgearbeiteten speziellen wissenschaftlichen Methoden für die Synthese und Auswahl prognostischer Varianten ausgenutzt.

So kann beispielsweise die vorgeschlagene Gewinnung neuer synthetischer Werkstoffe für extrem leichte Konstruktionen offensichtlich nicht als eine hinreichende Begründung dafür dienen, daß entsprechende Entscheidungen gefällt werden, ohne vorher die Frage zu untersuchen, ob die auf diesem Gebiet gemachten Entdeckungen und die geleisteten Entwicklungsarbeiten ökonomisch geeignet sind. Das gleiche kann man auch über prognostische Vorschläge für die Realisierung der automatischen Übersetzung aus einer in eine andere Sprache sagen.

Beispiele für die vordringlichen organisatorischen Maßnahmen, die in der UdSSR in dieser Richtung unternommen wurden, sind die Bildung zwischenzweiglicher (einen großen Problemkreis betreffender) Dienste für die Erfassung, Verallgemeinerung und wiederholte Nutzung ausgearbeiteter spezieller Prognosevorschläge, die Organisation eines Netzes wissenschaftlicher Forschungszentren bei gleichzeitiger Ausarbeitung von Methoden der wissenschaftlichen Prognostik und der Leitung der Prognoseangelegenheiten (mit einem leitenden wissenschaftlichen Kollektiv innerhalb der Akademie der Wissenschaften) usw.

Wenn man das oben Gesagte verallgemeinert, kann man nachstehende, sich mehr oder weniger klar herauskristallisierende charakteristische Merkmale der wissenschaftlich-technischen Prognostik hinsichtlich der Bedürfnisse der staatlichen Perspektivplanung in den sozialistischen Ländern angeben: das systemtheoretische Herangehen an die Analyse der Tendenzen und an die Prognostizierung, das den engen wechselseitigen Zusammenhang derartiger Prognosen mit den ökonomischen und sozialen Prognosen berücksichtigt; die Komplexität der Analyse- und Prognosemethoden, die die konkreten Ergebnisse der Kybernetik, Ökonomie, Mathematik und Informatik ausnutzen; das Vorhandensein quantitativ bestimmter Wahrscheinlichkeitsschätzwerte für den künftigen Zustand der untersuchten Objekte; die Kontinuität (den systematischen Charakter) der Arbeiten über die Analyse der Tendenzen und über die Prognostizierung der wissenschaftlich-technischen Entwicklung; die umfassende Ausnutzung moderner technischer Mittel für die Analyse der massenhaften wissenschaftlich-technischen Informationen, für die Realisierung formalisierter Modelle und für die Durchführung der Berechnungen; die bewußte Orientierung der wissenschaftlich-technischen Prognostik auf die praktische Unterstützung der Perspektivplanung des Fortschritts von Wissenschaft und Technik.

Eine verallgemeinernde Besonderheit der modernen Prognostizierun ist ihr Systemcharakter, der sowohl das sich verändernde Wesen einer wissenschaftlich-technischen Neuerung (die Vielfalt der Verbindungen und die Größenordnung der Folgen) als auch die sich schnell erneuernden Ausgangsbedürfnisse, die Stimuli und Entwicklungsbedingungen von Wissenschaft und Technik berücksichtigt.

Es sind zur Zeit Prognosen der verschiedensten Ausrichtung bekannt: Prognosen der Ressourcen, der gesellschaftlichen Bedürfnisse, des Industriepotentials, der Entwicklung der sozialen Bedingungen, demographische Prognosen, Komplexprognosen der Wirtschaftsentwicklung und andere, die die Tendenz haben, sich zu einem wechselseitig verbundenen System von Vorstellungen zu entwickeln. Die wissenschaftlich-technischen Prognosen schließen sich direkt an das System der Prognosen der sozialökonomischen Prozesse an. Sie können mit vollem Recht als ein Teilsystem der letzteren betrachtet werden, wobei ihre gesamte Spezifik erhalten bleibt, die sich aus der Eigenart der Prognoseobjekte, -ziele und -methoden ergibt.

Der Klassifizierung der wissenschaftlich-technischen Prognosen wurde eine Idee zugrunde gelegt, die sich aus der üblichen Definition einer Prognose als eines Komplexes wechselseitig verbundener Bewertungen der Ziele, der Wege zu ihrer Erreichung und des Bedarfs an Ressourcen ergibt.

Eine Prognose des ersten Typs, die sich auf die erkannten Bedürfnisse, auf die Tendenzen und Gesetzmäßigkeiten der Entwicklung von Wissenschaft und Technik stützt und dabei die Erfahrungen nutzt, die in den konkreten Wissenschaften gesammelt wurden, muß dazu dienen, Klarheit über neue Möglichkeiten und perspektivische Ziele (Richtungen) der wissenschaftlich-technischen Entwicklung zu schaffen. Eine derartige Prognose wird in der wissenschaftlichen Prognostik als *Forschungsprognose* (*FP*) bezeichnet. Ihre schwierigste und verantwortungsvollste, meistens die Abschlußphase, ist die Einschätzung der hypothetischen Ergebnisse oder, allgemein gesagt, der Wertigkeit der möglichen Zielvarianten der wissenschaftlich-technischen Politik. Die so ermittelten Angaben stellen einen wesentlichen Teil der unter Mitwirkung der wissenschaftlichen Prognostik zu formulierenden Konzeption der Zukunft von Wissenschaft und Technik dar.

Eine wissenschaftlich-technische Prognose des zweiten Typs wird als *Programmprognose* (*PP*) bezeichnet. Sie wird auf der Grundlage der erkannten gesellschaftlichen Bedürfnisse, Tendenzen und Gesetzmäßigkeiten der wissenschaftlich-technischen Entwicklung sowie der

Angaben erarbeitet, die durch die Forschungsprognose gewonnen wurden. Sie hat die Aufgabe, diese Kenntnisse in angewandte Kenntnisse zu verwandeln, ein Programm der möglichen Wege, Maßnahmen und wissenschaftlich-technischen Bedingungen zur Erreichung der Ziele und zur Lösung der Aufgaben der Entwicklung von Wissenschaft und Technik zu formulieren. Nachdem eine Hypothese über die unter den gegebenen Bedingungen aussichtsreichsten Möglichkeiten einer gegenseitigen Beeinflussung der verschiedensten Faktoren aufgestellt worden ist, ist die Programmprognose (meistens in ihrem Abschlußstadium) bestrebt, eine Einschätzung der hypothetischen Termine und der Reihenfolge zu liefern, in der die verschiedenen möglichen Ziele erreicht werden. Damit entwickelt die Programmprognose die in der Etappe der Forschungsprognose begonnene Formulierung der Konzeption der künftigen Entwicklungsmöglichkeiten von Wissenschaft und Technik weiter.

Die *Organisationsprognose* (*OP*) beruht auf den Kenntnissen und Vorstellungen von den allgemeinen Gesetzmäßigkeiten und Entwicklungstendenzen der Wissenschaft, darunter auch auf den erarbeiteten Forschungs- und Programmprognosen. Sie geht von der Vorstellung über die vorhandenen ökonomischen Ressourcen und das akkumulierte Potential aus. Die Organisationsprognose hat die Aufgabe, eine begründete Hypothese für die Entwicklung des Komplexes der ökonomischen und der organisatorischen Aspekte des Fortschritts von Wissenschaft und Technik zu formulieren. Sie muß zudem eine Einschätzung der Perspektiven für das Wachstum des wissenschaftlichen Potentials liefern, das für die Erfüllung der Forschungs-, Projektierungs- und Konstruktionsprogramme im Prognosezeitraum notwendig ist.

Die betrachteten drei Prognosetypen, die einen Komplex bilden, ergänzen einander und stellen für alle Personen, die Entscheidungen zu fällen haben, ein besonders wertvolles System von Daten dar. Die „Steuerbarkeit" des Realisierungsverlaufs der Prognosen, die Möglichkeiten einer unmittelbaren Beeinflussung ihrer organisatorischen und ökonomischen Faktoren und dementsprechend die Möglichkeiten einer Voraussicht des Entwicklungsverlaufs sind allerdings unterschiedlich.

In der wissenschaftlich-technischen Prognostik können ziemlich exakt drei typische Prognosezeiträume (Prognosestufen) auseinandergehalten werden.

Prognosen der ersten Stufe sind gewöhnlich für 15 bis 20 Jahre berechnet. Bei dem gegenwärtigen Entwicklungstempo verdoppelt sich im genannten Zeitraum die Zahl der ausgeführten wissenschaftlichen Arbeiten ein- bis zweimal, es verdoppelt sich die Menge der technischen Produktionsmittel, es endet die Geltungsdauer der meisten jetzt geltenden Patente usw. Sehr wichtig ist auch der Umstand, daß sich in diesem Zeitraum die typischen Fristen und Tendenzen abzeichnen, die den Übergang der von der Wissenschaft ermittelten Fakten, Erscheinungen und Prinzipien von den Grundlagenwissenschaften zu den angewandten Wissenschaften und von hieraus – zu den Entwicklern und über die industrielle Erprobung – in das Stadium der massenhaften Anwendung in der Produktion bestimmen.

Wesentlich ist auch der Umstand, daß während dieses Zeitraums eine neue Generation von Spezialisten den wissenschaftlich-technischen Fortschritt maßgeblich bestimmt. Diese Spezialisten bilden am Ende dieser Periode die absolute Mehrheit im Verhältnis zu jenen, die am Anfang an den Arbeiten beteiligt waren. In einem solchen Zeitabschnitt hat sich in den vergangenen Jahren die Zahl der Wissenschaftler zweimal und die der ingenieur-technischen Mitarbeiter im äußersten Falle dreimal verdoppelt (Vergrößerung ihrer Zahl auf das 8- bis 10fache).

Prognosen dieser Stufe gehen gewöhnlich (jedenfalls theoretisch) von den gegenwärtig bestimmenden Möglichkeiten des wissenschaftlich-technischen Fortschritts aus. Sie enthalten nicht nur qualitative (inhaltliche), sondern auch in der Regel quantitative Einschätzungen. In einer Gesellschaft mit planmäßiger Leitung verbinden diese Prognosen die Prognostizierung direkt mit der praktischen Perspektivplanung.

Prognosen der zweiten Stufe sind für eine Zeit von 40 bis 45 Jahren berechnet. In diesem Zeitraum verdoppeln sich der Gesamtumfang der in der modernen Technik angewandten Konzeptionen, Theorien und Methoden sowie die Weltbevölkerung, es erfolgt ein vollständiger Generationswechsel der Wissenschaftler.

In den Prognosen für diesen Zeitraum treten die quantitativen Bewertungen immer häufiger hinter qualitativen Bewertungen zurück. Als erkennbare Beschränkungsgrenzen solcher Prognosen werden häufig sogar nicht die ökonomischen Möglichkeiten, sondern gewöhnlich nur die sich gegenwärtig erst herauskristallisierenden grundlegenden Gesetze und Prinzipien der Naturwissenschaft angesehen. Zudem kann sich der Wissenschaftler, der eine Prognose solcher Reichweite ausarbeitet, bereits nicht mehr auf die Vorstellungen beschränken, die zu seinem konkreten Wissenszweig gehören (diese Vorstellungen werden sich grundlegend erneuert haben). Er muß sich unbedingt auf ein umfassenderes System wissenschaftlicher Vorstellungen stützen.

Prognosen der dritten Stufe sind auf einen Zeitraum bis zu 100 Jahren und manchmal darüber hinaus orientiert. Derartige Prognosen tragen in der Regel hypothetischen Charakter. Da der moderne Prognostiker sich bewußt ist, daß die Schöpfer des wissenschaftlich-technischen Fortschritts einer so fernen Zukunft von Systemen wissenschaftlicher Vorstellungen ausgehen werden, die diese selbst erst ausgearbeitet haben und von denen uns viele wesentliche Aspekte nicht bekannt sind, verläßt sich der Prognostiker in diesem Falle eher auf seine Weltanschauung und seine schöpferische Phantasie als auf ein bestimmtes System naturwissenschaftlicher Vorstellungen.

Quantitative Bewertungen fehlen hierbei in der Regel, und qualitative Bewertungen und Vorstellungen beschränken sich lediglich auf allgemeinste Gesetze der Logik und der Naturwissenschaft.

2. *Die Prognosemethoden*

Obwohl die Theorie und die Erfahrungen der wissenschaftlich-technischen Prognostik noch längst nicht vollkommen sind, erlaubt es das gegenwärtige Niveau der Kenntnisse auf diesem Gebiet, umfassend praktische Arbeiten zur Prognostizierung der wichtigsten Entwicklungsrichtungen des wissenschaftlich-technischen Fortschritts zu leisten. Dabei ist offensichtlich, daß bei dem – im Hinblick auf die hierarchische Reihenfolge – unterschiedlichen Niveau der Leitung der wissenschaftlich-technischen Politik auch unterschiedliche Prognosemethoden und -verfahren sowie Verfahren und Mittel für die informationelle Versorgung und Sicherstellung der Prognosearbeiten erforderlich sind. Wenn bei der Formulierung der wissenschaftlich-technischen Politik eines Werkes gut vorbereitete wissenschaftlich-technische Übersichten über den Stand und die Entwicklungsperspektiven einer bestimmten Maschinen- oder Ausrüstungsart, aber auch periodisch im Maßstab eines Zweiges vorbereitete Prognosen des technischen Fortschritts eine bedeutende Rolle spielen können, dann muß bei der Auswahl der aussichtsreichsten Ziele der wissenschaftlich-technischen Entwicklung im Maßstab eines Zweiges oder des Landes sowie für die Festlegung optimaler Wege, um diese Ziele zu erreichen, und für die Bewertung der notwendigen Ressourcen ein System der kontinuierlichen Prognose geschaffen werden, das komplex das gesamte Arsenal der bestehenden Verfahren der wissenschaftlich-technischen Prognostik ausnutzt.

Ein derartiges System kann geschaffen werden, indem eine Methodik für die Aufstellung gesamtstaatlicher Graphen für die Entwicklung der verschiedenen Zweige von Wissenschaft und Technik ausgearbeitet wird. Das Wesen dieser von V. M. Gluškov[1] vorgeschlagenen Methode besteht in der (auf der Grundlage von Experteneinschätzungen erfolgenden) Aufstellung und anschließenden Analyse eines Modells des komplizierten Netzes der Wechselbeziehungen (Graph für die Entwicklung des Zweiges), die bei der Lösung perspektivischer wissenschaftlich-technischer Probleme entstehen. Dabei ergibt sich die Möglichkeit, eine Menge verschiedener Varianten der wissenschaftlich-technischen Entwicklung zu formulieren, von denen jede in der Perspektive zur Erreichung der Entwicklungsziele des prognostizierten Zweiges führt. Die anschließende Analyse des Modells erlaubt es, den (nach Art der Kriterien) optimalen Weg zur Erreichung des Zieles festzulegen. Ein solches Herangehen an die Ausarbeitung von Prognosen sichert die Möglichkeit, die Begründung der Entscheidungen zu verbessern, die auf dem Gebiet der Planung und Leitung des wissenschaftlich-technischen und des ökonomischen Entwicklungsprozesses gefällt werden.

Vor der Anwendung der Methode muß ein Klassifikator (ein Verzeichnis der Typen) der Ereignisse, mit denen gearbeitet wird, und ein Verzeichnis der Experten für diese Probleme aufgestellt werden. Für jeden Typ von Problemen (Ereignissen) wird das apriorische Gewicht eines jeden Experten angegeben, zum Beispiel an Hand eines 100-Punkte-Systems. Anfangs werden diese Gewichtungen durch die Experten selbst ermittelt, anschließend können sie durch objektive Methoden präzisiert werden.

Der erste Schritt der Anwendung ist die Aufgabenstellung, das heißt das Aufzählen der Ereignisse, deren Eintrittszeit und -wahrscheinlichkeit einzuschätzen ist. Nehmen wir beispielsweise an, daß das Ereignis S, das bewertet werden soll, die Verwirklichung der Landung von Menschen auf dem Mars ist. Ein Experte kann sich in die Lage des Konstrukteurs versetzen, der beauftragt wurde, diese Aufgabe zu lösen. Dann kann er als Bedingungen für die Ausführung die beiden Ereignisse S_1 und S_2 herausgreifen. Das Ereignis S_1 bedeutet das Vorhandensein einer bemannten Station auf der Umlaufbahn eines Erdtrabanten und das Ereignis S_2 das Vorhandensein eines Ionentrieb-

[1] Vgl. V. M. Gluškov, G. M. Dobrov, in: Izvestija, 14. Mai 1968.

werkes mit einer Energieanlage mit bestimmten Parametern hinsichtlich Masse, Schub usw.

In allgemeiner Form kann die Bedingung P eine beliebige logische Funktion $f(S_1, S_2 \ldots S_k)$ von mehreren (vom Standpunkt des Experten) unabhängigen Ereignissen $S_1, S_2 \ldots S_k$ darstellen. Diese Funktion wird mit Hilfe einer endlichen Zahl von Disjunktionen, Konjunktionen und Negationen aufgestellt.

Dann muß der Experte die bedingte Wahrscheinlichkeit $P_p(S)$ für den Eintritt des Ereignisses S unter der Erfüllung der Bedingung P sowie die wahrscheinlichste Zeit $T_p(S)$ zwischen der Zeit für die Erfüllung der Bedingung P und der Zeit für den Eintritt des Ereignisses S (falls es überhaupt eintritt) bewerten. Hierbei ist natürlich die Möglichkeit einer Bewertung der unbedingten Wahrscheinlichkeit des Eintritts des Ereignisses S und der vollständigen Zeit (vom gegenwärtigen Zeitpunkt an gerechnet) bis zu seinem Eintritt nicht ausgeschlossen (sie wird sogar begrüßt). Dieser Fall entspricht der Umwandlung der Bedingung P in ein identisch wahres Ereignis (der wertlosen Menge der Ereignisse $S_1, S_2 \ldots S_k$).

Nachdem ein solcher „Graph“ in den Speicher einer elektronischen Maschine (oder eines Maschinensystems) mit einer speziellen Bearbeitungsvorschrift eingegeben ist, wird er es erlauben, zu jedem beliebigen Zeitpunkt Angaben über die (entsprechend den gewählten Kriterien) optimalen Wege zur Realisierung der vorgesehenen perspektivischen Ziele der wissenschaftlich-technischen Entwicklung zu erhalten. Natürlich muß die Arbeit an der systematischen Erneuerung und Korrektur des Graphen unter Berücksichtigung der neuesten weltweiten Erfahrungen zu einer hauptamtlichen Tätigkeit spezieller Dienste werden, die die Tendenzen und die Prognostizierung der wissenschaftlich-technischen Politik des Zweiges beobachten.

Es ist noch eine weitere Bedingung für die Erhöhung der Effektivität der Leitung des wissenschaftlich-technischen Fortschritts notwendig. Diese Bedingung besteht darin, spezielle Formen für die Vermittlung von Kenntnissen in der Wissenschaft vom wissenschaftlich-technischen Fortschritt und von seinen Gesetzmäßigkeiten zu entwickeln. Es können zuverlässige Methoden für die wissenschaftlich-technische Prognose ausgearbeitet werden, man kann ein System der kontinuierlichen Prognostizierung aufbauen, jedoch ohne die Ausbildung von Spezialisten, die in der Lage sind, prognostische Informationen aufzunehmen und sie bei der Entscheidungsfällung auszunutzen, kann sich diese Arbeit als unvollkommen erweisen.

Die moderne wissenschaftlich-technische Prognose verfügt über hinreichend entwickelte theoretische Konzeptionen, die ein systemgerechtes Herangehen an die Gewinnung ausbilanzierter Bewertungen der Ziele der wissenschaftlich-technischen Politik, der möglichen Wege zu ihrer Erreichung und der dafür benötigten Ressourcen gewährleisten. Es gibt heute über 130 verschiedene Methoden und Verfahren für die Prognose, die die statistische Analyse und die Extrapolation, die Experteneinschätzungen und die Aufstellung der erwähnten Graphen der wissenschaftlich-technischen Arbeiten, systematische ökonomisch-mathematische Modelle und Methoden für die Analyse des Patentfonds der Welt umfassen. Auf diesem Gebiet werden die modernen Ideen der Systemtechnik und die mathematischen Methoden der Operationsforschung umfassend angewandt. Mit einem Wort, es irrt sich der sehr, der annimmt, man könne prognostische Ausarbeitungen so nebenbei vornehmen.

Gleichzeitig muß vor dem bei manchem entstehenden naiven Glauben an eine magische Kraft der heutigen Prognostik gewarnt werden. Wenn sich nicht die erfahrensten Spezialisten an dieser Arbeit unmittelbar beteiligen, wenn wirkliche Repräsentanz der Standpunkte verschiedener Schulen oder Projektierungs- und Konstruktionsrichtungen in den komplexen prognostischen Hypothesen nicht gewährleistet ist, kann man von den Prognosen schwerlich eine konkrete und objektive Information über die Zukunft erwarten.

In diesem Sinne ist eine Methodik der kollektiven Experteneinschätzung der Entwicklungsperspektiven eines konkreten Zweiges der Wissenschaft von bestimmtem Interesse, die von ukrainischen Wissenschaftswissenschaftlern ausgearbeitet wurde.[1] Ihr Unterschied zu der bereits bekannten „Delphi"-Methode besteht vor allem darin, daß die Bearbeitung der Ergebnisse der durchgeführten Expertise darauf abzielt, die stark korrelierenden Expertengruppen (wissenschaftlichen Schulen) sichtbar zu machen und die „Gruppen"-Meinungen dieser Schulen über die Entwicklungswege des ausgewählten Zweiges weiter zu vergleichen. Hierbei werden Einzelmeinungen von Experten, die sich prinzipiell von der Meinung der Mehrheit unterscheiden, nicht eliminiert. Sie bleiben in dem aufgestellten Graphen bis zu dem Zeitpunkt „hängen", zu dem irgendeine Entdeckung oder eine Entwicklung den früher gewählten optimalen Weg zur Erreichung der gestellten Ziele von Grund auf verändern können. Selbstverständlich kann eine derartige Methodik nur realisiert werden,

[1] Vgl. G. M. Dobrov, Prognostik in Wissenschaft und Technik (Prognozirovanie nauki i techniki [dt.]), Berlin 1971.

wenn ein ständiges System für die kontinuierliche Verfolgung der Tendenzen und der Prognostizierung der Zweigentwicklung geschaffen wird.

Die erste Etappe der kollektiven Experteneinschätzung ist die vorprognostische Orientierung, die in der vorbereitenden Analyse der Hauptentwicklungsrichtungen des untersuchten Zweiges besteht. Auf der Grundlage dieser Orientierung wird das Generalziel der Entwicklung in dem betreffenden Zweig für den Prognosezeitraum (das Problem) formuliert.

Die zweite Etappe der kollektiven Experteneinschätzung ist die Ausarbeitung einer Matrix „Ziel–Mittel", auf deren Grundlage aufgestellt werden: 1. das Verzeichnis der Teilziele, die komplex die Lösung des Problems gewährleisten könnten, das sich aus dem Generalziel ergibt (die Teilziele bilden die Matrixspalten); 2. das Verzeichnis der Mittel zur Erreichung des Ziels, die die Matrixzeilen bilden (Tabelle 31). Die Felder dieser Matrix müssen am Schluß mit den Angaben ausgefüllt werden, die durch die Analyse der Daten der Experteneinschätzung gewonnen werden.

Tabelle 31. Matrix „Ziel–Mittel"

Ziel	Generalziel		
Mittel zur Erreichung des Ziels	Teilziel A	Teilziel B	Teilziel C
Gruppe der Mittel a			
Gruppe der Mittel b			
Gruppe der Mittel c			

Unter Mittel zur Erreichung des Ziels versteht man die Forschungs- und Entwicklungsrichtungen. Die Mittel werden so formuliert, daß alle bekannten Forschungs- und Entwicklungsrichtungen berücksichtigt werden, deren Ergebnisse zur Erreichung des Ziels genutzt werden können. Außerdem dürfen die Forschungs- und Entwicklungsrichtungen einander nicht überschneiden.

Die dritte Etappe der kollektiven Experteneinschätzung besteht in der Ausarbeitung der „Tabellen der Experteneinschätzung", die eine Reihe von Fragen enthalten, die den Experten vorgelegt werden. Form und Inhalt der Fragen werden durch die Spezifik des prognostizierten Zweiges bestimmt. Gleichzeitig muß man bei ihrer Ausarbeitung dafür sorgen, daß bestimmte allgemeine Forderungen erfüllt werden.

Vor allem sind die genannten Fragen nach einem bestimmten hierarchischen Schema aufzustellen, das heißt, zunächst sind die allgemeineren Fragen und dann die spezielleren zu formulieren.

Eine der möglichen Varianten für die Aufstellung des hierarchischen Strukturschemas kann ein Schema sein, in dem auf der höchsten Hierarchie-Ebene die Fragen stehen, die die Einschätzung der relativen Wichtigkeit der verschiedenen Mittel zur Erreichung sowohl des Generalziels als auch der zugehörigen Teilziele betreffen.

Auf der nächsten Hierarchie-Ebene stehen die Fragen, die sich mit der Einschätzung der relativen Wichtigkeit der Forschungs- und Entwicklungsrichtungen beschäftigen (der hinsichtlich der vorhergehenden Ebene speziellen Mittel zur Erreichung des Ziels). Dann folgen die Fragen über die Bewertung des „Anteils", über den Anschluß an alternative Urteile zu bestimmten speziellen Aspekten der Teilziele und über die Forschungs- und Entwicklungsrichtungen sowie die Fragen der Zeiteinschätzung, die zu den einzelnen Ereignissen gehören.

Weiterhin muß bei der Aufstellung der „Tabellen der Experteneinschätzungen" die Erfüllung folgender Bedingungen gesichert sein: 1. es müssen quantitativ bestimmte Antworten auf die dem Experten vorgelegten Fragen gegeben werden; 2. es müssen formalisierte Angaben über den Charakter der Argumentationsquellen sowie über den Einflußgrad einer jeden Quelle auf die Antwort des Experten vorgelegt werden; 3. der Experte muß seine Vertrautheit mit dem Gebiet, auf das sich die ihm gestellte Frage bezieht, quantitativ bewerten.

Um die erste Bedingung zu erfüllen, ist es zweckmäßig, die den Experten gestellten Fragen wie folgt zu klassifizieren.

1. Die Bewertung der relativen Wichtigkeit der Entwicklung verschiedener Forschungs- und Entwicklungsrichtungen. Dem Experten wird vorgeschlagen, eine Einschätzung (in Punkten an Hand eines 100-Punkte-Systems) der relativen Wichtigkeit der Entwicklung der verschiedenen Forschungs- und Entwicklungsrichtungen für die Lösung eines bestimmten Problems zu geben.

2. Die Bewertung der Zeit für den Abschluß eines bestimmten Ereignisses. Der Experte wird gebeten, auf einer Zeitskala seine Ansicht über die Zeit für den Abschluß eines bestimmten Ereignisses zu vermerken.

3. Die Bewertung des „Anteils" der verschiedenen Arten wissenschaftlich-technischer Lösungen (Aufgaben, Erzeugnisse, Anlagen usw.). Dem Experten wird vorgeschlagen, auf einer prozentualen Skala (von 0 bis 100 Prozent) seine Meinung über den „Anteil" der

verschiedenen Arten wissenschaftlich-technischer Lösungen im Prognosezeitraum anzuzeichnen.

4. Der Anschluß an eines der alternativen Urteile. Der Experte wird gebeten, das Urteil für die relative Entwicklung des betreffenden Zweiges abzugeben, das seinem Standpunkt entspricht.

Um die zweite Bedingung zu erfüllen – formalisierte Angaben über den Charakter der Argumentationsquellen sowie über den Einflußgrad einer jeden Quelle auf die Antwort des Experten –, wird der Experte gebeten, die Argumentationsquellen zu kennzeichnen, die ihm als Grundlage für die Antwort gedient haben. Der Vermerk wird für jede Quelle in eine der drei Spalten eingetragen, und zwar in Abhängigkeit vom Einflußgrad (hoch, mittel, gering) der Quelle auf die Meinung des Experten (Tabelle 32).

Tabelle 32. Tabelle zur Erlangung formalisierter Angaben über den Charakter und den Einflußgrad von Argumentationsquellen

Quelle der Argumentation	Grad des Einflusses der Quelle auf Ihre Meinung		
	hoch	mittel	gering
Eine von Ihnen durchgeführte theoretische Analyse	+		
Ihre Produktionserfahrungen		+	
Die Verallgemeinerung von Arbeiten inländischer Autoren			+
Ihre persönliche Kenntnis des Standes der Dinge im Ausland		+	
Ihre Intuition	+		

Um die dritte Bedingung zu erfüllen – quantitativ bestimmte Bewertung der Vertrautheit des Experten mit dem Gebiet, auf das sich die ihm gestellte Frage bezieht – wird der Experte gebeten, auf einer Skala (von 0 bis 10) einen Vermerk anzubringen. Hierbei wird der maximale Wert (10) angegeben, wenn der Experte mit einem Problem ebenso gut vertraut ist wie der Autor (der Mitautor), der bestimmte Methoden zur Lösung des erörterten Problems ausgearbeitet hat. Der minimale Wert (0) besagt, daß dem Experten die entsprechende Problematik unbekannt ist.

Weil eine kollektive Experteneinschätzung in mehreren Etappen durchgeführt werden kann, wobei in den späteren Etappen der Kreis der erörterten Probleme erweitert und die Zahl der Experten vergrößert wird, wird der Experte gebeten, in jeder Tabelle die Fragen anzugeben, für die es wünschenswert wäre, die Meinung anderer Experten zu hören. Der Experte sollte auch ein bis zwei Spezialisten für jede der erörterten Fragen empfehlen und (mündlich oder schriftlich) seine Ratschläge und Anmerkungen über den Inhalt und die Form der „Tabelle der Experteneinschätzung" mitteilen.

Die von den Experten ausgefüllten „Tabellen der Experteneinschätzung" werden benutzt, um die verallgemeinerte Auffassung und den Übereinstimmungsgrad der Expertenauffassungen für jede der ihnen vorgelegten Fragen zu ermitteln. Der Charakter der Kennziffern der verallgemeinerten Auffassung und des Übereinstimmungsgrades der Expertenauffassungen und folglich auch die Methodik für die Bearbeitung des Materials einer kollektiven Experteneinschätzung werden durch den Typ der Frage bestimmt.

Nachstehend wird die Methodik für die Bearbeitung der Materialien einer kollektiven Experteneinschätzung für jeden der vier oben genannten Fragentypen dargelegt:

Methodik für die Bearbeitung von Daten zu Fragen des Typs „Bewertung der relativen Wichtigkeit". Die durch die Befragung der Experten ermittelten Daten zu den Fragen dieses Typs bilden die Gesamtheit von Bewertungen der relativen Wichtigkeit, die jeder Experte jeder der von ihm zu bewertenden Forschungsrichtungen zugeteilt hat.[1] Die Bewertungen der Wichtigkeit wurden in Punkten ausgedrückt und können Werte zwischen 0 und 100 annehmen. Wir führen folgende Kurzbezeichnungen ein:

m	– die Anzahl der Experten, die an der kollektiven Experteneinschätzung teilnehmen;
$1, 2, \ldots, i, \ldots, m$	– die möglichen Nummern der Experten;
n	– die Anzahl der Forschungsrichtungen, die zur Bewertung vorgesehen wurden;
$1, 2, \ldots, j, \ldots, n$	die möglichen Nummern der Forschungsrichtungen;
m_j	– die Anzahl der Experten, die die Forschungsrichtung j bewerten;
c_{ij}	– die Anzahl der maximal möglichen Bewertungen (100 Punkte), die die Forschungsrichtung j erhalten hat;

[1] In der Methodik wurde der Fall vorgesehen, daß einige Experten, die sich in der Frage nicht für hinreichend kompetent halten, einige Forschungsrichtungen nicht bewerteten.

c_{ji} – die Bewertung der relativen Wichtigkeit (in Punkten) der Forschungsrichtung j durch den Experten i.

m_1 – die Anzahl der Experten, die nur eine einzige Forschungsrichtung bewerten.

Bei der Bearbeitung der Materialien werden die Bewertungen der Wichtigkeit zu einer bestimmten Frage in einer Tabelle zusammengefaßt, deren Zeilen den Forschungsrichtungen und deren Spalten den Experten entsprechen (Tabelle 33).

Tabelle 33. Bewertungen der relativen Wichtigkeit

Forschungs-			Experten			
richtungen	1	2	...	i	...	m
1	c_{11}	c_{21}	...	c_{i1}	...	c_{m1}
2	c_{12}	c_{22}	...	c_{i2}	...	c_{m2}
.	.	.	.	.	.	.
.	.	.	...	.	...	.
.	.	.	.	.	.	.
j	c_{1j}	c_{2j}	...	c_{ij}	...	c_{mj}
.	.	.	.	.	.	.
.	.	.	...	.	...	.
.	.	.	.	.	.	.
n	c_{1n}	c_{2n}	...	c_{in}	...	c_{mn}

Für Fragen vom Typ „Bewertung der relativen Wichtigkeit" der Entwicklung verschiedener Forschungs- und Entwicklungsrichtungen ist es zweckmäßig, Kennziffern einzuführen, die Folgendes charakterisieren: Die verallgemeinerte Auffassung einer Gruppe von Experten über die relative Wichtigkeit der Entwicklung der verschiedenen Forschungs- und Entwicklungsrichtungen;
den Übereinstimmungsgrad der Auffassungen der Experten;
die Repräsentativität (die Autorität) der Auswahl der Expertengruppe;
die „Aktivität" der Experten (den Grad ihrer Beteiligung an der Bewertung der verschiedenen Forschungs- und Entwicklungsrichtungen);
die Kompetenz der Experten in bezug auf jede der ihnen vorgelegten Fragen.

Kennziffern für die verallgemeinerte Auffassung.

1. Der statistische Mittelwert M_j der Bewertung einer bestimmten Forschungsrichtung beträgt (in Punkten):

$$M_j = \frac{\sum_{i=1}^{m_j} C_{ij}}{m_j}.$$

Der statistische Mittelwert M_j wird für jede der n Forschungsrichtungen bestimmt und kann Werte zwischen 0 und 100 Punkten annehmen. Die untere Grenze entspricht dem Fall, daß alle Experten eine minimal mögliche Bewertung der Wichtigkeit gegeben haben, und die obere Grenze dem Fall, daß alle Experten eine maximal mögliche Bewertung der Wichtigkeit der betreffenden Forschungsrichtung gegeben haben. Je größer der Wert M_j, desto größer ist die Wichtigkeit der Entwicklung der Forschungsrichtung j.

2. Die Häufigkeit K_{100j} der maximal möglichen Bewertungen (100 Punkte), die die Forschungsrichtung j erhalten hat, beträgt:

$$K_{100j} = \frac{m_{100j}}{m_j}.$$

Die Häufigkeit K_{100j} der maximal möglichen Bewertungen wird für jede der n Forschungsrichtungen ermittelt und kann Werte zwischen 0 und 1 annehmen. Die untere Grenze entspricht dem Fall, daß unter den Bewertungen, die die Forschungsrichtung j erhalten hat, die maximal möglichen (100 Punkte) Bewertungen fehlen, und die obere Grenze dem Fall, daß alle Bewertungen, die die Forschungsrichtung j erhalten hat, maximal mögliche Werte sind. Die Wichtigkeit der Entwicklung der Forschungsrichtung j wächst bei Veränderung von K_{100j} von 0 auf 1. Man muß K_{100j} als eine Ergänzungskennziffer zu der Grundkennziffer der Wichtigkeit M_j betrachten. K_{100j} charakterisiert die Wichtigkeit der Entwicklung der Forschungsrichtung j vom Standpunkt der ihr zuerkannten „ersten Plätze".

3. Außer dem statistischen Mittelwert (M_j) und der Häufigkeit der maximal möglichen Bewertungen (K_{100j}) ist für die Beurteilung der Wichtigkeit der einen oder anderen Forschungsrichtung die Summe der Ränge (S_j) der Bewertungen von großem Interesse, die durch die Forschungsrichtung j erhalten wurden. Sie wird auch bei der Ermittlung des Übereinstimmungsgrades der Expertenauffassungen benutzt.

Die Summe der Ränge (S_j) wird wie folgt ermittelt:

1. Das Einrangieren erfolgt nach fallender Ordnung der Bewertungen, die jeder Experte jeder Forschungsrichtung gegeben hat. Wir bezeichnen mit R_{ij} den Rang der Bewertung der Forschungs-

richtung j durch den Experten i. Zu diesem Zwecke wird jede Bewertung, die den n Forschungsrichtungen durch den Experten i gegeben wurde, durch eine natürliche Zahl in der Weise bezeichnet, daß die Zahl 1 der maximalen Bewertung, die Zahl n der minimalen zugeordnet wird. Wenn alle n Bewertungen verschieden sind, dann sind die entsprechenden natürlichen Zahlen die Ränge der Bewertungen des Experten i. Wenn sich unter den Bewertungen, die durch den Experten i gegeben wurden, gleichartige befinden, dann wird diesen der gleiche Rang zuerkannt, der dem arithmetischen Mittelwert der entsprechenden natürlichen Zahlen gleichkommt.

Bei der Durchführung der Expertise wurde der Fall vorgesehen, daß ein Experte, der sich selbst in einigen Fragen nicht für genügend kompetent hält, die eine oder andere Forschungsrichtung nicht bewertet. In diesem Falle wird bei der Rangeinordnung die Größe der Bewertung der betreffenden Richtung dem statistischen Mittelwert (M_j) der Bewertung der Forschungsrichtung gleichgesetzt (außer in dem Fall, daß der Experte keine einzige Forschungsrichtung bewertet hat). Dementsprechend bezeichnen wir die Anzahl der Experten, die auch nur eine einzige Forschungsrichtung bewertet haben, durch m_1;

2. die Summe der Ränge S_j, die der Forschungsrichtung j durch m_1 Experten zuerkannt wurden, wird nach der Formel

$$S_j = \sum_{i=1}^{m_1} R_{ij}$$

ermittelt.

Es ist offensichtlich, daß man bei einem Vergleich der Wichtigkeit der verschiedenen Forschungsrichtungen an Hand von S_j die Richtung als am wichtigsten ansehen muß, die durch den kleinsten Wert S_j charakterisiert wird.

Außer den Kennziffern für die relative Wichtigkeit ist die Ermittlung des Übereinstimmungsgrades der Auffassungen der Experten äußerst wichtig.

Kennziffern für den Übereinstimmungsgrad der Expertenauffassungen

Der Variationskoeffizient V_j der Bewertungen, die der Forschungsrichtung j gegeben wurden.

Die Ermittlung des Variationskoeffizienten V_j geschieht wie folgt:

1. Es wird die Dispersion D_j der Bewertungen errechnet, die der Forschungsrichtung j gegeben wurden:

$$D_j = \frac{\sum_{i=1}^{m_j} (c_{ij} - M_j)^2}{m_j};$$

2. es wird die mittlere quadratische Abweichung σ_j der Bewertungen, die der Forschungsrichtung j gegeben wurden, bestimmt:

$$\sigma_j = \sqrt{D_j};$$

3. es wird der Variationskoeffizient V_j der Bewertungen, die der Forschungsrichtung j gegeben wurden, ermittelt:

$$V_j = \frac{\sigma_j}{M_j}.$$

Der Variationskoeffizient V_j wird für jede Forschungsrichtung ermittelt, er charakterisiert den Übereinstimmungsgrad der Auffassungen der Experten über die relative Wichtigkeit der Forschungsrichtung j. Je kleiner der Wert V_j, desto größer ist der Übereinstimmungsgrad der Auffassungen der Experten über die relative Wichtigkeit der Forschungsrichtung j.

Der Konkordanzkoeffizient W ist die Kennziffer für den Übereinstimmungsgrad der Expertenauffassungen über die relative Wichtigkeit der Gesamtheit aller der Bewertung unterzogenen Forschungsrichtungen. Die Ermittlung des Konkordanzkoeffizienten W erfolgt für jede Frage des Typs „Bewertung der Wichtigkeit" wie folgt:

1. Es wird der arithmetische Mittelwert $M[S_j]$ der Summe der Ränge für die Bewertungen ermittelt, die allen Forschungsrichtungen gegeben wurden:

$$M[S_j] = \frac{\sum_{j=1}^{n} S_j}{n};$$

2. es werden die Abweichungen d_j der Summe der Ränge der Bewertungen errechnet, die der Forschungsrichtung j gegeben wurden, und zwar der Abweichungen vom arithmetischen Mittelwert der Summen für die Bewertungen, die allen Forschungsrichtungen gegeben wurden:

$$d_j = S_j - M[S_j];$$

3. es werden die Kennziffern T_i der verbundenen Ränge der Bewertungen ermittelt, die durch den Experten i erteilt wurden; wenn alle n Ränge der Bewertungen, die durch den Experten i erteilt wurden, gleich sind, dann ist $T_i = 0$, wenn unter den Rängen der Bewertungen gleichartige sind, dann gilt

$$T_i = \sum_{l=1}^{Z} (t_l^3 - t_l).$$

Hierin bedeuten:
Z – die Anzahl der Gruppen der verbundenen Ränge;
t_l – die Anzahl der verbundenen Ränge in der Gruppe l;
4. der Konkordanzkoeffizient W wird nach der Formel

$$W = \frac{\sum_{j=1}^{n} d_j^2}{m_1^2 (n^3 - n) - m_1 \sum_{i=1}^{m} T_i}$$

ermittelt.

Der Konkordanzkoeffizient W kann Werte zwischen 0 und 1 annehmen und wird für jede Frage des Typs „Bewertung der relativen Wichtigkeit" ermittelt. Bei vollständiger Übereinstimmung der Auffassungen der Experten ist $W = 1$. Eine Veränderung von W von 0 bis 1 entspricht einer Vergrößerung des Übereinstimmungsgrades der Auffassungen der Experten.

Die Berücksichtigung der Kompetenz der Experten. Eine kollektive Experteneinschätzung kann mit oder ohne Berücksichtigung der Kompetenz der Experten durchgeführt werden. Wenn die Kompetenz der Experten berücksichtigt wird, dann werden die Werte C_{ij} mit den Werten des entsprechenden Koeffizienten für die Kompetenz K_k multipliziert. Die Methodik für die Ermittlung wird unten angeführt.

Die Kompetenz eines Experten wird durch die Struktur der Argumente bestimmt, die ihm als Begründung für die Antwort dienten, sowie durch den Grad seiner Vertrautheit mit der betrachteten Frage.

Tabelle 34. Tabelle zur Erlangung formalisierter Angaben über den Charakter und den Einflußgrad von Argumentationsquellen

Quelle der Argumentation	Grad des Einflusses der Quelle auf Ihre Meinung		
	hoch	mittel	gering
Die von Ihnen durchgeführte theoretische Analyse	0,3	0,2	0,1
Ihre Produktionserfahrungen	0,5	0,4	0,2
Verallgemeinerung der Arbeiten inländischer Autoren	0,05	0,05	0,05
Verallgemeinerung der Arbeiten ausländischer Autoren	0,05	0,05	0,05
Ihre persönliche Kenntnis des Zustandes im Ausland	0,05	0,05	0,05
Ihre Intuition	0,05	0,05	0,05

1. Die Struktur der Argumente, die dem Experten als Begründung für die von ihm vorgenommene Bewertung dienten, wird durch den Koeffizienten der Argumentation K_a berücksichtigt. Dieser Koeffizient wird durch die Eintragung der Zahlenwerte der Tabelle 34 in die vom Experten angegebenen Felder an Hand der unten angeführten Skala und durch Summierung der entsprechenden Zahlenwerte ermittelt.

2. Der Grad der Bekanntschaft der Experten mit dem erörterten Problem wird durch den Koeffizienten des Bekanntschaftsgrades K_b berücksichtigt, der durch genormte Werte der entsprechenden Bewertung bestimmt wird, die durch den Experten gegeben wurde, das heißt durch eine Multiplikation mit 0,1.

Der Experte vermerkt den Grad seiner Bekanntschaft auf einer Skala, die folgendes Aussehen hat:

1	2	3	4	5	6	7	8	9	10

3. Der Koeffizient für die Kompetenz K_k, der auch den Grad der Bekanntschaft und die Argumentation berücksichtigt, wird als arithmetischer Mittelwert der Koeffizienten des Grades der Bekanntschaft K_b und der Argumentation gebildet, das heißt[1]

$$K_k = \frac{K_b + K_a}{2}.$$

Die Methodik für die Bearbeitung der Daten zu den Fragen des Typs „Bewertung der Zeit für den Abschluß eines bestimmten Ereignisses". Für den betreffenden Typ von Fragen ist die Anordnung der Bewertungen auf einer Zeitskala charakteristisch. Bei der statistischen Bearbeitung der entsprechenden Materialien ist es zweckmäßig, solche Verfahren anzuwenden, wie die Ermittlung des oberen und unteren Quartils und des Medians der Verteilung der Bewertungen. Diese Parameter charakterisieren mit hinreichender Vollständigkeit die untersuchten Datenmengen.

Wir führen folgende Kurzbezeichnungen ein:

t_0 – Wert der frühesten Bewertung;

$t_{0,25}$ – Wert der Bewertung, die 25 Prozent der frühesten Bewertungen (von allen vorhandenen) ausmacht – unteres Quartil;

[1] Es sind auch andere Verfahren zur Ermittlung des Koeffizienten der Kompetenz K_k möglich, wobei von den Werten K_b und K_a ausgegangen wird.

$t_{0,5}$ – Wert der Bewertung, die die auf der Zeitachse angeordnete Gesamtheit der Bewertungen in zwei in bezug auf die Anzahl der Bewertungen gleiche Teile teilt – Median;

$t_{0,75}$ – Wert der Bewertung, die 25 Prozent der spätesten Bewertungen (von allen vorhandenen) ausmacht – oberes Quartil;

$t_{1,0}$ – Wert der spätesten Bewertung.

Die Ermittlung von $t_{0,25}$, $t_{0,5}$ und $t_{0,75}$ geschieht wie folgt; Zunächst werden die Bewertungen auf der Zeitachse geordnet. Das mittlere Glied der auf der Zeitachse angeordneten Gesamtheit der Bewertungen bildet $t_{0,5}$. $t_{0,5}$ besitzt die Eigenschaft, daß die Anzahl der Bewertungen, die gleich und später liegen als $t_{0,5}$, gleich ist. Dann werden die Werte $t_{0,25}$ und $t_{0,75}$ ermittelt. Hierbei werden sich 25 Prozent der Bewertungen zwischen $t_{0,25}$ und $t_{0,5}$ und 25 Prozent zwischen $t_{0,5}$ und $t_{0,75}$ befinden.

Die Werte $t_{0,25}$, $t_{0,5}$ und $t_{0,75}$ teilen die Gesamtheit der Bewertungen in vier zahlenmäßig gleichstarke Gruppen. Der Wert $t_{0,5}$ wird als Kennziffer für die verallgemeinerte Auffassung der Experten über die voraussichtliche Zeit für den Abschluß eines bestimmten Ereignisses genommen. Die Werte $t_{0,25}$ und $t_{0.75}$ sowie t_0 und $t_{1,0}$ charakterisieren den Übereinstimmungsgrad der Expertenauffassungen über die Zeit für den Abschluß des Ereignisses.

Je geringer die Differenz $t_{1,0}-t_0$ und $t_{0,75}-t_{0,25}$ ist, um so höher ist der Übereinstimmungsgrad der Expertenauffassungen über die voraussichtliche Zeit für den Abschluß eines bestimmten Ereignisses.

Die Methodik für die Bearbeitung der Daten in bezug auf Fragen des Typs „Bewertung des ‚Anteils' der verschiedenen Arten von Lösungen"

Die Spezifik der statistischen Bearbeitung des gegebenen Typs von Fragen besteht darin, daß die Bewertungen auf einer prozentualen Skala zwischen 0 und 100 Prozent angeordnet sind. Eine ziemlich vollständige Vorstellung vom Charakter der Verteilung der Expertenauffassungen liefert in diesem Falle das Histogramm. Die Skala „0–100 Prozent" muß in fünf gleiche Intervalle mit einer Breite von 20 Prozent eingeteilt werden. Die Höhe der Säule im Histogramm ist dem Anteil (in Prozenten) der Anzahl der Bewertungen innerhalb eines bestimmten Intervalls an der Gesamtzahl der Bewertungen proportional.

Bei der Berechnung der Anzahl der Bewertungen in einem bestimmten Intervall ohne Berücksichtigung der Kompetenz der Experten wird jede Bewertung als eins angenommen. Bei der Berechnung der Anzahl der Bewertungen unter Berücksichtigung der Kompetenz wird jeder Bewertung der Wert des Koeffizienten für die Kompetenz K_k des entsprechenden Experten zu der behandelten Frage zugeordnet. Die Werte der Bewertungen, die sich in dem gegebenen Intervall befinden, werden addiert. Dann wird der (prozentuale) Anteil der Summe dieser Bewertungen, die sich in diesem Intervall befinden, an der Summe der Werte aller Bewertungen zu der betreffenden Frage ermittelt.

Die Methodik für die Bearbeitung der Daten in bezug auf Fragen vom Typ „Anschließen an eines der alternativen Urteile“

Die verallgemeinerte Auffassung der Experten für die Fragen dieses Typs können mit hinreichender Vollständigkeit durch das Histogramm dargestellt werden. Die Höhe einer jeden Säule wird durch den Anteil der Anzahl der Experten (in Prozent) bestimmt, die sich dem entsprechenden alternativen Urteil angeschlossen haben. Die Methodik für die Berücksichtigung der Kompetenz der Experten ist der Methodik für die Berücksichtigung der Kompetenz für die Fragen vom Typ „Bewertung des Anteils“ analog.

ANLAGE 1

Merkblatt für den Beauftragten zur Organisation und Durchführung der Befragung

1. Es ist ein Verzeichnis der Mitarbeiter der zu beratenden Abteilung getrennt nach Laboratorien und Funktionen aufzustellen (um den Grad der Erfassung der Mitarbeiter durch die Befragung zu berücksichtigen).

2. Die Fragebogen sind einzusammeln und die Angaben über die quantitative Zusammensetzung der Mitarbeiter der Laboratorien der zu beratenden Abteilung getrennt nach Funktionen darzustellen.

3. In die abgelieferten Fragebogen sind die Telefonnummern und Familiennamen der Beauftragten einzusetzen, die für die Durchführung der Befragung verantwortlich sind.

4. Auf einer vom Abteilungsleiter einberufenen Versammlung der Mitarbeiter sind das Ziel der Befragung zu erläutern, die Fragebogen zu verteilen und in der Liste das Datum der Fragebogenausgabe an die Anwesenden zu vermerken, der Inhalt des vorliegenden Merkblatts mitzuteilen und ein bis zwei Exemplare des „Merkblatts zur Ausfüllung des Fragebogens" je Zimmer auszugeben.

5. Mit den auf der Versammlung nicht anwesenden Mitarbeitern ist die Arbeit in der oben genannten Ordnung durchzuführen und im Verzeichnis der Mitarbeiter das Datum der Fragebogenausgabe und der Durchführung der entsprechenden Einweisung zu vermerken.

6. Im Verlaufe der Arbeit mit den Fragebogen sind die notwendigen Konsultationen und Erläuterungen zu geben, und in schwierigen Fällen ist der verantwortliche Beauftragte (Name, Vorname, Tel.-Nr.) zu konsultieren.

7. Bei 50 bis 70 ausgefüllten (fertigen) Fragebogen ist Verbindung mit dem verantwortlichen Beauftragten aufzunehmen und Zeit und Ort für die Arbeit der Fragebogensammelstelle zu vereinbaren.

8. Den Mitarbeitern sind Zeit und Ort für die Arbeit der Sammelstelle mitzuteilen. An deren Arbeit ist teilzunehmen, indem das Datum der Fragebogenabgabe an die Mitarbeiter vermerkt und Ordnung und Unterstützung für die Mitarbeiter der Sammelstelle gewährleistet werden.

ANLAGE 2

Machen Sie sich mit dem Fragebogen bekannt und lesen Sie vor dem Ausfüllen auch das vorliegende Merkblatt durch!

Merkblatt zur Ausfüllung des Fragebogens

„Die Struktur des Arbeitszeitaufwandes der Institutsmitarbeiter"

1. Kreuzen Sie (mit Bleistift) jene Arbeitselemente an, die Sie niemals ausführen.

2. Setzen Sie die Anzahl der Arbeitstage für jene Elemente des Zeitaufwandes ein, die überschlagsmäßig in ganzen Tagen ermittelt werden können.

3. Für Arbeitselemente episodischen oder periodischen Charakters, zum Beispiel „Konsultationen für Besucher" und andere, nehmen Sie eine Überschlagsberechnung unter Berücksichtigung der Häufigkeit (im Verlaufe eines Jahres) und der Dauer (im Verlaufe eines Tages) dieser Aufwendungen vor, wobei Sie das Ergebnis auf eine ganze Zahl von 7- oder 8-Stunden-Arbeitstagen abrunden.

4. Nachdem alle Spalten in bezug auf die Elemente des Fragebogens ausgefüllt sind, summieren Sie die Tage für jeden Abschnitt (insgesamt für den Abschnitt) und dann für alle 10 Abschnitte, einschließlich Pkt. 0.8 „Durchschnittliche Dauer des Urlaubs".

5. *Kontrolle.* Die in dieser Weise ermittelte Ziffer ist mit der Kontrollziffer von 225 Arbeitstagen im Jahr zu vergleichen.

Wenn die Summe der Tage 225 übersteigt, lautet die maximal zulässige Zahl:
280 Arbeitstage, bei täglicher Mehrarbeit von durchschnittlich 1 Stunde;
305 Arbeitstage, bei täglicher Mehrarbeit von cirka 2 Stunden;
330 Arbeitstage, bei täglicher Mehrarbeit von cirka 3 Stunden.

Wenn die ermittelte Summe die genannten Toleranzen übersteigt, müssen der Zeitaufwand nach Elementen und Abschnitten erneut präzisiert und bei befriedigenden Ergebnissen die endgültigen Zahlen eingesetzt werden.

6. Korrekturen in den Fragebogen sind nur durch Mitarbeiter der Fragenbogensammelstelle mit Zustimmung des Befragten (bei Feststellung von Unrichtigkeiten bei der Ausfüllung des Fragebogens) vorzunehmen.

ANLAGE 3

Fragebogen über die Struktur des Arbeitszeitaufwandes der Institutsmitarbeiter

Hinweise zur Ausfüllung

1. Machen Sie sich mit dem Fragebogen bekannt, und lesen Sie vor dem Ausfüllen auch das „Merkblatt zur Ausfüllung des Fragebogens" durch.

2. Der Fragebogen wird von den Mitarbeitern selbst auf der Grundlage einer Selbsteinschätzung der Struktur des Arbeitszeitaufwandes in Arbeitstagen im Jahresdurchschnitt ausgefüllt.

3. Auskünfte und Konsultationen zur Ausfüllung der Fragebogen

bei Gen. . . . .

Tel. . . . .

---

05 Ihre Funktion (entsprechende Funktionsziffer einsetzen – siehe unten)

06 Dauer Ihres Arbeitstages lt. Arbeitsordnung, 7 oder 8 Std.

07 Tatsächliche durchschnittliche Dauer Ihres Arbeitstages, einschließlich Beteiligung an gesellschaftlicher Arbeit, in Std.

08 Durchschnittliche Dauer der Beurlaubungen (darunter für Ausbildung, unbezahlter Urlaub, Arbeitsbefreiung auf Grund von Krankheit usw.), in Arbeitstagen

---

Chiffre der Funktionen:

Abteilungsleiter	„1"	Mitarbeiter, Ingenieur-Konstrukteur	„5"
Laboratoriumsleiter	„2"	Oberingenieur	„6"
Leiter eines Sektors (einer Gruppe), leitender Ingenieur bzw. Konstrukteur	„3"	Forschungsingenieur, Ingenieur	„7"
Höherer wissenschaftlicher Mitarbeiter, Oberingenieur, Konstrukteur	„4"	Laborant der 1. Kategorie, Techniker	„8"
Unterer wissenschaftlicher		Laborant der 2. Kategorie, Präparator	„9"

Anmerkung. Bei Zusammenlegung von Funktionen werden beide Ziffern eingesetzt, beginnend mit der größeren, z. B.: Laboratoriumsleiter, zugleich Abteilungsleiter–„21".

Kode	1. *Die Planung und Vorbereitung der Arbeiten und Experimente*	Anzahl der Arbeitstage*
1	Abschnitt 1 insgesamt:	
10	Aufstellung (und Änderung) der Pläne, Methodiken, Kostenpläne, Verträge und anderen Dokumente für die Durchführung der Arbeiten (darunter der Arbeitsgraphiken)	
11	Erörterung und Abstimmung der Pläne, Methodiken, Verträge, Kostenpläne und anderen Dokumente für die Arbeiten, Koordinierungsberatungen usw.	
12	Aufstellung, Abstimmung, Erteilung und Empfang von Aufträgen für zentralisierte Lieferungen von Materialien, Geräten, Ausrüstungen und anderes	
13	Abstimmung der Aufträge mit der Leitung, Erteilung und Empfang von Aufträgen für die Ausführung der Arbeiten durch Hilfs- und Betreuungslaboratorien und -abteilungen (ohne Pkt. 47)	
14	Zusammenstellung der Zeichnungen und Skizzen für die bestellten Erzeugnisse	
15	Suche und Kauf von Materialien, Geräten, Ausrüstungen usw.	
16	Fertigung von Bauteilen und Anlagen, Vorbereitung der Baumuster usw.	
17	Montage, Reparatur, Einrichten und Umrüsten von Anlagen, Geräten usw.	
18	Einweisung und Unterricht, Erklärung und Erläuterung der Auflagen und Aufgaben	

* Im Durchschnitt des Jahres

(Fortsetzung der Anlage 3)

19	Sonstige Arbeiten zu dem vorliegenden Abschnitt (Dechiffrieren Sie auf der Rückseite)	

Kode	2. *Die Arbeit mit der Patent- und der wissenschaftlich-technischen Literatur*	Anzahl der Arbeitstage
2	Abschnitt 2 insgesamt:	
20	Durchsicht der Bibliothekskarteien (des Instituts), der Verzeichnisse der laufenden Literatur, der Neueingänge und der Bücherbestände	
21	Durchsicht der Referatezeitschriften, der annotierten Sammelbände, der Übersetzungsverzeichnisse und unserer Informationsmaterialien, die die Institutsbibliothek erhält	
22	Lesen und Durcharbeiten wissenschaftlich-technischer Literatur im Institut (darunter der Berichte über früher ausgeführte Arbeiten); Durchsicht der Konstruktionsarchive	
23	Ermittlung und Kennenlernen der Literatur in den Stadt-, Hochschul-, Werks- und anderen Bibliotheken der Stadt	
24	Ermittlung und Kennenlernen der Literatur außerhalb der Stadt, darunter in den Zentralbibliotheken des Landes	
25	Abschrift (Vervielfältigung) bibliographischer Karten für eigene und Laboratoriumskarteien	
26	Durchsicht und Durcharbeitung der Patentunterlagen im Institut und in anderen Organisationen der Stadt	

27	Ermittlung und Durcharbeitung von Patentunterlagen außerhalb der Stadt	
28	Zusammenstellung, Erteilung und Empfang von Übersetzungsaufträgen, Empfang von Literatur (darunter über Fernleihe) und von Patentunterlagen	
29	Übersetzung fremdsprachiger Texte mit dem Wörterbuch	

Kode	3. *Die Durchführung der Arbeiten und Experimente*	Anzahl der Arbeitstage
3	Abschnitt 3 insgesamt:	
30	Experimentieren auf Anlagen, Geräten und Ausrüstungen, Anfertigung von Versuchsserien, Baumustern usw.	
31	Beobachtung, Zeitmessung, Fixieren des Verlaufs technologischer, Arbeits- und anderer Prozesse	
32	Zusammenstellung und Abstimmung von Auftragsbriefen und Fragebogen (für die Sammlung von Daten) mit der Leitung	
33	Sammlung (Auswahl) der Muster, Ausgangsmaterialien, Angaben und Daten (für die Bearbeitung und Analyse)	
34	Ausarbeitung und Zusammenstellung der Aufgaben, Programme und Algorithmen usw. für die Berechnung auf der elektronischen Rechenanlage	
35	Durchführung der mechanischen und Festigkeitsprüfungen	

36	Ausführung der physikalisch-chemischen Analysen und Versuche	
37	Ausarbeitung der Prinzipschaltungen und Konstruktionen für die Ausrüstungen und Geräte	
38	Teilnahme an Konsultationen außerhalb der Stadt	
39	Sonstige Arbeiten zum vorliegenden Abschnitt (Dechiffrieren Sie auf der Rückseite)	

Kode	4. *Die Bearbeitung und Analyse der Daten der Arbeiten und Experimente*	Anzahl der Arbeitstage
4	Abschnitt 4 insgesamt:	
40	Bewertung, Durchsicht und Systematisierung der erhaltenen Muster, Materialien, Angaben und Daten der Experimente	
41	Berechnungen auf dem Rechenschieber, auf Tischrechnern	
42	Berechnungen auf Rechenmaschinen	
43	Berechnungen auf elektronischen Rechenmaschinen und auf elektronischen Tischrechnern	
44	Empfang von Konsultationen und Auskünften innerhalb des Instituts und der Stadt	
45	Aufstellung und Zeichnen der graphischen Darstellungen, Zeichnungen und anderen Illustrationen (für Berichte, Publikationen, Aufträge usw.)	
46	Kopieren von Zeichnungen, Abbildungen, graphischen Darstellungen und Texten auf Pauspapier	

47	Zusammenstellung, Erteilung und Empfang von Aufträgen für Kopier-, Vervielfältigungs- und Fotoarbeiten	
48	Erörterung der erhaltenen Zwischenangaben und -muster (darunter in Zwischenseminaren)	
49	Sonstige Arbeiten zum vorliegenden Abschnitt (Dechiffrieren Sie auf der Rückseite)	

Kode	5. *Die Zusammenstellung und Gestaltung von Berichten und Publikationen*	Anzahl der Arbeitstage
5	Abschnitt 5 insgesamt:	
50	Zusammenstellung der Texte des Berichtes und der ihm beizulegenden Dokumente – Akten, Protokolle, technischen Aufgabenstellungen und Bedingungen usw.	
51	Abstimmung (mit dem Leiter und interessierten Personen) und Gestaltung der Akten, Protokolle und anderen Dokumente über die Durchführung und Überleitung der Arbeiten	
52	Erörterung und Abstimmung der Berichte mit den Leitern, den Rezensenten in den Seminaren, im wissenschaftlich-technischen und im wissenschaftlichen Rat	
53	Zeichnen der großformatigen graphischen Darstellungen, Abbildungen und Tabellen für die Demonstration in den Seminaren, im wissenschaftlich-technischen und wissenschaftlichen Rat	

54	Gestaltungsarbeiten an den Berichten, Publikationen, Aufträgen usw. (Kollationieren des Textes, Eintragen der Formeln, Einkleben der Illustrationen usw.)	
55	Zusammenstellung der Texte wissenschaftlicher Publikationen und von Patentanmeldungen	
56	Erörterung, Abstimmung und Gestaltung (durch Akten, Sichtvermerke usw.) der wissenschaftlichen Publikationen und Patentanmeldungen	
57	Lesen, Redigieren und Korrektur der Berichte, Publikationen, Anmeldungen, Dissertationen u. a. Ihrer Mitarbeiter und Aspiranten	
58	Führen des Briefwechsels (der Gespräche) zu Fragen der eingereichten Anmeldungen und Manuskripte für eine Publikation mit den entsprechenden Organisationen	
59	Sonstige Arbeiten zum vorliegenden Abschnitt (Dechiffrieren Sie auf der Rückseite)	

Kode 6.	*Konsultations- und Auskunftstätigkeit*	Anzahl der Arbeitstage
6	Abschnitt 6 insgesamt:	
60	Lesen und Durcharbeiten der eingegangenen Briefe und Informationen aus den verschiedenen Organisationen und Betrieben	
61	Lesen und Durcharbeiten der auf ein Gutachten, eine Rezension, den Abschluß von Berichten, Referaten, Anmeldungen und Artikeln eingegangenen Briefe	

62	Verfassen der Antwortbriefe auf die Anfragen
63	Schreiben von Rezensionen, Gutachten, Zusammenfassungen usw.
64	Abstimmung der Antwortbriefe auf die Anfragen mit der Leitung
65	Erörterung Ihrer Gutachten, Zusammenfassungen und Rezensionen (von Publikationen, Anmeldungen usw.) in Seminaren mit den Mitarbeitern
66	Lesen, Korrigieren und Redigieren (bei der Durchsicht, Unterzeichnung) der von Ihren Mitarbeitern vorbereiteten Korrespondenz (ohne Pkt. 82)
67	Konsultationen für Besucher (darunter per Telefon)
68	Konsultationen für Betriebe und Organisationen (auf Anforderung); Autorenaufsicht
69	Sonstige Arbeiten zum vorliegenden Abschnitt (Dechiffrieren Sie auf der Rückseite)

Kode	7. *Wissenschaftlich-technische Maßnahmen*	Anzahl der Arbeitstage
7	Abschnitt 7 insgesamt:	
70	Teilnahme an Seminaren des eigenen Laboratoriums, der eigenen Abteilung (ohne Pkt. 52, 48 und 65), darunter gemeinsamer Seminare	
71	Teilnahme an Seminaren anderer Abteilungen und Laboratorien des Instituts	

72	Teilnahme an Sitzungen des wissenschaftlichen und des wissenschaftlich-technischen Rates des Instituts	
73	Teilnahme an der Arbeit wissenschaftlich-technischer Seminare, Konferenzen (von Hochschulen, Betrieben u. a.), an der Verteidigung von Projekten und Dissertationen in der Stadt	
74	Teilnahme an der Arbeit wissenschaftlich-technischer Konferenzen und Seminare außerhalb der Stadt	
75	Teilnahme an der Arbeit spezieller Kommissionen wissenschaftlich-technischen Charakters (darunter bei Auslandsreisen)	
76	Zusammenstellung von Texten, Referaten, Mitteilungen, Entschließungsentwürfen, Empfehlungen, Vorschlägen usw.	
77	Lesen von Lektionen im Rahmen der wissenschaftlich-technischen Propaganda	
78	Zusammenstellung von Berichten über die Teilnahme an wissenschaftlich-technischen Maßnahmen	
79	Sonstige Arbeiten zum vorliegenden Abschnitt (Dechiffrieren Sie auf der Rückseite)	

Kode 8.	*Administrativ-organisatorische Arbeiten*	Anzahl der Arbeitstage
8	Abschnitt 8 insgesamt:	
80	Lesen und Durcharbeiten von Verfügungen, Anordnungen, Instruktionen usw.	

81 Abfassen von Verfügungen, Anweisungen, Instruktionen, dienstlichen Meldungen usw.

82 Überprüfung (bei der Durchsicht und Unterschrift) von Aufträgen, von Anforderungen für Materialien, Ausrüstungen und Dienstleistungen der Betriebsabteilungen, von Zusammenstellungen, Angaben, der Berichtserstattung und anderer Dokumente

83 Leitung von Versammlungen, Beratungen und Seminaren und Anfertigung der Protokolle

84 Teilnahme an Versammlungen, Beratungen und Sitzungen zur Lösung (und Durchführung) gesellschaftlicher Angelegenheiten

85 Ausfüllen von Berichtsvordrucken, Zusammenstellung verschiedener Zusammenfassungen und Angaben

86 Teilnahme an Beratungen und der Arbeit spezieller Kommissionen mit administrativem und Produktionscharakter

87 Behandlung und Lösung von Tages- und persönlichen Fragen, darunter Einstellung, Entlassung u. a. (ohne Pkt. 88) Ihrer Mitarbeiter und Untergebenen

88 Ausführung gesellschaftlicher Aufträge und staatlicher Verpflichtungen

89 Sonstige Arbeiten zum vorliegenden Abschnitt (Dechiffrieren Sie auf der Rückseite)

Kode 9. *Sonstige Arbeiten und Zeitaufwendungen*			Anzahl der Arbeitstage
9	Abschnitt 9 insgesamt:		
90	Zeit für den Kauf von Fahrkarten (ohne Pkt. 98), Zusammenstellung, Ausfüllen, Empfang und Abgabe der Reisedokumente		
91	Wegezeit (Arbeitstage) der Dienstreisen		
92	Abschreiben (auf der Schreibmaschine) handschriftlicher Texte		
93	Abschrift und Exzerpierung gedruckter Texte (ohne Pkt. 25)		
94	Büroarbeiten mit der ein- und ausgehenden Korrespondenz (Überprüfen der Texte, Versand, Registratur, Ablage usw.)		
95	Arbeitszeitverluste	Wartens auf Aufträge, Anordnungen und Entscheidungen von Leitern und anderen Personen innerhalb des Instituts	
96	infolge:	Fehlens (und verzögerter Lieferung) von Materialien, Geräten, Ausrüstungen sowie Auskunftsunterlagen, Informationen usw.	
97		vorzeitiger nichtabgestimmter Fahrten zur Durchführung von Arbeiten in Betrieben und Organisationen	
98	Benutzung öffentlicher Verkehrsmittel während der Arbeitszeit		
99	Sonstige Arbeiten und Zeitaufwendungen (Dechiffrieren Sie auf der Rückseite)		

(Fortsetzung der Anlage 3)

Kode 10. *Konstruktionsarbeiten*		Anzahl der Arbeitstage
10	Abschnitt 10 insgesamt:	
100	Ausarbeitung von Prinzipschaltungen, Baugruppen, Geräten und Ausrüstungen	
101	Ausarbeitung und Ausführung von Baugruppenzeichnungen (darunter der elektrischen Schaltungen)	
102	Ausarbeitung und Ausführung detaillierter Zeichnungen	
103	Zusammenstellung der Gesamtstücklisten und der Verzeichnisse der technischen Dokumentation	
104	Überprüfung der Zeichnungen und technischen Dokumentation auf Richtigkeit; Normenkontrolle	
105	Vergleich der Pausen mit dem Original	
106	Beratung bei der Anfertigung der konstruierten Ausrüstungen und Geräte	
107	Teilnahme an der Montage der konstruierten Ausrüstungen und Geräte	
108	Teilnahme an der Inbetriebnahme und am Einrichten der konstruierten Ausrüstungen und Geräte	
109	Sonstige Arbeiten zum vorliegenden Abschnitt (Dechiffrieren Sie auf der Rückseite)	

(Fortsetzung der Anlage 3)

Ihre Bemerkungen zur Struktur des Arbeitszeitaufwandes und Vorschläge für ihre Rationalisierung sowie für die Mechanisierung der Arbeitsprozesse

....

....

....

....

....

....

....

....

....

....

Kode *Dechiffrierung der sonstigen Arbeiten zu den Abschnitten* (an welche Arbeiten denken Sie?)

....

19

....

39

....

49

....

59

....

69

....

79

....

89

....

99

....

109

....

Personenregister

Sachregister

Berichtigungen

S. 157, Tabelle 21, Kolumne 6, statt: $A_{i,\,6}K_7$, richtig: $A_{i,6}$

S. 159, Tabelle 21, Kolumne „Zahl der Mitarbeiter", statt: S_p, richtig: S^p

S. 166, Formel $$K_j^{uw,ur} = \frac{\sum\limits_{i=j-2}^{9} A_{i+j} K\, K_{i+j} + \sum\limits_{i=j-2}^{10} (A_{ij} - A_{ij}K)\, K_{10j}}{\sum\limits_{i=j-2}^{9} A_{i+j} K + \sum\limits_{i=j-2}^{10} (A_{ij} - A_{ij}K)}$$

S. 242, 1. Formel v. u. $$D_j = \frac{\sum\limits_{i=1}^{mj} (C_{ij} - M_j)^2}{m_j}$$

zu 6010 Dobrov

FSC
www.fsc.org
MIX
Papier | Fördert
gute Waldnutzung
FSC® C083411

Kolibri 360 GmbH
Ferdinand-Jühlke-Straße 7
99095 Erfurt, Deutschland
produktsicherheit@kolibri360.de